U0270261

香山帮木作营造技艺在江南地区的渊源与变迁

蔡军　张健　著

上海交通大学出版社
SHANGHAI JIAO TONG UNIVERSITY PRESS

内容提要

本书以香山帮为研究对象,以苏州片区、上海片区、无锡与常州片区、宁镇扬片区及杭嘉湖片区为研究地域,以传统建筑中的殿庭、厅堂、亭等为研究载体,探讨香山帮木作营造技艺在江南地区的发展渊源和变迁。本书由三部分内容构成:一为对与香山帮木作营造技艺最为相关的建筑史料的解读;二为以核心江南各片区为研究地域,探讨香山帮木作营造技艺及其发展源流、各片区与香山帮的关联及其木作营造技艺;三为本书研究内容的拓展。本书以大量的田野调查为依据,采用了史料考证、类型学、定性与定量分析等研究方法,内容翔实、资料充分,适合建筑、文物保护等相关专业的高校师生阅读和参考。

图书在版编目(CIP)数据

香山帮木作营造技艺在江南地区的渊源与变迁/蔡军,张健著.—上海:上海交通大学出版社,2024.8
ISBN 978-7-313-25934-9

Ⅰ.①香… Ⅱ.①蔡…②张… Ⅲ.①古建筑-木结构-建筑艺术-中国 Ⅳ.①TU-881.2

中国版本图书馆 CIP 数据核字(2021)第 273963 号

香山帮木作营造技艺在江南地区的渊源与变迁
XIANGSHANBANG MUZUO YINGZAO JIYI ZAI JIANGNAN DIQU DE YUANYUAN YU BIANQIAN

著　者:	蔡军 张健		
出版发行:	上海交通大学出版社	地　址:	上海市番禺路 951 号
邮政编码:	200030	电　话:	021-64071208
印　制:	上海万卷印刷股份有限公司	经　销:	全国新华书店
开　本:	700mm×1000mm 1/16	印　张:	16.75
字　数:	289 千字		
版　次:	2024 年 8 月第 1 版	印　次:	2024 年 8 月第 1 次印刷
书　号:	ISBN 978-7-313-25934-9		
定　价:	78.00 元		

目 录 / CONTENT

绪　论

在国际化、城镇化快速发展的背景下,人们越来越专注于对地域建筑、传统建筑营造技艺源流及其影响的研究。特别是濒于失传的传统建筑营造技艺,更加引起人们的关注,2009 年"中国传统木结构建筑营造技艺"被列入联合国教科文组织《保护非物质文化遗产公约》人类非物质文化遗产代表作名录。截至2014 年国务院公布的四批国家级非物质文化遗产代表性项目名录中,传统技艺方向共 273 项。其中,传统建筑营造技艺为 32 项,而香山帮传统建筑营造技艺早在第一批(2006 年)已榜上有名。[1]香山帮作为江南地区最主要的建筑帮派之一,它的活动范围不仅仅局限于苏州,而是扩展到太湖流域,在江南其他地域亦发生辐射和蔓延。香山帮木作营造技艺对江南地区传统建筑产生了极大影响,素有"江南木工巧匠皆出于香山"的说法。香山帮是以木匠(主要是大木作工匠)领衔,集木匠、泥水匠(砖瓦匠)、漆匠、堆灰匠(堆塑)、雕塑匠(木雕、砖雕、石雕)、叠山匠(假山)等古典建筑中全部工种于一体的建筑工匠群体。[2]木作在香山帮营造技艺中占有极其重要的地位,木作营造技艺主要包括木构架的设计体系(平面形制、构架样式、构件细部、模数关系等)、营造习俗、材料工具及装饰艺术等。香山帮传统建筑营造技艺可分为九大部分工程,主要包括:大木构架工程营造技艺、地基与基础工程营造技艺、屋面工程营造技艺、地面与楼面工程营造技艺、墙垣工程营造技艺、装折工程技艺、雕塑工程技艺、油漆技艺、彩画技艺。[3]其中,大木构架工程营造技艺占有主导地位。目前,对香山帮的研究多集中于香山匠人、香山帮的形成与发展、香山帮匠作系统、香山帮建筑营造技艺等领域。针对香山帮发展源流的研究已有一些,但关于香山帮木作营造技艺在江南地区的发展渊源与变迁研究还不够完善。[4]

自古以来,我国对江南地区的区域划分时有变化,江南地区指的并不是一个明确的省份或地域范围。余同元在《江南大学学报(人文社会科学版)》(2013 年第 4 期)上发表的《明清江南战略地位与地缘结构的变化——兼论文化江南的空间范围》一文中提到了"三江江南"概念。江南范围有大(文化江南)、中(经济江南)、小(核心江南)三说,实为江南区域之一体三相。李伯重则指出江南地区地域范围包括明清的苏州、松江、常州、镇江、江宁、杭州、嘉兴、湖州八府(以及从苏州府析出的太仓州)。[5]大体上相当于唐宋时期的两浙西路地区,也与上述的核心江南相吻合,本书中所提到的江南地区主要指八府一州,即核心江南一带。谈到香山帮木作营造技艺在江南地区的渊源与变迁,就不得不提到"吴地"与"吴文化"这两个相关概念。所谓吴地,是指从商末泰伯奔吴并建立"勾吴"开始所确定和扩展的疆域,又有广义的吴地与狭义的吴地之说。广义的吴地范围以西周春秋时期的吴国疆域为主,即"以长江下游三角洲的中心地带,形象地说是以太湖为腹心,上海、南京就作首尾,苏州、常州、无锡、镇江、杭州、嘉兴、湖州为节肢,旁及南通、扬州的一个地域整体。"而狭义的吴地则指吴地文化的"核心区"苏州、无锡和常州。[6]吴地是吴文化的孕育之地,吴文化则是中国地域文化的代表。吴文化泛指吴地区域人群自泰伯立国"勾吴"以来,在这一区域创造出的与自然相适应的生产、生活方式及其物质的、精神的成果总和。[7]吴地民风"主柔""重情""善思",水、柔、文、融、雅构成了多彩的吴文化天地。[8]从自然环境、历史渊源、行政区划、经济水平和文化特征等多方面综合考察,今天的吴地应以太湖为中心,大致包括江苏省的苏州、无锡、常州三市,浙江省的嘉兴、湖州两市,以及杭州的个别地区、镇江丹阳以东地区,这一带正是明清江南的核心地区。虽然扬州属于长江下游以北,因其位于长江与京杭大运河交汇处,与香山帮有一定渊源,故亦将扬州包含在本研究的地域范围之内。苏州、无锡等地是吴文化的发源地,上海与苏州、嘉兴紧邻,杭州、湖州、嘉兴等地不仅受吴文化,更受越文化的影响,而南京、扬州、镇江为南北交融之地,中原文化与江南文化并重。本研究中的江南地区主要指长江下游太湖之滨的江南水乡,区域包括今日的苏、锡、常、宁、镇、扬、杭、嘉、湖及上海市。为研究方便起见,本书将江南地区分为以下五大片区:苏州片区、上海片区、无锡与常州片区、宁镇扬片区及杭嘉湖片区[9]。

本研究中的江南地区东临大海,北濒长江,南面为杭州湾和钱塘江,西面是皖浙山地的边缘,处于北亚热带。四季分明,年平均气温为 15.6℃,光线充足、雨量充沛,河流密布,素有"水乡泽国"之称。自古以来,河姆渡文化、马家浜文化、崧泽文化、良渚文化等对江南地区的影响深远。夏商时期,江南地区文化发生了逆转,春秋后期,吴、越两国的崛起使得江南地区的经济、文化发展更加迅猛,直到吴、越两国灭亡,江南地区的发展再度停滞。但苏州一带人口较为集中,经济一直处于繁荣状态。两汉前期,吴王刘濞利用优渥的自然资源,大力发展社会经济,使得江南地区以富庶著称。六朝时期,经济开发加快了速度,北方地区西晋的永嘉之乱［西晋永嘉元年至永嘉六年(307—312)］造成了中国史上人口大量南迁，使得江南地区经济发展更加迅猛。隋唐时期，天下一统，江南运河开通，更加促进了经济的大繁荣。唐中叶的安史之乱［唐天宝十四年至宝应二年(755—763)］，再度引起大的移民潮。南宋的宋室南迁，北方大量的士大夫阶层、匠人等随着南宋政权的建立涌入江南地区，更加促进了江南地区的经济、文化发展，建筑营造业达到了鼎盛。以《营造法式》(以下简称《法式》)在苏州再度刊印、杭州南宋宫室的营建为契机，北方建筑文化对江南地区的冲击势不可挡，这也是我们今天看到江南地区存在大量南北建筑风格交融现象的重要原因。

香山帮是吴地传统建筑的主要营建者，是以苏州为发源地，以太湖流域为主要活动区域，对江南地区乃至北方官式建筑均产生过重大影响的建筑帮派。明清时期是香山帮建筑的发展成熟期，但其建筑营造技艺可追溯到春秋战国时期甚至更早。香山帮传统建筑营造技艺除本地区卓越的匠人传承发展之外，还与苏州片区的文人墨客有着密切关联。特别是在园林营建过程中，借以抒发情感、讴歌自然，参与总结香山帮传统建筑营造技艺与艺术成就的文人墨客不在少数。如明代撰写风靡海内外的造园技艺总结《园冶》的计成、撰写《长物志》的文徵明之曾孙文震亨等，对以苏州为中心的江南地区造园、传统建筑营造进行了深入细致地分析与总结，这些成就对于香山帮传统建筑营造技艺的传承具有极其重要的意义。更重要的是，有关时尚和雅俗的苏州标准，迅速得到了他地他人的响应和认可，各地纷纷效仿，但与苏州相比仍存在着相当大的距离。对此，明末清初的山阴人张岱就曾感慨道："吾浙人极无主见，苏人所尚，极力模仿。如一巾帻，忽高忽低，如一袍袖，忽大忽小，苏人巾高袖大，浙人效之。俗尚未遍，而苏人巾又变低，袖又变小矣。故苏人常笑吾浙人为'赶不着'。"苏州人立意制定标准，且不断推陈出新，别开生面，善于将各种优势发挥到极致，旨在开宗立派，师承有自，倾向于互相帮衬、互为声援，弘扬地域团体之风，扩大影响，更在经济发展、文化创造、人文势力等方面绝对居于全国前列，是以始终能够造就时势，创造时尚，引领方向，推动生活时尚不断前进。[10]江南地区共用太湖水系，而苏州不仅位于太湖水系的中央位置，还处于江南运河的中段。江南古时船行速度，货船为 40里/日，客船为 80～90 里/日，因此，对于以水上运输为主要交通方式的古时来说，苏州香山帮匠人往来于江南各城镇不是一件难事。香山帮木作营造技艺在江南地区的源流及其影响，主要体现为"线"与"面"的交织。所谓"线"可以看作为香山帮原生木作营造技艺的纵向发展渊源（即时间轴）；"面"则主要指香山帮原生木作营造技艺由发源地（苏州片区）向江南其他地域传播的轨迹。

关于香山帮木作营造技艺在江南地区的发展渊源与变迁研究,可以通过以下几种途径来完成:其一为建筑遗构的田野调查,其二为匠人访谈,其三为地方志阅读,其四为建筑史料解读。建筑遗构可以反映不同历史时期的建筑表象;匠人访谈主要为口述史的运用,可以弥补田野调查所涉及不到的人文信息或更多营造技术细节;地方志阅读可以让我们更深刻地理解各个历史时期所研究地域的地理、社会、经济、文化等现象。以上三种途径均有夹杂后世痕迹及个人主观意识的嫌疑。而建筑史料相比建筑遗构来讲具有更强的"原真性",相比匠师访谈具有更多的"客观性",相比地方志又具有更直接的"专业性"。因此,通过建筑史料解读,能为我们厘清建筑帮派木作营造技艺的发展渊源与变迁提供更好的借鉴。

在中国古代建筑历史长河中,由于匠人之间的经验传授主要为口传心授及匠不入史的历史局限,保存至今的建筑史料寥寥无几。其中,作为官方颁布刊行的建筑典籍,当首推宋代崇宁二年(1103)李诫著的《法式》和清代雍正十二年(1734)允礼等编著的《工程做法则例》(以下简称《则例》)。宋朝都城南移,特别是南宋绍兴年间《法式》在苏州的重刊,对香山帮木作营造技艺的形成与完善具有极其重要的影响。明清时期香山帮匠人应征赴南京、北京参加都城营建,特别是香山帮代表人物蒯祥由于娴熟的技艺和卓越的贡献,最终官至工部左侍郎,对都城营建具有极为重要的指导、统领地位,我们从《则例》相关记载内容中也可看出若干香山帮建筑营造技艺的痕迹。姚承祖原著、张至刚增编、刘敦桢校阅的《营造法原》(以下简称《法原》),更是根据世代相传的苏州地区香山帮工匠传统技艺,从明清至民国逐渐发展完善记录而成。该文献独树一帜,被誉为"南方中国建筑之唯一宝典"。《园冶》则是我国乃至世界一部关于造园技术与艺术的奠基式专著,其中亦有关于建筑营造的记载内容,对于我们了解明代江南私家园林中的建筑营造技艺具有不可替代的作用,并且这方面内容与香山帮营造技术发展源流有着千丝万缕的联系。《鲁班经》版本众多,影响范围更广,尽管涉及风水较多,但也不乏建筑营造方面的内容。因此,本书不仅将《法式》《则例》《法原》《园冶》《鲁班经》中所记载的相关内容与江南地区各片区木作营造技艺进行比较,融合贯穿于各章节相关内容中,还将《法原》和《园冶》中记载的木作营造技艺分别作为独立一章进行了专门讨论。

本书主要由三部分内容构成。

第一部分为与香山帮木作营造技艺最为相关的建筑史料解读。考虑与香山帮的关联及影响地域等因素,本书重点选取了《法原》和《园冶》中的木作营造技艺作为主要研究对象。由于《法原》为香山帮代表性匠人姚承祖关于本匠帮营造技术的总结性文献，因此，第1章即为"《营造法原》中记载的木作营造技艺"。首先，从其编撰原委、构成及特点入手，对《法原》进行概述。其次，为更好地深入分析香山帮木作营造技艺，选取了《法原》中记载的主要建筑类型——殿庭、厅堂及亭，并从记述特点、平面形制、大木构架类型及构件细部等方面进行阐述。最后，依据《法原》对苏州香山帮木作营造技艺特征进行归纳总结。第2章为"《园冶》中记载的木作营造技艺"。建筑是造园四大要素之一，《园冶》中也不乏关于建筑的精彩论述。尽管《园冶》关注的重点为造园技术，有关木作营造技艺的记载不如《法原》那么直接、细致，但从其中着墨不多的园林建筑记述中，仍可看到其与香山帮木作营造技艺有着千丝万缕的联系。因此，本章节亦对《园冶》的编撰原委、构成及特点进行概述。随之，对《园冶》中记载的建筑类型、平面形制、构架样式及构件细部等内容进行梳理，以明确其木作营造技艺特征。以上两章节为本书的第二部分研究内容进行了铺垫。

　　第二部分以江南地区各片区为研究地域，探讨香山帮木作营造技艺及其发展源流（第3章，苏州片区）、各片区与香山帮的关联及其木作营造技艺（第4章至第7章，上海片区、无锡与常州片区、宁镇扬片区、杭嘉湖片区）。第3章为"苏州片区香山帮木作营造技艺及其发展源流"。首先，解析苏州片区的地域特征；其次，以苏州片区中的主要建筑类型——殿庭、厅堂、亭为研究对象，对其木作营造技艺进行详细阐述；最后，以殿庭为例，对香山帮木作营造技艺发展的源流进行分析。在第4章"上海片区与香山帮的关联及其木作营造技艺"、第5章"无锡、常州片区与香山帮的关联及其木作营造技艺"、第6章"宁镇扬片区与香山帮的关联及其木作营造技艺"、第7章"杭嘉湖片区与香山帮的关联及其木作营造技艺"中，先分别对各片区的地域特征进行分析。然后从香山帮与各片区的渊源，香山帮在各片区的发展分期、营造活动及特点等视角，阐述各片区与香山帮的关联。最后根据各片区的地域特点，以厅堂、殿庭等作为研究对象，总结各片区的木作营造技艺，并由此探讨香山帮木作营造技艺在江南地区的源流与变迁。

　　第三部分则为本研究的拓展。第8章"中国传统样式清真寺礼拜大殿木作营造技艺"，以江南地区中国传统样式清真寺礼拜大殿为研究对象，对清真寺的总平面布局、礼拜大殿平面形制及其木作营造技艺进行探讨。江南地区各片区传统建筑营造技艺存在着一定的差异，由此在中国传统样式清真寺礼拜大殿大木构架的样式、组合及构件细部等方面也表现出明显的不同。在实地调研中，我们尽管极力探询各清真寺最初的营造者（或参与改建及修缮的匠人），却收效其微,有几处清真寺可确定为西域匠人参与了营建。但通过对清真寺中礼拜大殿大木构架样式、构成及构件细部的分析,似可以推测活跃在江南地区的各建筑帮派,如香山帮、徽州帮、宁绍帮[11]、东阳帮等均不同程度地参与了营建活动,且香山帮居于主导地位。[12]不论营造者是谁,中国传统样式清真寺礼拜大殿在满足自身使用功能的基础上,更多地展现了香山帮的营造技艺特点,并与江南地区自然与社会因素及伊斯兰建筑文化进行了巧妙地结合。[13]第9章则以轩[14]为例,总结"香山帮木作营造技艺在江南地区的渊源与变迁"。以江南地区代表性厅堂或殿庭中的轩为研究对象,将苏州片区建筑中轩的种类、位置、应用频率,以及轩椽、轩梁及其他细部构件等,与江南地区其他片区进行比较,以探究香山帮木作营造技艺在江南地区的源流及变迁。

本书所研究的建筑类型主要为殿庭、厅堂及亭。[15]其中,殿庭主要为宗教建筑中的大殿;厅堂存在范围则比较广泛,如民居及园林中的主要建筑均可为厅堂;而亭则主要存在于园林中,是园林中的主要建筑类型之一。中国古代将位置居中、功能重要、等级高、体量大的建筑称为殿,《法式》《则例》中均记述了"殿堂(殿阁)"这一特定建筑类型,《法原》则称殿堂为殿庭。随着时代和地域不同,厅堂的含义发生了很大变化。《仓颉篇》中:"殿,大堂也。"《说文》中:"堂,殿也。"可见,殿、堂概念相同。《法式》中,将建筑分为宫、阙、殿(堂)、楼、亭、台榭、城。殿、堂虽属同类,但仍有所区别。潘谷西、何建中的《〈营造法式〉解读》中,将宋代官式建筑木构架分为三类:柱梁作、殿阁式、厅堂式。[16]由此,我们可以得出至少至宋代,厅堂的结构概念已经明确。《则例》中,规定厅堂的屋架檩数为4～9根,屋顶形式为硬山、悬山或卷篷,至此厅堂规模也有所限定。[17]《法原》中,厅堂(楼厅)介于殿庭、平房(楼房)之间,称其"较高而深,前必有轩,规模装修较平房复杂华丽"。厅堂在江南地区明清民居(园林)中处于举足轻重的地位,能够集中反映各片区营造水平和文化审美内涵。亭在我国具有悠久的历史,可上溯到周代,那时的亭出于实用需要,一般作为军事单位建于边防要地上。[18]随着时代的发展,亭的含义越来越丰富,其功能形式也发生了很大变化,在人们的生活中占据重要地位,尤其广泛应用于园林及风景区中,被誉为"园林的眼睛"。本书通过解读各片区代表性殿堂、厅堂及亭木作营造技艺,并将之与香山帮原生木作营造技艺进行比较,结合各片区与香山帮的关联探讨,从而挖掘香山帮木作营造技艺在江南地区的渊源与变迁。

注 释

［1］参见中国非物质文化遗产网，http：//www.ihchina.cn/5/5_1.html。

［2］崔晋余.苏州香山帮建筑［M］.北京：中国建筑工业出版社，2004：2.

［3］刘托，马全宝，冯晓东.苏州香山帮建筑营造技艺［M］.合肥：安徽科学技术出版社，2013：30.

［4］关于香山帮研究的代表性成果主要表现为以下三方面：一是有关香山帮匠人的研究（如吴县政协文史资料委员会.蒯祥与香山帮建筑［M］.天津：天津科学技术出版社，1993；李嘉球.香山匠人［M］.福州：福建人民出版社，1999）。二是关于香山帮形成与发展的研究（如崔晋余.苏州香山帮建筑［M］.北京：中国建筑工业出版社，2004；孟琳."香山帮"研究［D］.苏州：苏州大学，2013）。三是关于香山帮匠作系统、香山帮建筑营造技艺的研究（如沈黎.香山帮匠作系统研究［M］.上海：同济大学出版社，2011；刘托，马全宝，冯晓东.苏州香山帮建筑营造技艺［M］.合肥：安徽科学技术出版社，2013；冯晓东.承香录：香山帮营造技艺实录［M］.北京：中国建筑工业出版社，2012；沈黎.香山帮的变迁及其营造技艺特征［J］.建筑遗产，2020（2）：18-26）。本书作者及其研究团队近十年来一直专注于对香山帮木作营造技术在江南地区的源流及其影响的研究，已发表十余篇相关论文（如蔡军.苏州香山帮建筑特征研究：基于《营造法原》中木作营造技艺的分析［J］.同济大学学报（社会科学版），2016，27（6）：72-78；Liu Y, Cai J, Zhang J. Research on the characteristic of timber framers of Ting Tang in residences of Ming and Qing Dynasties in Shanghai［J］. International Journal of Architectural Heritage，2020（2）196-207；刘莹，蔡军.苏州香山帮木作营造技术发展渊源探析［J］.建筑学报，2021（S2）：163-169；蔡军，刘莹."香山帮"杰出匠师程茂澄先生口述记录［C］//陈志宏，陈芬芳.建筑记忆与多元化历史［M］.上海：同济大学出版社，2019：17-22；倪利时，蔡军.香山帮与常州府的渊源及其建筑营造特点探析［J］.华中建筑，2018，36（12）：97-101；蔡军，全晴.姑苏明清民居中厅堂大木构架设计体系研究：以主体空间为内四界的扁作厅为例［J］.建筑学报，2017（S2）：73-78；蔡军，蒋帅.苏州明清园林中歇山顶亭大木构架特征研究［J］.南方建筑，2016（6）：45-49；全晴，蔡军.姑苏明清民居中厅堂平面形制研究［J］.华中建筑，2016，34（5）：161-164；姜雨欣，蔡军.香山帮工匠在上海：香山帮与上海的渊源及影响探析［J］.华中建筑，2015，33（5）：149-152；王佳虹，蔡军.常州明清民居中厅堂平面模式研究［J］.华中建筑，2015，33（6）：166-170；张柱庆，蔡军.苏州市佛寺中殿堂地盘定分特征探析［J］.华中建筑，2013，31（5）：156-159；刘莹，蔡军.《营造法原》中厅堂大木构架分类体系研究［J］.华中建筑，2012，30（5）：129-133）。

［5］李伯重.多视角看江南经济史（1250—1850）［M］.北京：生活·读书·新知三联书店，2003：8.

［6］高燮.吴地文化通史（上）［M］.北京：中国文史出版社，2006：15-19.

[7] 吴恩培.吴文化概论[M].南京：东南大学出版社,2006:1.

[8] 王健.吴文化与长江三角洲区域文化的整合[J].文化艺术研究,2008,1(2):19-23.

[9] 通常情况下,人们常常将苏州、无锡与常州地区统称为苏锡常地区。由于本书所探讨的问题为香山帮木作营造技艺在江南地区的渊源与变迁,因此,有必要将香山帮发源地(苏州片区)单独列为一章,由此形成所谓的"苏州片区"和"无锡、常州片区"。关于"杭嘉湖片区"在本书中的界定,杭州市现辖10个市辖区：即上城区、下城区、西湖区、江干区、拱墅区、滨江区、萧山区、余杭区、临安区、富阳区;2个县：桐庐县、淳安县;代管建德市(县级)。为研究方便起见,仅探讨与香山帮木作营造技艺关联的杭州部分地域范围,包括上城区、下城区、西湖区、江干区、拱墅区、余杭区、临安区及富阳区,即属于浙北地区的杭州市部分区域,而除去属旧严州府的建德市(县级)、桐庐县、淳安县,以及滨江区和萧山区。

[10] 范金民."苏样"、"苏意"：明清苏州领潮流[J].南京大学学报(哲学·人文科学·社会科学),2013,50(4):140-141.

[11] 宁绍帮在江南地区曾与东阳帮、香山帮齐名,在传统建筑领域具有非常重要的地位。但如今,提到"宁绍帮"一词,人们似乎更多会联想到宁绍地区的商帮,对建筑营造业中的"宁绍帮"却比较模糊。同时,对宁绍地区的建筑工匠还存在不同的称呼,如宁绍帮、宁波帮、绍甬帮等,但各文献中"宁绍帮"出现的频率更高。因此,本书中亦称其为宁绍帮。宁绍帮名称的由来,似可断定为近代以来宁绍地区之外的人们对来自该地区匠人的称呼,而宁绍地区当地匠人对这一称呼并不十分在意。

[12] 由于中国古代"匠不入史"习俗的影响,史料中即使对重要建筑物有所记载,但对设计者或施工匠人却不甚重视,所载寥寥无几,我们今天知道的几处江南地区清真寺的营建者均为西域人。参考潘谷西.中国古代建筑史 第四卷：元明建筑[M].北京：中国建筑工业出版社,2001:377、379。尽管如此,江南地区中国传统样式清真寺不论总体布局、构架样式、构件细部均表现出浓郁的地域性特征,甚至多显示香山帮木作营造技艺特点,以至于陈从周在《扬州伊斯兰教建筑》一文中(刊载于《文物》,1973年第4期)曾认为扬州仙鹤寺礼拜大殿为苏式厅堂样式,当为出自香山匠人之手。

[13] 沈黎在《香山帮匠作系统研究》(同济大学出版社,2011)中,对香山帮的时空渊源和谱系进行了探讨,论述了香山帮的流变和影响,划分出香山帮活动的核心区域及辐射地域。本研究在此基础上进一步界定了香山帮木作营造技艺发源地(苏州片区)、香山帮活动核心区(上海片区、无锡与常州片区)及活动辐射区(宁镇扬片区、杭嘉湖片区)。特别地,香山帮木作营造技艺在泛太湖流域的传播过程中,在辐射区与其他匠系(如徽帮、东阳帮、宁绍帮等)产生了明显的融合与渗透。由此,出现变异的构架类型及构件细部。但总体上来看,香山帮建筑特征还是占有绝对的优势。因此,本书所论述的传统建筑平面、大木构架及构件细部名称,均采用香山帮建筑用语进行阐释。

[14] 一般地,轩在我国传统建筑中具有两种含义：一为主要存在于古典园林中的特定建筑类型;二为建筑中的轩,第9章仅研究建筑中的轩。

[15] 对各类代表性建筑的选取均遵循以下原则：①已被列为各级文物保护单位；②保存完整或经过良好的修复，屋架可直接观测；③能反映出香山帮匠人及其他匠帮的建筑特色，有核心江南各片区地域文化的代表性，且具有丰富的人文、历史、技术及艺术价值。

[16] 潘谷西，何建中.《营造法式》解读[M].南京：东南大学出版社，2005：21.

[17] 蔡军，张健.《工程做法则例》中大木设计体系[M].北京：中国建筑工业出版社，2004：29.

[18] 徐华铛，杨冲霄.中国的亭[M].北京：中国轻工业出版社，1983：3.

第1章

《营造法原》中记载的木作营造技艺

在我国流传至今为数不多的建筑文献遗产中，由姚承祖原著、张至刚增编、刘敦桢校阅的《法原》，是根据世代相传的苏州地区"香山帮"工匠传统技艺，从明清至民国逐渐发展完善记录而成的。该文献独树一帜，被誉为"中国南方传统建筑之唯一宝典"。张至刚在"再版弁言"中将其定位为"唯一记述江南地区代表性传统建筑做法的专著"，《法原》在我国建筑史学中占有极其重要的地位。该文献更是我国江南地区古建筑保护、维修及利用过程中的重要工具书，被广大建筑师视为经典，广为应用。

1.1 《营造法原》概述

近年来随着古建筑研究的深入开展，《法原》的应用前景更加广泛，进一步展现了其重要价值（见图1-1）。

欲更深入细致地研究《法原》，还要特别关注陈从周整理的《姚承祖营造法原图》。姚承祖曾著有《补云小筑图》，但后来失传。20世纪20年代，陈从周见过此书，后得《补云小筑图》影印本，认为与之前所见版本极其相似，故录朱启钤"题补云小筑图"为序，以及云岩寺大殿设计图（郁友勤绘）编辑而成《姚承祖营造法原图》。[1]《姚承祖营造法原图》序后有一残页，内容为"甲子春苏州工专学校于建筑科中教授本国营造法□非专门人才而滥膺教师之职四五年间绘图八十余种编成营造法原一册其间凡楼阁殿台厅堂之式样亭榭回廊各材之名称梁柱方梓机□□□□□□□□昂戗椽科之制度以及长短方圆大小尺寸□□□□□□□□□□□屑无遗第当时因排日授课虽□图样□□□□□□□□□□□□□置箧中矣而知友数人谬□□□□□□□□□□□□力时日分门别类"。虽内容不全，亦无落款，但应能判断出此文出自姚承祖之手，为介绍《营造法原》的编撰原委和写作内容。[2]全书文字图面共35页，图38幅，并且难能可贵的是图面与文字并存,标注构件、详记规矩术,甚至有的全页以文字为主,具有极高的研究价值。所收录图面有住宅平面布置图[3]、建筑贴式、建筑式样、牌科、屋架及各部位节点等。此书具有极强的原真性,可为研究《法原》提供更好的佐证(见图1-2、图1-3)。

图 1-1 《营造法原》(第二版)封面

(图片来源:姚承祖.营造法原[M].第二版.
北京:中国建筑工业出版社,1986)

图 1-2 《姚承祖营造法原图》中的
住宅平面布置图

(图片来源:陈从周.姚承祖营造法原
图[M].上海:同济大学建筑系,1979)

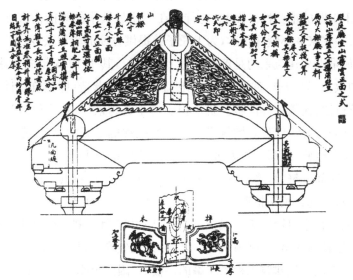

图 1-3 《姚承祖营造法原图》中的殿庭厅堂山雾云正面之式

(图片来源:陈从周.姚承祖营造法原图[M].上海:同济大学建筑系,1979)

1.1.1 编撰原委

姚承祖诞于清同治五年(1866),卒于民国二十七年(1938),江苏吴县胥口镇香山墅里人,[4]字汉亭,号补云,又号养性居士(见图1-4),经历清同治、光绪、宣统三朝,直至民国。姚承祖出身营造世家,祖父

图1-4 姚承祖像

(图片来源:http://sz.jschina.com.cn/whsz/szmr/201309/t1305290.shtml)

姚灿庭著有《梓业遗书》五卷。姚承祖11岁时就离开学堂,随叔父开盛习木作。民国元年(1912)苏州成立鲁班协会,姚承祖当选为会长。姚承祖毕生坚守在营造行业,他亲自设计修建的住宅、寺庙、庭园不计其数,但非常遗憾的是多数今已不存。其中,最为著名且仍被世人津津乐道的有:苏州怡园藕香榭、木渎王家桥畔严家花园、光福镇邓蔚山梅花亭、灵岩寺大雄宝殿、补云小筑等。[5]然而与数量众多的建筑作品相比,姚承祖对我国建筑营造业最大的贡献还应该是他的力作《法原》。此外,姚承祖还是最早重视工匠教育,第一个在高校讲授营造经验及相关知识的香山匠人。姚承祖担任鲁班协会会长之后,更加感到文化对于工匠的重要性。因此,他首先在苏州最繁华的观前街玄妙观旁开设梓义小学,并在家乡办墅峰小学,为工匠子弟提供方便的学习条件。

我国最早设立建筑系的是苏州工业专门学校,其于1923年成立建筑系,由柳士英、刘敦桢、朱士圭、黄祖森共同创办,设有建筑营造(即建筑设计)、建筑结构、中西营造法、建筑史等课程。姚承祖受柳士英聘请任教,为建筑学二年级学生开设"本国营造法"课程。姚承祖根据祖父姚灿庭所著的《梓业遗书》手稿,结合自己的实践经验,编写了作为讲义的《法原》初稿。民国十八年(1929),姚承祖经过六七年时间的努力,终于将《法原》写成。后姚承祖将其手稿交给中国营造学社的刘敦桢,托其校阅整理。民国二十一年(1932),刘敦桢将书稿交给时任中国营造学社社长朱启钤审定。民国二十四年(1935)秋,刘敦桢又将书稿交给他的学生、青年教师张至刚,嘱咐说"这是姚补云先生晚年根据家藏秘籍和图册,在前苏州工业专门学校建筑工程系所编的讲稿"。因张至刚与姚承祖同为苏州人,和姚承祖沟通请教均较方便。同时,《法原》记载的主要是吴地建筑式样和做法,这为张至刚实地调研提供了便利。有着这样的天时、地利、人和,凝聚着姚承祖、

张至刚两人心血和汗水的《法原》终于在民国二十六年(1937)夏完成了。

此时,全书共 24 章,约 12 万字,图版 52 幅,插图 71 张。但受经费、印刷条件等限制,该书一直没有出版,甚至姚承祖也未见到《法原》版本。直到新中国成立,张至刚对原书再度进行整理,将全书修改为 16 章,约 13 万字,图版 51 幅,插图 128 幅。张至刚的整理原则以调查实例、另绘新图与补拍照片为前提。因此,张至刚走遍苏州各式建筑,以补充原书资料。主要完成了改编原文、补充遗漏、订正讹误、加编辞解、加添表格、重绘图版、增加照片及插图等工作。1959 年《法原》第一版出版,并于 1986 年再版。

1.1.2 构成与特点

《法原》可看作由导论、本论、附录、营造法原插图与营造法原图版五部分构成(见图 1-5)。

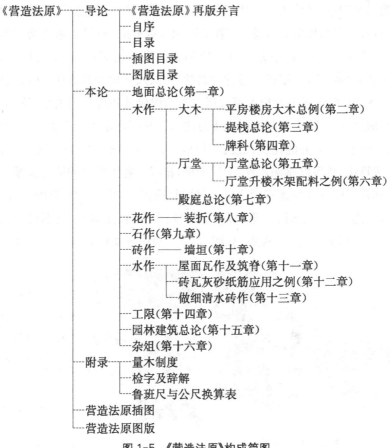

图 1-5 《营造法原》构成简图

导论由《营造法原》再版弁言、自序、目录、插图目录、图版目录构成。"再版弁言"中简述了该书从 1959 年(第一版)至 1986 年的再版由来及内容变化,"自序"则十分详细地记述了该史料成立原委及增编的具体情况。

本论共十六章,主要由地面总论(第一章)、木作(第二~七章)、花作(第八章)、石作(第九章)、砖作(第十章)、水作(第十一至十三章)、工限(第十四章)、园林建筑总论(第十五章)、杂俎(第十六章)组成。

地面总论(第一章)作为本论的卷首,记述了建筑平面及构架的基本概念、开间进深尺寸比例、房屋基础做法及尺寸比例(此处特别强调了水田泥地,表明该史料注重江南地域特色的编撰特点)、用料与工限。

木作(第二至七章)由大木[6](第二至四章)、厅堂(第五、六章)、殿庭总论(第七章)构成。厅堂与殿庭均为江南地区的主要传统建筑类型,如苏州拙政园秫香馆和苏州玄妙观三清殿即为此两种建筑类型的典型代表(见图 1-6、图 1-7)。而大木(第二至四章)又分为平房楼房大木总例(第二章)、提栈总论(第三章)和牌科(第四章)。平房楼房大木总例(第二章)中,对平房、楼房大木构架的构成、各组成部件进行了讲解,其中亦涉及一定的部件尺寸比例;以歌诀的形式列出平房、楼房共 6 种贴式,[7]记述了各种木料的选择、尺寸比例及特征;并以吴中住宅(见图 1-8)为例,记述了大户人家民居院落的构成及各部比例关系,特别强调了"各进房屋之檐高,均为正间面阔之十分之八",从而确定了建筑正立面的比例关系;最后还记述了天井的比例尺度。[8]提栈总论(第三章)中,首先讲解了提栈概念及一般算法,然后以屋深六界、七界为例,记载了各界提栈的确定关系,并举例说明实际建筑中亦有与此不同之处。[9]牌科(第四章)中,首先,对牌科各部件进行综述,记述了一斗三升、一斗六升、丁字科、十字科、琵琶科、网形科的做法;其次,详述了牌科五七式、四六式、双四六式[10]的规定式样及各部件尺寸比例;最

图 1-6　苏州拙政园秫香馆　　　　图 1-7　苏州玄妙观三清殿

后，以玄妙观三清殿、府文庙、虎丘云岩寺二山门为例，介绍了不同于上述牌科的杂例。

厅堂分为厅堂总论（第五章）和厅堂升楼木架配料之例（第六章）。厅堂总论中根据贴式和构造不同，将厅堂分为扁作厅与圆堂、船厅及卷篷、贡式厅、鸳鸯厅、花篮厅、满轩等。以其中扁作厅与圆堂为例，阐述了大木构架及轩的构成及做法，并说明了厅堂外观及与檐高面阔的比例尺度。厅堂升楼木架配料之例中记述了厅堂木材用料，但所列表格则实为厅堂大木构架各部件尺寸比例关系。关于楼厅，则主要记载了楼下轩、骑廊轩、副檐轩的构成及做法，并对楼厅大木构架尺寸比例进行了说明。殿庭总论（第七章）中，则重点记述了殿庭平面构成、大木构架组成，殿庭式样分类则依据屋顶种类不同而定；并规定了发戗详细做法和各部件尺寸比例，以及屋架的用料与工限。

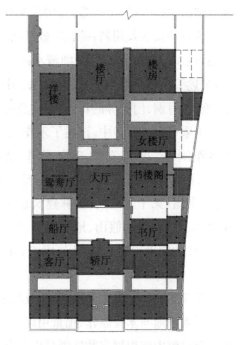

图 1-8 《法原》中的住宅平面及各式
厅堂位置图

（图片来源：根据姚承祖.营造法原[M].第二版.北京：中国建筑工业出版社，1986：171 改绘）

花作——装折（第八章）中，记述了门、窗、栏杆、飞罩及挂落的主要类型、形式、做法及装饰等。门按构造分为实拼门和框档门，按位置不同又可分为墙门、大门、屏门、将军门和矮挞。窗按形式及位置可分为长窗、风窗、地坪窗、半窗、横风窗、和合窗及纱隔。

石作（第九章）中，首先介绍了石材的种类及性质，石雕的工具及做法，以厅堂、殿庭为主要建筑类型的阶台、露台、栏杆、砷石、鼓磴（礩）等的种类、形式及尺寸比例，最后记述了驳岸和石牌楼的做法及尺寸比例。

砖作——墙垣（第十章）中，根据砖墙位置、做法等不同而命名，对各类砖的砌法及每一方用量、上光及刷色法、丈量法等均进行了详细记述。山墙可分为屏风墙和观音兜，位于廊柱出檐处的墙则分为出檐墙和包檐墙，用于房屋间隔的墙称为隔墙，厅堂天井两旁及前后之墙则称为塞口墙。

水作包括屋面瓦作及筑脊（第十一章）、砖瓦灰砂纸筋应用之例（第十二章）

和做细清水砖作(第十三章)。屋面瓦作及筑脊中记述了屋面瓦的种类、厅堂和殿庭筑脊的做法及用料;砖瓦灰砂纸筋应用之例中介绍了各种砖、瓦、灰、纸筋的产地、性质、尺寸及应用;做细清水砖作在南方房屋属于水作之装饰部分。[11]其中,记述了门楼及墙门的式样、做法、用料及尺寸,并对垛头、包檐墙、塞口墙、照墙、地穴、月洞、门景等的特点、做法及尺寸进行了简要论述。

工限(第十四章)中,记述了木作、水作、驳岸、做细清水砖墙门的用工,对以上各作(木作、花作、石作、砖作、水作)所用工限进行了总结。

《法原》将园林建筑、塔、城垣、灶单独论述,另列为园林建筑总论(第十五章)和杂俎(第十六章)。园林建筑总论中,简述了亭、阁、楼台、水榭、旱船、廊、花墙洞、花街铺地、假山、地穴门景、池、桥的种类与做法等。杂俎中记述了塔、城垣、灶的制度、做法、用料与用工,并记载了瓦作、木作、搭架作及化灰所用工具。

附录中记载了量木制度、检字及辞解、鲁班尺与公尺换算表。量木制度中介绍了杉木产地与木排制作、围量用尺及量算方法、量木之长短、量树规则及码子,检字及辞解中则根据字数笔画列出专有名词的解释。

营造法原插图为作者实地所拍之照片,共 112 幅。另有著者手绘并标注文字说明的插图共 16 幅,分别穿插于各章节中,总计 128 幅,均为张至刚所加。

营造法原图版则为张至刚用现代工程图法对姚承祖所绘草图进行了重绘,并以实物测绘进行补充,增添图幅,共 51 幅。这些图版对更好地理解该文献及补充内涵起到了很好的作用。

《法原》是姚承祖根据家传秘籍、施工图册及自己的实践经验编写而成的。编撰之初作为教材所用,所以名词解释较多,且图多以实例来说明。但作为民间建筑文献,编排顺序显然不如《法式》《则例》那样严谨而条理清晰。《法原》的构成比较随意,各建筑类型尺度关系不作重点记述,而更偏重于做法,并且有些章节集做法、用料和工限于一身。《法原》中的大木包括构架和装修,但有花作之分,小木作专指器具之类。同时,该史料仍存在着许多晦涩难懂的文字及地方专业术语的记载,且记述内容基本上仅限于苏州一隅,使其在实际使用中具有很大的局限性。对《法原》的研究,有助于我们进一步挖掘江南地区传统建筑营造技艺,阐明我国南方古典建筑的历史渊源与变迁,同时,可以更好地指导江南地区开展的传统建筑保护、维修及重建工程,对发展地域性建筑有着重要意义。

1.2 《营造法原》中记载的木作营造技艺

《法原》中记述的建筑类型非常明确。房屋因规模之大小、使用性质之不同，可分为平房(楼房)、厅堂(楼厅)及殿庭。特别地，在园林建筑总论(第十五章)中，又单独论述了园林建筑中的亭、阁、楼台、水榭、旱船及廊。全史料中，殿庭、厅堂及亭出现频率较高，可见于若干章节中(见表 1-1)。

表 1-1　《营造法原》中关于殿庭、厅堂、亭的记述

章节	章名	主要内容	殿庭	厅堂	亭
一	地面总论	基本概念、基础做法、尺寸、用料、用工	○	○	—
二	平房楼房大木总例	大木构架构成、构件做法、尺寸、比例尺度、选材用料、院落与正立面比例关系	☆	☆	—
三	提栈总论	概念、算法、比例尺度、建筑实例	○	○	○
四	牌科	各部名称、做法、种类、尺寸、比例尺度、杂例	○	○	○
五	厅堂总论	种类、各部名称、做法、尺寸、比例	☆	◎	—
六	厅堂升楼木架配料之例	用料、做法、比例尺度、尺寸	☆	◎	—
七	殿庭总论	平面、大木构架、做法、各部名称、种类、尺寸、用料、用工	◎	☆	—
八	装折	门、窗、栏杆、飞罩及挂落的类型、形式、做法、装饰	○	○	○
九	石作	种类、性质、工具、做法、尺寸、比例尺度	○	○	—
十	墙垣	各部名称、做法、用料、尺寸	○	○	—
十一	屋面瓦作及筑脊	屋面瓦的种类、筑脊的做法、用料	○	○	—
十二	砖瓦灰砂纸筋应用之例	砖、瓦、灰、纸筋的产地、种类、性质、尺寸及应用	○	○	—
十三	做细清水砖作	种类、式样、做法、用料、尺寸	—	○	—
十四	工限	木作、水作、驳岸、做细清水砖墙门的各部用工	○	○	○
十五	园林建筑总论	种类、做法、尺寸	—	☆	◎
十六	杂俎	塔、城垣、灶的做法、用料、用工，以及各种工具器械	○	○	○

注：表中符号◎表示专述；○表示涉及；☆表示对比；—表示无。

1.2.1 殿庭

《法原》中有多个章节涉及与殿庭相关的内容。其中,以第七章"殿庭总论"最为全面、系统。本章分为"殿庭之进深开间""殿庭之结构""殿庭式样之分类""发戗详细尺寸制度""殿庭上屋,架戗应用物料数目及工数""殿庭屋架用木料之例"等六个部分。除此之外,其他章节亦有涉及殿庭各部做法与用料用功,以及与殿庭进行对比的记述。在书后的51幅图版中,描绘了与殿庭极为相关的重要的3幅构造详图:戗角木骨构造图、歇山殿庭结构(苏州虎丘禅院二山门)及四合舍殿庭结构(苏州文庙大成殿)。此外,《法原》的有些章节中虽记述的是所有建筑之共性,但字里行间提到殿庭(或符合殿庭特征)的地方甚多。如第一章"地面总论"中,列举了各类建筑地面的各部名称、做法及尺寸、用料及用工等内容,同样亦适用于殿庭。第二章"平房楼房大木总例"中,将殿庭定义为"宗教摹拜或纪念先贤之用。其结构复杂,装饰华丽,较厅堂为尤甚者",与平房、厅堂形成了强烈对比。关于平房楼房大木构件的详解、做法、比例关系、木材(楠木、山桃、木荷、榉木、香樟、栗、杉木、松木、圆柏、乌桕、梓树)选取、产地与特性等同样适合于殿庭。同时,对殿庭的天井比例亦进行了记述,如圣殿"一倍露台三天井,亦照殿屋配进深"、神殿祠堂"殿屋进深三倍用,一丈殿深作三丈"等。第三章"提栈总论"中,"殿庭至多九算"指出了殿庭使用提栈的极限。"提栈歌诀"中记有"殿宇八界用四个",则脊柱处提栈为[界深×1/10+3/10];而"厅堂殿宇递加深"表示如厅堂殿庭进深加大,则提栈可随之增加;"囊金叠步翘瓦头"则表示有时金柱处可适当压低,有意使步柱处稍抬高,形成中国传统建筑特有的反曲屋面优美姿态。由此,亦可看出《法原》所记载香山帮营造技艺的灵活性。第四章"牌科"中记述殿庭常用牌科类型。特别指出五出参(相当于北方的出两跳)丁字科用于祠堂之门第,五出参或七出参十字科用于殿庭。《法原》按照牌科大小、规定式样分为三类:五七式、四六式、双四六式,而五七式牌科常用于祠堂之门第,双四六式常用于殿庭。[12]除此之外,在"牌科"中的"杂例"中,记述了玄妙观三清殿的七出参上昂牌科(六铺作重抄上昂斗拱)、府文庙的五出参重昂牌科(五铺作重昂斗拱)、虎丘云岩寺二山门的琵琶牌科。

第七章的"殿庭之进深开间"一节中特别指出如屋顶形式非硬山时,最靠外侧的间称为"落翼"。因此,如面阔方向为五开间时称为"三间两落翼"、七开间时称为"五间两落翼"、九开间时则称为"七间两落翼",但如仅为三开间时则称为"次间拔落翼"。《法原》中关于殿堂构架组合的描述为:"殿庭之深,亦无定制,自六界、八界以至十二界。其深以脊柱为中心,前后相对称。普通殿庭亦作内四界,较深者作六界,其前后或为双步[13],或为廊川。亦有双步之外,复作廊川者,则为较大之建筑也"(见图1-9)。由此可以看出,明清时期苏州片区殿庭构架基本为前后对称样式,且普通殿庭由主体空间内四界与前后的双步组合而成,可简单以"双步＋内四界＋双步"来表示,与《法式》中厅堂构架"八架椽屋前后乳栿用四柱"形式基本一致,这也是我们得出"江南殿庭厅堂化"的一个重要依据。

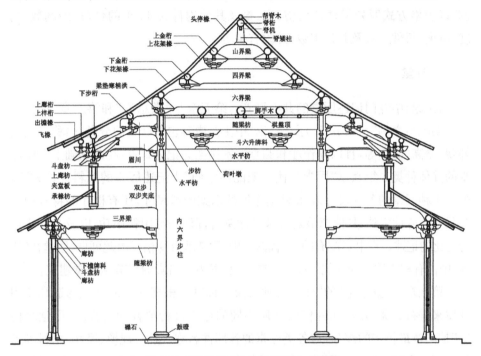

图 1-9 《营造法原》中的殿庭大木构架

[图片来源:根据姚承祖《营造法原(第二版)》(中国建筑工业出版社,1986)中的图版二十六改绘]

"殿庭之结构"中重点记述了大木构件种类。殿庭中的柱有廊柱、轩步柱、步柱、脊柱、金童柱(上、下金童)等。主体空间梁有大梁、山界梁,前后有三界梁、双步、眉川(单步)等。根据殿庭的规模,为稳固结构,梁下加辅助构件,如随梁枋、双步夹底,甚或水平枋(四平枋),而在梁与枋或枋与枋之间架设牌科(相当于北方的隔架科),既美观又具有结构支撑作用,同时还提升了建筑物的等级。此外,还有面阔方向的枋,如廊枋、步枋及平置于牌科之下廊枋之上的斗盘枋。桁有廊桁、轩步桁、步桁、金桁、脊桁。椽则分为檐椽、飞椽、花架椽、头停椽等。此外,还有梁架山尖处的山雾云、抱梁云等构件,以及各式牌科、棹木等极具江南地区(特别是香山帮木作营造技艺)特色的构件。

殿庭式样从屋顶的外观来看可分为硬山、四合舍(庑殿)、歇山、悬山。[14]如屋顶为四合舍或歇山,转角处还有一系列构件,如老戗、叉角桁、搭角梁、嫩戗、菱角木、扁担木、孩儿木、千斤销等形成屋顶转角部分的搭接。歇山屋顶山花处则需配置博风板、垂鱼、山花板等。"发戗详细尺寸制度"主要记述了老戗、嫩戗及其他相关构件尺寸的确定原则及做法。"殿庭上屋,架戗应用物料数目及工数"则罗列了18项关于四角架戗及殿庭上屋的用料及用工。"殿庭屋架用木料之例"以表格方式罗列了柱、梁、枋、桁、椽及其他构件共48项的件数、围圆数、高度、厚度、每件工数及共计工数,并附有备考。

1.2.2 厅堂

《法原》中专门记述厅堂的共有两章:第五章"厅堂总论"和第六章"厅堂升楼木架配料之例"。第五章"厅堂总论"中主要内容包括厅堂的分类、名称、构造、外观、檐高、面阔等,且以扁作厅和圆堂的木构架为记述重点,在此基础上介绍厅堂的其他种类。第六章"厅堂升楼木架配料之例"中记述厅堂的配料计算方法,列出1种圆堂的各部尺寸表、6种扁作厅的木架配料尺寸,还有楼厅的特有构件及尺寸。除此之外,其他章节还有涉及厅堂各部做法与用料用功,以及与厅堂进行对比的记述。在书后配有的51幅图版中,厅堂就有9幅。由此可见,厅堂在《法原》中占有相当重要的地位。有学者曾指出,书中最出彩的章节是厅堂建筑。[15]

第五章"厅堂总论"的"厅堂之种类及名称"中,根据厅堂的贴式构造和使用性质来进行分类,并对几种使用性质不同的厅堂进行解释和定义。"厅堂之构造"是本章最精华的部分,对各类厅堂的各部件名称、做法、规模、尺寸、用料等进行介绍。在"厅堂之外观"中,介绍了各类厅堂的规模、屋顶形式及做法,还提到了门窗的选用及山墙的装饰。在"厅堂之檐高面阔"中,主要对厅堂各间面阔及面阔与檐高比例的尺度关系进行了限定。

第六章"厅堂升楼木架配料之例"旨在揭示各个构件用料之间的比例和数量关系。开篇首先概述了大木构架用料的形状与方法;其次详述了配料的尺寸和比例,如厅堂配料计算方法、圆堂木架配料之例、扁作木架配料之例、楼厅木架构造及配料。在"厅堂配料计算方法"中列出的"厅堂木架配料计算围径比例表"是该章节的精髓,按类别列出构件的名称、围径和大梁的比例关系,且适用范围广,圆堂、扁作厅都可以应用,甚至可以通过一定的折算,应用在平房和殿庭中。在"圆堂木架配料之例"和"扁作木架配料之例"中,列举了圆堂和扁作厅木架配料的尺寸,作为"厅堂木架配料计算围径比例表"的印证和补充。"楼厅木构架构造及配料"按照贴式将楼厅的轩分为三种类型,即楼下轩、骑廊轩和副檐轩,分别介绍其做法,再阐述楼厅特有构件围径的比例关系。

此外,《法原》的有些章节记述了所有建筑之共性,字里行间提到厅堂的地方甚多。如第一章"地面总论"中,亦适用于厅堂的地面构成。第二章"平房楼房大木总例"中"厅堂结构较繁,颇具装修,昔为富裕之家,作为应酬居住之所,或为私人宗祠祭祀之用",记述了厅堂的等级、特点和用途;"若厅堂于脊桁之上,加帮脊木时,则按椽头不须应用",记述了厅堂屋脊的做法;"吴中住宅平面之布置,自外而内,大抵先门第,而茶厅、大厅、楼厅。每进房屋均隔以天井",则记述了厅堂于民居组群中的位置及其与天井的关系,[16]该章节对平房(楼房)的记述内容也可视为厅堂的基础。

第三章"提栈总论"中"如厅堂七界前采用前轩时,则不论轩深或界深若干,均按五算起算。提栈用三个,即步柱五算,金童六算,脊柱为七算,后双步为四算半。如扁作厅采用重轩,即二个轩,进深达八界时,则采用四个提栈。即自轩步柱五算起算,步柱六算,金童七算,至脊柱为八算,而后双步仍为四算半是也",详细记述了厅堂的提栈算法。"南方厅堂无论布局与构造,皆富于变化,有用廊轩、重轩,而后双步者;亦有用回顶、鸳鸯厅、满轩等贴式者。且草架之制,运用尤多,使规划提栈更形复杂",记述了厅堂复杂多样的贴式构成,以及提栈算法具有更加灵活的因势利导特征。[17]第四章"牌科"中"丁字科之出参,三出参者较少,多为五出参。用于祠堂之门第,或厅堂者居多",记述了厅堂常用的牌科类型为五出参的丁字科,"五七式牌科常用于华丽之厅堂,或祠堂之门第",则记述了厅堂牌科尺寸比例常用五七式。

《法原》将厅堂按以下四方面进行分类:厅堂层数、内四界梁架的截面形式、功能及贴式样式(包括细部构件)。首先,按层数分:单层为厅堂,两层为楼厅。其次,根据内四界梁架截面形式的不同,分为厅与堂。梁架截面呈近似扁方形的为厅,圆形的为堂,分别称为扁作厅及圆堂。再次,根据功能的不同,分为大厅、茶厅、花厅、女厅、对照厅。江南传统民居中,在建筑群进深方向的纵轴线上依次布置门厅、茶厅(轿厅)、大厅、女厅。式样相似而位置相对的两个厅堂称为对照厅,书厅、花厅、对照厅等辅助厅堂一般位于纵轴线两侧(见图 1-10)。厅堂按照功能的不同可分为:门厅、轿厅、正厅、女厅、花厅、书厅等。轿厅又叫作茶厅,位于门厅后一进,用作备茶停轿之用,结构可做扁作或圆料。正厅为宅第中规格最高的厅堂,位于轿厅后面一进,装修和规模较其他厅堂更为高档,是接待宾客、举办婚丧嫁娶等重要活动的场所,正厅的庭院两侧常种植玉兰和海棠,有"金玉满堂"之意。女厅又称堂楼,位于正厅后一进,多为楼厅,是家眷起居之所。在民居边落常设有一些次要建筑,如花厅、书房、对照厅等,花厅和书房是主人读书起居

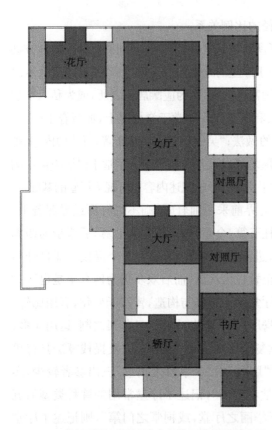

图 1-10 《法原》"厅堂总论"中各类厅堂位置示意图
（图片来源：根据 2004 年同济大学出版社出版的苏州市房产管理局的《苏州古民居》中的苏州仓桥浜邓宅平面图改绘。图中：□表示室外空间；■表示室内空间；▨表示便弄及廊子）

的地方，厅前常设天井或小型庭院，叠山理水、栽花种树，往往融入许多主人的构思。

最后，根据贴式（包括细部构件）的不同，将单层厅堂分为扁作厅、圆堂、贡式厅、船厅回顶、卷篷、鸳鸯厅、花篮厅及满轩。其中，扁作厅与圆堂、船厅回顶与卷篷的贴式类似，但主要梁架中梁的截面形式不同。其他各类厅堂贴式与主要梁架中梁的截面形式均不相同。茶厅、轿厅及大厅多用圆堂或扁作厅，女厅多用楼厅，花厅或书厅可以选用船厅、贡式厅、花篮厅等（见图 1-11）。扁作厅和圆堂的正贴样式类似，同样以"轩 + 内四界 + 后双步"为基本型。但扁作厅和圆堂仍存在着明显的差异：①扁作厅梁架用扁方料，圆堂用圆料；②扁作厅可根据使用要求选用一个或两个轩，根据轩的个数和剖面形式不同，分为单轩磕头轩、单轩半磕头轩、单轩抬头轩、两轩磕头轩、两轩半磕头轩和两轩抬头轩。圆堂只有单轩，分别为磕头轩、半磕头轩、抬头轩；③扁作厅的上、下梁之间多通过牌科支撑，圆堂则用短柱。扁作厅相对圆堂来说做工更为考究，等级较高，规模较大，这两者是民居之中最普遍存在的厅堂，而圆堂则可看作扁作厅的雏形（见图 1-12）。

贡式厅的主要梁架用扁方料仿圆料做法，贴式一般为"廊轩 + 三界回顶/内四界 + 廊轩"，梁架精美、应用广泛。船厅回顶和卷篷的贴式可为"廊轩 + 三界回顶/五界回顶 + 廊轩"。[18]其区别在于船厅回顶的梁架可用扁方料或圆料，卷篷却只用圆料；船厅回顶的桁条（檩条）外露，卷篷在桁下钉木板，不露桁条。两者用于园林之中较多，卷篷更加秀丽，更具装饰意味。鸳鸯厅脊柱落地，以脊柱中心的连线将厅堂划分为前后两部分，两者构造相似，主要梁架的截面形式不同。

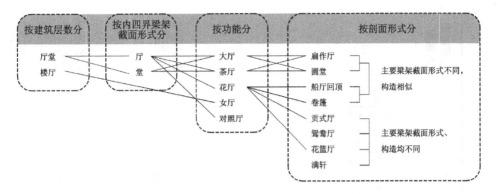

图 1-11 《法原》厅堂分类关系图

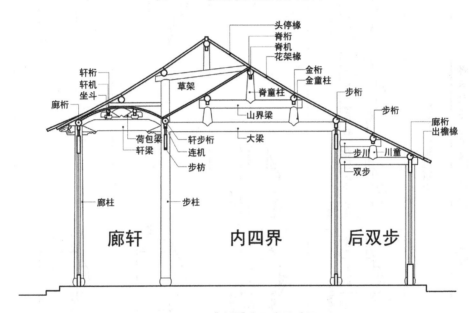

图 1-12 《法原》中圆堂正贴图

其贴式可为"廊轩＋内四界/五界回顶×2＋廊轩"。梁架可用扁方料加圆料做法，或扁方料加扁方料挖底仿圆料。鸳鸯厅梁架造型丰富，使用空间灵活，园林中常见。花篮厅则将步柱改为垂莲柱、不落地，通过枋子将受力传递给边贴。其贴式多样，如"廊轩＋内四界/五界回顶＋廊轩""轩×4""廊轩＋三界回顶×2＋廊轩"等，梁架可用扁方料或扁方料挖底仿圆料。花篮厅[19]造型秀丽，但受力性能不好，所以规模较小，一般不作主要厅堂。满轩由3～4个轩连接而成，多用船篷、鹤胫、菱角等进深较大的轩。由于轩梁接近人的视线，梁上的雕花更加明显。因此，整个厅堂显得更加精美秀丽，常用在园林或民居的休憩建筑中（见表 1-2）。

表 1-2 《法原》中厅堂大木构架比照表

名称	特点	贴式简图与组成部分	主要梁架的截面
扁作厅	内四界及后双步梁截面均为扁方形	廊轩 磕头轩 内四界 后双步／廊轩 半磕头轩 内四界 后双步／廊轩 磕头轩 内四界 后双步／廊轩 抬头轩 内四界 后双步／廊轩 半磕头轩 内四界 后双步／廊轩 抬头轩 内四界 后双	扁方形
圆堂	内四界及后双步梁截面均为圆形	廊轩 磕头轩 内四界 后双步／廊轩 半磕头轩 内四界 后双步／廊轩 抬头轩 内四界 后双步	圆形
贡式厅	梁的截面用扁方料仿圆料做法	廊轩 内三界 廊轩／廊轩 内四界 廊轩	扁方形挖底仿圆形
船厅回顶	屋脊呈弧形，有两根脊童柱	廊轩 内三界 廊轩／廊轩 内四界 廊轩	扁方形或圆形

（续表）

名称	特点	剖面简图与组成部分	主要梁架的截面
卷篷	梁截面呈圆形，桁条被木板覆盖	廊轩 内三界 廊轩；廊轩 内四界 廊轩	圆形
鸳鸯厅	由扁作厅与圆堂组合而成	廊轩 内四界 内四界 廊轩；廊轩 内五界 内五界 廊轩	扁方形＋圆形、扁方形＋扁挖底仿圆形
花篮厅	步柱不落地，为垂连柱	廊轩 内四界 廊轩；廊轩 内四界 廊轩；廊轩 内三界 内三界 廊轩；轩 轩 轩	扁方形、扁方挖底仿圆形
满轩	由若干轩组合而成	轩 轩 轩；轩 轩 轩 轩	扁方形

《法原》仅按顺序对扁作厅、圆堂、贡式厅、船厅回顶、卷篷、鸳鸯厅、花篮厅、满轩进行分述，而没有对这些厅堂之间的关系及相互衍变进行阐述。本章节将《法原》中所列厅堂按基本体、局部变化、拼合、主要梁架截面变化进行衍变分类。扁作厅（内四界）、圆堂（内四界）及轩可看作构成厅堂的基本体，其他厅堂种类通过基本体的局部构件变化、基本体的拼合或主要梁架截面变化而形成，以满足不同厅堂的使用功能、等级和审美需求（见图1-13）。扁作厅（内四界）、圆堂（内四界）、轩的大木构架构造简洁清晰，是《法原》中其他厅堂类型的基本体。通过基本体的局部变化可形成船厅回顶、卷篷及花篮厅；通过基本体的拼合可形成鸳鸯厅、满轩；通过基本体的主要梁架截面变化可形成贡式厅。扁作厅及圆堂内四界的顶椽形状由直变曲，衍变成扁作船厅、圆料船厅和卷篷。扁作厅和圆堂的内四界、扁作船厅和圆料船厅的五界回顶拼合，衍变成鸳鸯厅。若干轩通过拼合则衍变成满轩。扁作厅、船厅回顶和满轩的步柱不落地，成为垂莲柱，厅堂则衍变成花篮厅。

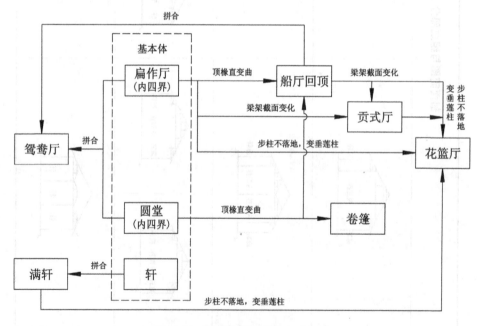

图1-13 《法原》中厅堂衍变关系图

总之，《法原》对厅堂的记述较全面，涵盖厅堂的种类、名称、构造做法、外观、檐高面阔、用料的形状、配料的尺寸比例等。对厅堂分类体系的记述详细、附图较多，但也存在逻辑性不强、不够精准和深入等问题。史料的重点则是根据贴式（包括细部构件）的不同，将单层厅堂分为扁作厅、圆堂、贡式厅、船厅回顶、卷篷、鸳鸯厅、花篮厅及满轩。

1.2.3 亭

第三章"提栈总论"中，记述了建造亭子的提栈设计规律，如歇山方亭"步桁提栈五算，脊桁提栈七算"，六角亭"步桁提栈六算，脊桁提栈则为对算"，并总结亭台提栈富于变化，应绘侧样度势确定。[20]第四章"牌科"中，记述了可用于亭中、式样较为小巧的"四六式"牌科。第八章"装折"中，明确指出半窗可用于亭的柱间。第十五章"园林建筑总论"中，对各类亭做了总体性的记述。其一，对于亭的平面形式、柱网布置、柱之用材，以及柱与平面的尺寸关系作了记述；其二，对亭自桁以下的大木构架构成作了详细阐述；其三，对于单檐歇山式方亭屋顶大木构架模式作了大致阐述；其四，记述方亭提栈的算法；其五，记述亭子翼角的两种做法（一种是用老嫩戗发戗，另一种是用水戗发戗[21]，见图 1-14、图 1-15）。并

且，分别对两种翼角具体做法稍加说明，还记述了亭子的两种放戗之制分别与厅堂放戗之制的相同之处与区别；此外，在该书后面插图部分，有狮子林中某歇山方亭（真趣亭）与拙政园中扇子亭的实物照片作参考。图版部分载有歇山式方亭（苏州留园闻木樨香轩，见图 1-16）及八角亭（苏州拙政园塔影亭）的平、立、贴式图及相关文字，其余章节并无对亭的记述。

图 1-14 苏州留园濠濮亭的老嫩戗发戗

图 1-15 苏州残粒园栝苍亭的水戗发戗

图 1-16 苏州留园闻木樨香轩

从《法原》的记述中可以大致得出歇山方亭大木构架基本形式。其一,平面柱网形式可以概括为:平面形式为方形,列柱布置通常为四柱,柱之用材或木或石,以木为主,柱之截面有方有圆。其二,屋顶大木构架组合形式为:梢间斜搭角梁,端部落于前旁两桁之上,梁的中间架设童柱,童柱上支承起枝梁,然后在其上立脊童,以架设脊桁并最终敷设椽子,可以推测出该屋顶构架形式为五檩尖山式[22](见图1-17、图1-18)。其三,亦可得知该亭提栈的具体算法及翼角形式,即提栈自五算起算,并以七算、八算、九算之式依次递加,翼角采用老嫩戗发戗或水戗发戗的形式。

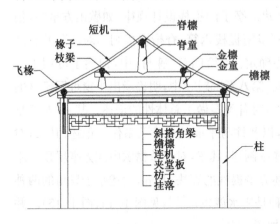

图1-17 《法原》中歇山式亭基本形式之大木构架贴式

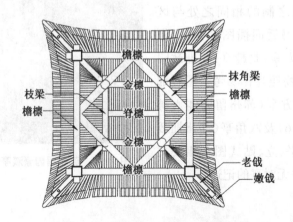

图1-18 《法原》中歇山式亭屋顶大木构架组合仰视图

1.3 《营造法原》中的木作营造技艺特征

我国民间建筑营造技术的世代流传主要靠师徒之间的口传心授,导致大量宝贵经验和传统做法渐渐遗失。《法原》的问世在很大程度上弥补了这一缺憾,并使香山帮及其营造技艺在我国乃至世界声名远扬,该史料亦是我们研究香山帮建筑特征的重要依据。本章节试图通过解读该史料中关于香山帮传统木构建筑的平面形制、构架样式、构件细部、模数关系、材料工具及装饰艺术等方面的记载,并与《法式》《则例》相关内容进行比较,来进一步挖掘《法原》的木作营造技艺特征。

1.3.1　历史悠久、南北交融

朱启钤曾指出《法原》虽限于苏州一隅,但所载做法,上承北宋,下逮明清。[23]《法原》中记载的部分建筑构件与《法式》具有很深的渊源。如第三章"提栈总论"中记载的柱下石质鼓墩与木质栉,在宋《法式》中均有记载。在《法式》第五卷"大木作制度二"中,即有"造柱下栉"条款。梁思成曾对"木栉"进行了详解:"栉"是一块圆木板,垫在柱脚之下、柱础之上。栉的木纹一般与柱身的木纹方向成正角,有利于防止水分上升。并且当栉开始腐烂时,可以抽换,而使柱身不受影响,不致感染而腐朽,可以避免更换大的结构构件。[24]《法原》的第五章"厅堂总论"中对扁作厅与圆堂、船厅与卷篷、贡式厅、鸳鸯厅、花篮厅、满轩的主要构件,特别是对扁作厅与圆堂中内四界的大梁及山界梁、后双步的双步梁及眉川进行了详述。扁作厅中的大梁及山界梁,梁背端部的卷杀与《法式》中的月梁有异曲同工之妙,但略显平缓与呆板,而《法式》中的月梁则更具力量感和装饰趣味。建筑构件的数料合拼法在香山帮建筑中广泛流传,《法原》中也有多处记载。第五章"厅堂总论"中提到扁作厅大梁的用料,分独木、实叠及虚拼三种用料方式;第三章"提栈总论"及第六章"厅堂升楼木架配料之例"中记载了承重的叠拼方式,并特别详述了柱的拼合之法。柱的拼合可采用两种方法,其一为合柱鼓卯法,并直接引用了《法式》的合柱鼓卯图;其二为在圆木四周拼合木料之法。由此可见《法式》对香山帮建筑影响颇深,这与南宋时的宋室南迁,特别是绍兴年间《法式》曾在苏州重刊,应有直接的关联。

《法原》中还多处提到与清《则例》的比较,且两文献记载内容亦有相似之处。如第三章"提栈总论"中的"提栈"规定:"房屋界深相等,两桁高度自下而上,逐次加高,屋面坡度亦因之愈后而愈高。""提栈"与《法式》中的"举折"有很大区别,而与《则例》中的"举"极为相似,但两者之间仍存在一定差异。其一为《则例》中有"垂举""斜举"之分,而《法原》中只有"垂举",没有"斜举";[25]其二为《法原》中的起算与界深相同,但五尺以上仍以五尺起算,而《则例》中则不拘于此,即与步架没有直接关系;其三为《则例》中各举均严格规定,而《法原》中的提栈则相对灵活,只限定一个大概,如"民房六界用两个""七界提栈用三个""殿宇八界用四个""堂六厅七殿庭八""囊金叠步翘瓦头"等的限定,使得确定提栈相当灵活,更多的是根据匠人的经验而得。明清时期大量香山帮匠人参与南京、北京都城建设,官方征调大批香山帮工匠进行营造活动,其结果是香山帮建筑营造技术融入官式建筑体系,以及官式建筑做法对香山帮建筑技术的反渗透[26]。在香山帮建筑营造技术对明清官式建筑产生影响的同时,我们也不排除出现了南北方、官式与地域建筑营造技术的互融。或者说同一建筑营造技术在南北方不同地域或有不同的表现,这个课题还有待于在今后的研究中进行深入讨论。

1.3.2 独具特色、地域性强

素有"鱼米之乡""文化之邦"之称的苏州是吴文化的发源地。其历史悠久、地理位置优越、气候宜人、水陆交通方便,是达官贵人、文人雅士聚集之地。苏州得天独厚的自然条件和先进的经济文化水准,特别是柔软、委婉、悠扬、灵性的水乡文化特性渗透到建筑中,使得香山帮建筑独具特色。香山帮建筑所具有的强烈地域性,从《法原》中关于建筑贴式构成体系、木作营造术语及构件的记载中可略见一斑。

《法原》中将建筑在进深方向的剖面称为"贴",又根据其表示位置不同,将正间处的称为"正贴",梢间处的称为"边贴"。构成贴的最重要的基本单位为"界",特指两桁之间水平投影距离。《法原》中的"界"相当于《法式》中的"椽平长",《则例》中的"步架",并由此形成内四界(或内六界)等,作为建筑的主体空间。如"平房楼房大木总例"(第二章)中,用建筑贴式记载了平房的四界(门第)、五界正贴连廊、六界正贴、六界用拈金,以及七界正贴及六界边贴;楼房的六界正贴、七界前副檐后骑廊、六界边贴及七界前阳台后雀宿檐。[27]厅堂除由内界构成的主体空间外,还增加了其他元素。第五章"厅堂总论"中对扁作厅与圆堂、船厅及卷篷、贡式厅、鸳鸯厅、花篮厅及满轩的构架样式进行了记载,以厅堂基本型(扁作厅和圆堂)贴式为例,可简化为"轩 + 内四界 + 后双步"的构成体系,其他厅堂构架样式均可由此衍化而得。厅堂中的"轩"是最具地域特色的建筑贴式构成部分,可谓厅堂构架中的标志性空间,其繁多的种类、华丽的形式为厅堂类建筑既扩大了进深尺度,又增加了空间层次,妙趣横生、独具特色。[28]《法原》中记载了茶壶档轩、弓形轩、船篷轩、菱角轩、一枝香轩、鹤胫轩等(见图1-19)。同时,根据轩梁与厅堂内四界大梁之间的高低关系,轩又可分为磕头轩、抬头轩及半磕头轩(见图1-20)。第六章"厅堂升楼木架配料之例"中,根据轩与步柱的关系将楼厅中的轩分为楼下轩、骑廊轩及副檐轩(见图1-21)。第七章"殿庭总论"中,记述了殿庭的大木构架样式,可简化为"廊/双步/三步[29] + 内四界/内六界 + 廊/

双步/三步"构成体系,并未提及轩。但香山帮殿庭建筑中仍有用轩者,如苏州报恩寺七佛殿在"八架椽屋前后乳栿"前部加一枝香轩、光福铜观音寺大雄殿前廊施船篷轩等,此为江南殿庭厅堂化的第二个佐证。

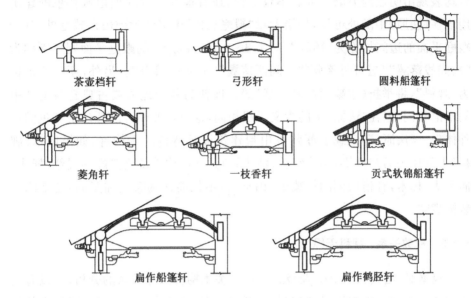

图 1-19 《法原》中的各种轩

[图片来源:根据姚承祖《营造法原(第二版)》中的第184-185页图描绘]

图 1-20 《法原》中的磕头轩、抬头轩及半磕头轩示意图

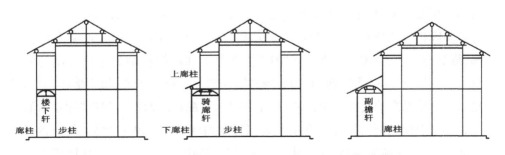

图 1-21 《法原》楼厅中的楼下轩、骑廊轩及副檐轩示意图

《法原》中存在许多具有吴地地域特色的建筑用语。吴语以苏州话为代表，具有浊声母、单元音韵母多、鼻音韵尾少等特点，[30]吴语充分展现了苏州居民的生活习俗、思维方式等。《法原》中诸如"架"之"界"、"束腰"之"宿腰"等均表现出明显的吴语特征。不仅如此，还有很多具有强烈地域特色的建筑用语在《法原》中随处可见，如第七章"殿庭总论"中提到除硬山顶殿庭外，其余殿庭平面的边间均称为"落翼"，对于3～9开间（奇数）的殿庭平面则分别称为"次间拔落翼""三间两落翼""五间两落翼""七间两落翼"。另外，还将斗栱称为"牌科"，将举折（举架）称为"提栈"等。即使与其他地域或古典建筑史料中的术语相同，但在《法原》中的含义不尽相同，这也是苏州香山帮建筑特色的一种体现。《法原》还记载了苏州香山帮建筑极具特色的木构件，如第四章"牌科"中的风头昂与枫栱，样式精美、活泼轻巧；梁类构件常会搭配的梁垫、蜂头、蒲鞋头、棹木，脊桁两侧的抱梁云、山雾云，不仅能使构架更加坚固，还增添了装饰意味。

1.3.3　模数关系、牌科无缘

根据对《法式》《则例》及《法原》中有关木构件尺寸关系的分析，可以看出中国传统木构建筑构件尺寸（包括建筑的面阔、进深等）是存在一定的模数关系的，亦可称为设计体系。这种设计体系根据特定的基准寸法，如《法式》中的"材""分""栔"，《则例》中的"斗口""面阔""进深"，《法原》中的"界深""面阔""柱高"等，按照一定的比例关系演算出其他构件尺寸，因此可以说中国古典建筑设计是体系化的，这一特征在官式建筑中表现得尤为明显。[31]第二章"平房楼房大木总例"中，通过口诀的方式，记述了以面阔、进深为基准寸法，得出大梁、承重、桁、步柱等的围径尺寸，并可进一步推算出山界梁、川等的围径尺寸。同时，特别强调厅堂、殿庭的相关构件也具有同样的相关比例，并指出边贴用料为正贴的八折，各进房屋檐高为正间面阔八折的规定。可见对于香山帮建筑的平房楼房来说，主要构件尺寸之间是存在一定的模数关系的，这一结论也可在实际建筑测绘中得到证明。第五章"厅堂总论"中则进一步明确各间面阔、檐高与面阔、下檐与上檐之间的模数关系。如次间面阔为正间面阔的八折，无牌科时檐高同次间面阔，如有牌科则须加上牌科高度等；如为楼厅，上檐檐高为下檐檐高的七折。第六章"厅堂升楼木架配料之例"中，列出"厅堂木架配料计算围径比例表"，可以看出大梁围径以内四界深为基准寸法，其余各料以面阔、枋及柱高为基准寸法，从而构成较严谨的模数关系。并且注明用于平房时可酌减,用于殿庭时,大梁围径为内四界深的三折,步柱径则为前后檐进深的一折。唯扁作大梁及山界梁以该表所得围径,去皮为方料。如造价及用料等有限制时,酌情减至九到六折。随之,对楼厅的承重、搁栅等构件尺寸进行了分述,但明显看出这些构件的模数关系不强,非常重视木料的围径尺寸确定,这也是《法原》中对建筑构件尺寸比较重视的一个环节。第七章"殿庭总论"中,与厅堂相同,重复记述了各间面阔、檐高与面阔之间的模数关系。该章节重点对发戗详细尺寸规定进行了阐述,但值得注意的是本章节记载了斗盘枋宽与厚的尺寸确定,与坐斗产生了关联,此为《法原》中唯一一处建筑构件尺寸与牌科有关的记载。

《法原》的第四章"牌科"开篇写道:"牌科北方谓之斗栱。其功用为承屋檐之重量,使传递分布于柱及枋之上。南方建筑,凡殿庭、厅堂、牌坊等皆用之。北方大式建筑,其权衡比例,几悉遵斗口,而南方用材常以规定尺寸计之,虽经变通,犹多依照",明确说明《法原》中牌科并不按照建筑构件模数关系设计体系。而《法式》中材分 8 等,详细记载了从 1 等材[广(高)9 寸、厚(宽)6 寸,适用于殿堂 9 间至 11 间],直至 8 等材的寸法和应用范围。《则例》中的斗口分11 等,但仅规定了与 4、5、7、8、10 等材相适用的建筑类型。此外,《法原》中所记载的建筑构件模数关系,也不似《法式》《则例》中那样严谨和体系化,建筑构件尺寸之间尽管存在着一定的模数关系,但多以面阔、进深、柱高等为基准寸法,而与牌科无关。并且在确定圆形截面的柱等构件断面尺寸时,常用围径而非直径。这除了受地域因素影响之外,也与其为民间木作营造技艺具有一定的关联。

本章节中,以《法原》中记述的扁作厅为研究对象,运用建筑信息模型(BIM)技术将各大木构件进行体量族的建立,在族的建立过程中,依照《法原》中的模数关系进行参数公式的设定,然后在项目中排布柱网,进行模型的搭建,形成直观、形象的扁作厅大木构架模式,以便与根据实例建模的扁作厅进行比较。同时,发现《法原》中记述的扁作厅基准寸法为界深、正间面阔和柱高,并且其大木构架构件尺寸亦存在较强的模数关系(见图 1-22)。

1.3.4　装饰得当、简繁得体

《法原》的第八章"装折"中专门记述了门、窗、栏杆、飞罩及挂落等主要建筑装修部分,其中的大门木板、长窗内心仔、纱隔(纱窗)夹堂及裙板、栏杆、挂落、飞

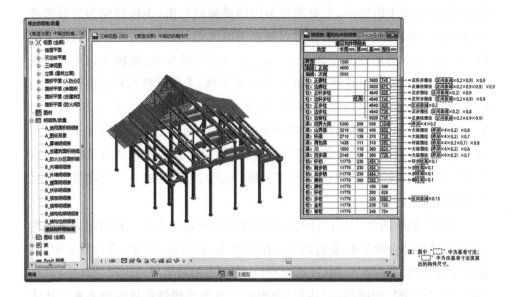

图 1-22 《法原》中记述的扁作厅模型及建筑构件明细表

罩,样式及图案种类繁多,是苏州香山帮建筑中的重点装饰部位(见图 1-23 至图 1-27)。如大门木板以外钉竹条,镶成万字、回纹诸式;长窗内心仔花纹有万川、回纹、书条、冰纹、八角、六角、灯景、井子嵌凌等式,仅万川而言,就有宫式、葵式之分,整纹、乱纹之别;纱隔(纱窗)夹堂及裙板多雕花卉,或雕案头供物;栏杆式样不一,有万川、一根藤、整纹、乱纹、回纹、笔管式等;飞罩式样则有藤茎、乱纹、雀梅、松鼠合桃、整纹、喜桃藤诸式。

图 1-23 苏州留园五峰仙馆长窗　　　　图 1-24 苏州拙政园小飞虹栏杆

图 1-25 苏州狮子林中的栏杆

图 1-26 苏州狮子林中的挂落

不仅如此,《法原》所记述的建筑构架本身即是一种装饰,如厅堂类的扁作厅(圆堂)、船厅回顶、卷篷、鸳鸯厅、花篮厅、贡式厅及满轩等。丰富多彩的构架样式不仅仅起到结构支撑作用,更创造了不同的内部空间或灰空间,带给人独特的美感。特别是厅堂类建筑中轩的运用,更是苏州香山帮建筑装饰的重彩之笔。轩本身不仅具有支撑、围护、暗示等级作用,更极具装饰功能。另外,还有如第五章"厅堂总论"中扁作厅的构件,如梁(大梁、山界梁、荷包梁)、后双步上的眉川,以及其附属构件,如山雾云、抱梁云、梁垫、峰头、贡式厅梁桁转角处细致的木角线、花篮厅的垂莲柱(荷花柱)等形状本身就极具装饰意味。再如第二章"平房楼房大木总例"

图 1-27 苏州狮子林中的飞罩

中记载的机(根据形状及花式分别称为水浪机、蝠云机、金钱如意机、花机或滚机),以及雕成流空花纹的夹堂板等,都有着各式各样的主题,显示着主人的审美趣味、文化水准和经济实力。第四章"牌科"中的云头、风头昂、枫栱、鞋麻板及两座牌科之间的垫栱板,装饰意味均极浓。牌科的点缀使得建筑的等级、审美趣味均大大增强。很多以强调装饰性为主的构件,如界深跨度较大时,则需要在梁垫下方加上蒲鞋头,官宦人家为彰显身份,在蒲鞋头的开口内插入纯装饰构件——形如纱帽的棹木,以及在牌科上镶嵌枫栱,这些均为香山帮建筑的装饰特点(见图 1-28)。除此之外,更多的则表现在构架与装折的互相结合上,如第五章"厅堂总论"中记载的鸳鸯厅,脊柱间设纱隔及挂落飞罩,纱隔为镶以木板之长窗,裱糊字画,都是很好的例证。

| 顾文彬正厅 | 张宅正落彩绘大厅 |
| 逸圃东莱草堂 | 明善堂 |

图 1-28 苏州香山帮建筑中极具装饰性的棹木

香山帮建筑装饰讲究张弛有序,并不是所有构件均雕饰繁杂。主体构件干净利落、简洁大方、舒展有序,附属构件则雕饰华丽、繁华锦绣、内涵丰富。建筑整体呈现简繁得体的态势,搭配极为巧妙。纵观《法原》中所记述的平房(楼房)、厅堂(楼厅)及殿庭大木构架形式,平房(楼房)规模较小,为普通居住之所,构架简洁、无轩及月梁,少装饰;厅堂昔为富裕人家应酬居住之处,或为私人宗祠祭祀之用,构架繁杂、善用轩,且装饰华丽、富于变化;殿庭则为宗教膜拜或纪念先贤之用,须强调其大气庄重的风格,因此构架中的梁柱体系以直线型为主,较少用到轩或月梁。由此可见,香山帮建筑根据其使用功能、风格的不同,呈现装饰得当、简繁得体的特性。

本章节解读了《法原》中木作营造技艺的记载内容,并通过与宋《法式》、清《则例》的相关内容进行比较,阐释出《法原》中的木作营造技艺特征。由此可以看出:苏州香山帮建筑在其源远流长的发展变化进程中,不仅受到中原建筑文化的强烈冲击,且与我国北方官式建筑木作营造技艺发生过很大程度的交融。其独具个性的建筑贴式构成体系,兼有吴语韵味的木作营造术语,构件尺度之间的模数关系、与牌科的脱节,装饰得当、简繁得体的建筑构架与细部,均展现出

《法原》所记述的苏州香山帮建筑具有极强的地域性、民间建筑的特性及清晰的时代特征。

注释

[1] 陈从周.姚承祖营造法原图[M].上海：同济大学建筑系,1979：序.

[2] 此文如果为图例前的说明文字,那么可以推断这些图应为《法原》原图。虽然有些图与《法原》记载内容不符,但经过张至刚的两次修改编辑,有些内容出现偏差亦可理解。

[3] 根据《姚承祖营造法原图》所示图例对图标加以整理,但其中没有"住宅平面布置图"字样出现。此为根据《法原》中相似图样,作者自行命名。

[4] 李嘉球.香山匠人[M].福州：福建人民出版社,1999：38.

[5] 姚承祖营建的代表性建筑主要有：①同治、光绪年间(1862—1908)为顾文彬怡园建屋三楹,用隔扇将其分为南北二厅,前曰"锄月轩(梅花听事)"、后曰"藕香榭(荷花厅)",乃怡园精华；②光绪二十八年(1902),与雕刻家赵子康一起重葺木渎严家花园,该园于抗战时期被毁,现已重建；③民国十二年(1923),于光福马驾山东坡造梅花亭；④民国二十六年(1937),再次与赵子康合作重建灵岩山大雄宝殿；⑤晚年曾在鹰扬巷建补云小筑,十年动乱中该建筑被毁。参考魏嘉瓒.苏州古典园林史[M].上海：上海三联书店,2005：407。

[6] 《法原》中的木作有大木、花作、小木之分,此与《法式》《则例》有所不同。三者相同的为大木,均指木构建筑的结构构架及其细部构件,如柱、梁、檩、椽等。《法式》《则例》中的小木,指门、窗、藻井、楼梯等装修部分,而在《法原》中则用花作(装折)来专属,小木指专做器具之类。参考姚承祖.营造法原[M].第二版.北京：中国建筑工业出版社,1986：41.

[7] 在《法原》中,"贴"相当于建筑横剖面所看到的大木构架,用于正间的称为"正贴",位于建筑山墙处并有脊柱落地的则为"边贴"。

[8] 此处记述的为厅堂、圣殿及神殿祠堂天井之比例相关内容,与本章节关联不大。

[9] 《法原》中的"界"为相邻两桁(檩)之间的水平距离,相当于《法式》中的"椽平长"、《则例》中的"步架"。《法原》中的"提栈"为使屋顶斜坡成曲面,而将每层桁较下层比例加高之方法,相当于《法式》中的"举折"、《则例》中的"举架"。

[10] 《法原》中规定,牌科自身的规格由斗之宽、高而命名,分别为五七式、四六式、双四六式。五七式牌科的斗高 5 寸、斗宽 7 寸,常用于华丽之厅堂、祠堂之门第；四六式牌科的斗高 4 寸、斗宽 6 寸,其式样较为小巧,常用于亭、阁、牌坊等；双四六式牌科的斗高 8 寸、斗宽 12 寸,其式样较为巨大,常用于殿庭等。

[11] 姚承祖.营造法原[M].第二版.北京：中国建筑工业出版社,1986：72.

[12] 姚承祖.营造法原[M].第二版.北京：中国建筑工业出版社,1986：19.

[13] 参考姚承祖.营造法原[M].第二版.北京：中国建筑工业出版社,1986：36。"双步"常见于厅堂主体空间的后檐,为两界,双步梁一端架在后廊柱,另一端做榫卯入后步柱透榫槽

内,但实际上殿庭亦常用双步。

[14] 调研中发现,殿庭屋顶主要以四合舍、歇山、硬山为多,这也是与北方殿堂建筑的不同之处。北方地区殿堂屋顶一般不可能用到硬山,也很少用悬山。南方殿庭用悬山屋顶亦极为少见。

[15] 潘谷西.《营造法原》读后感[C]//杨永生,王莉慧.建筑百家谈古论今:图书编[M].北京:中国建筑工业出版社,2008:101.

[16] 姚承祖.营造法原[M].第二版.北京:中国建筑工业出版社,1986:4、6、11.

[17] 姚承祖.营造法原[M].第二版.北京:中国建筑工业出版社,1986:14、15.

[18] 此外,《法原》中还有"南方所谓卷篷之结构同回顶,唯以圆料。深自三界至七界"。由此可见,卷篷还可以为七界。参见姚承祖.营造法原[M].第二版.北京:中国建筑工业出版社,1986:27.

[19] 厅堂之步柱不落地,代以垂花柱,柱悬于通长枋子,或于草架内之大料上。柱下端常雕以花篮,故名花篮厅。参见姚承祖.营造法原[M].第二版.北京:中国建筑工业出版社,1986:103.

[20] 姚承祖.营造法原[M].第二版.北京:中国建筑工业出版社,1986:15.

[21] 老嫩戗发戗,即嫩戗发戗,它的主要做法是在翼角处的廊桁及步桁之上设置老戗,老戗端部斜立嫩戗,使屋顶形成起翘。参考田永复.中国园林建筑构造设计[M].北京:中国建筑工业出版社,2009:23。水戗发戗,主要做法是由建筑物翼角屋面上之脊形成屋顶的起翘,大木构架用老戗、角飞椽。参考姚承祖.营造法原[M].第二版.北京:中国建筑工业出版社,1986:82。

[22] 五檩尖山式,即屋顶有五根檩条的尖山式大木构架组合。参考田永复.中国园林建筑构造设计[M].北京:中国建筑工业出版社,2009:114。

[23] 朱启钤.题姚承祖补云小筑卷[C]//中国营造学社.中国营造学社汇刊(第四卷第二期).北京:知识产权出版社,2006:86-87.

[24] 梁思成.《营造法式》注释[M].北京:中国建筑工业出版社,1983:159.

[25] 在《则例》中,"举"为两桁间构成屋架斜度的直角三角形中,对应于以1为底边的另一条直角边长度和斜边长度这两个含义,前者称为"垂举",后者称为"斜举"。参考蔡军,张健.《工程做法则例》中大木设计体系[M].北京:中国建筑工业出版社,2004:16。

[26] 沈黎.香山帮匠作系统研究[M].上海:同济大学出版社,2011:5.

[27] 平房(或厅堂)内四界以金柱落地,前作山界梁,后易廊川双步,称此金柱为"拾金"。"雀宿檐"为以软挑头承屋面,附于楼房者。参考姚承祖.营造法原[M].第二版.北京:中国建筑工业出版社,1986:103、108.

[28] 轩有上下两层屋面,下层屋面起装饰作用,相当于室内吊顶。根据轩的进深及椽的样式不同,可分为船篷轩、鹤胫轩、菱角轩、海棠轩等;根据贴式中轩的位置不同,可分为廊轩、内轩,紧邻室外的是廊轩,廊轩内是内轩;根据轩在建筑整体中的位置,又可分为前轩、后

轩、前后轩及周围轩。其中,周围轩较少见,但在园林厅堂中偶有出现。

[29] 如同双步,三步亦为在主体空间内四界之后设置的附属部分,比双步多一界,可以进一步使建筑的进深加大。

[30] 吴恩培.吴文化概论[M].南京:东南大学出版社,2006:337-351.

[31] 蔡军,张健.《工程做法则例》中大木设计体系[M].北京:中国建筑工业出版社,2004:106-108.

第 2 章

《园冶》中记载的木作营造技艺

　　《园冶》是我国乃至世界一部关于造园技术与艺术的奠基式专著。[1]著者计成出生于明万历十年(1582),吴江(今苏州吴江区)人。他的造园实践经验相当丰富,营造了若干名园,但最大的功绩是撰写了震惊世界的造园巨作《园冶》。该史料自明崇祯四年(1631)成书以来,可谓命运坎坷,清代曾被列为禁书,国内知其者寥寥无几。但它被日本学界推崇为世界造园学最古老的名著,《夺天工》《木经全书》为其曾在日本所用之名。民国二十年(1931)由董康和朱启钤先后从日本获得《园冶》残本,并对其进行补充,使其在我国重见天日。自此,《园冶》引起我国学者的广泛关注,已经有大量卓有成效的研究成果问世。这些成果主要体现在对该史料的解读与注释,对计成身世及文献源流的探索上,而更多的则表现在对该史料所记载的造园方法及设计理念的梳理上,乃至通过与其他学科理论知识的相融,挖掘其中所展现的深邃文化。但关于《园冶》中记载的建筑,特别是木作营造技艺的研究成果却不多见。[2]

2.1　《园冶》概述

2.1.1　编撰原委

　　南宋以后,中国文化重心南移,明清时期,江南地区成为中国的经济文化中心。江浙一带,地产丰富,人事繁盛,涌现出许多闻名遐迩的科技与文化硕果,造园艺术更是其中一朵盛开的奇葩。明代,特别是晚明,是中国重视科技的重要时期,在医学、工艺学、天文学等领域出现了许多科学巨匠与成果。如李时珍和《本草纲目》;徐光启和其在数学、历法、农学等方面的成就;宋应星和《天工开物》;徐霞客及其在地理、文学等领域的突出贡献,且其著有《徐霞客游记》。中晚明时期,江南私家园林成为社会奇观,计成便是该时期出现的一位卓有成效的实践者与理论家。

计成,字无否,号否道人(见图 2-1)。青少年时代家境尚可,受到良好的教育,优游于经史子集之间,在诗词绘画方面有相当的修养。"最喜关全、荆浩笔意,每宗之。"关全、荆浩的画雄壮、大气,对计成后来的造园思想产生了重要影响。计成又在年轻时游历燕京等地,增加了阅历,这些为其日后著述《园冶》奠定了很好的基础。但中年以后家境衰落,他本人也不顺利,历尽风尘,后蛰居镇江。《园冶》成书于明代崇祯四年(1631),刊行于崇祯七年(1634),这时的计成已经五十三岁了。首先,他具有丰富的造园实践

图 2-1 计成像
(图片来源:张薇.《园冶》文化论[M].
北京:人民出版社,2006)

经验,又有深厚的中国传统文化底蕴,诗词书画无所不能,加之年轻时游览祖国大好河山的经历,能够造园著书立说是水到渠成的事。其次,《园冶》是计成为膝下二子而作。他在"园冶·自识"中"暇著斯'冶',欲示二儿长生、长吉",旨在把自己积累的造园经验和理论传授给下一代。再者,明中叶开始,士大夫阶层隐逸之人增多,他们崇尚安逸、纵欲、享乐之风,已然完全没有了古代隐士的清欲寡欢,他们把隐居深山老林改为隐在市井之中,这又为计成大量的造园实践提供了机会。明末社会动荡,农民起义此起彼伏,士大夫阶层也无暇再造园林享乐。此时,计成则有时间对造园实践进行总结。对计成的一生,特别是对他的造园实践和《园冶》成书有重要影响的人物主要有以下五位:阮大铖、郑元勋、汪士衡、吴又予、曹元甫。他一生造园无数,但绝大多数的实践成果早已杳无踪迹。目前公认的计成代表作有以下四园:为吴又予造的常州东第园、为汪士衡造的仪征寤园、为郑元勋造的扬州影园、为阮大铖造的南京偎园[3]。通过分析可以看出,这些人物与计成的代表作有着紧密的联系。

阮大铖是与计成及《园冶》关系最为密切的人。阮大铖,安徽怀宁人,字集之,号圆海,又号百子山樵。明崇祯时,附魏忠贤,名列逆案,失职后,居南京,颇招纳游侠。[4]明亡后,他又降清,为士林所不齿,而计成亦被认为是阮氏门客,计成也曾为阮大铖在南京造园,名为偎园。阮大铖又为《园冶》作序,并为计成资助刊印了《园冶》,也可能正是因为此,《园冶》刊行后在我国受到很大阻力。加上我国封建社会对匠人的歧视,使得《园冶》湮没于 300 年的历史长河之中。

郑元勋,影园的园主,字超宗,号惠东,安徽歙县人,出身于名门望族,在当地

很有影响。他生于明万历三十六年(1608),崇祯十六年(1643)进士,工字画,著有《媚幽阁文娱》。他与计成交往甚密,从他为《园冶》作的"题词"落款中自称为"友弟",就可略见一斑。计成中途参加影园的设计与建造,郑元勋在其《影园自记》中称赞道:"吾友计无否善解人意,意之所向,指挥匠石,百无一失,故无毁画之恨。"影园位于扬州,为郑元勋于崇祯五年(1632)为其养母营建读书之所。此时计成已完成《园冶》的撰写,造园理论进一步得到提升,造园技艺也达到炉火纯青的地步,所以影园也是名扬四海,曾被誉为扬州第一名园。

寤园园主为汪士衡,名机,字士衡,江苏仪征人。寤园位于銮江(今江苏省仪征),于崇祯四年(1631)落成。关于该园的大致情况我们知之不多,但从其他人的赞美之词中也可了解其与东第园齐名。

东第园为计成的成名之作,园主为吴又予。吴玄,字又予,武进人,万历进士,历任江西参政,著有《率道人集》。东第园建成后深得吴又予赞叹:"从进而出,计步仅四百,自得谓江南之胜,惟吾独收矣。"

曹元甫,名履吉,字元甫,号根遂,安徽当涂人。明万历四十四年(1616)进士,有多部著作流传后世。他与《园冶》的关系是其为该史料改了一个好名字。《园冶》刚刚成书时的名字为《园牧》,后由曹元甫改为《园冶》。甚为妙哉! 曹元甫认为"斯千古未闻见者,何以云'牧'? 斯乃君之开辟,改之曰'冶'可矣。"《园冶》这一书名自然要比《园牧》响亮得多。

计成在青年出游之前大部分时间生活在苏州吴江,中年后定居镇江。虽然镇江尚未发现有其代表作的记载,但计成在"自序"中提到在镇江有过叠山经历并获认可。并且计成在镇江生活的这一时期,正是其造园技艺登峰造极之时,故理应有其营造的大作存在。[5] 从"选石"项中记载的叠山石材来看,首选的太湖石产自苏州,其他产自江苏的南京、镇江、常州、昆山、宜兴,以及安徽的宿州、江西的九江、广东的英德等地。计成造园定以就近取材为宗旨,从这一侧面也可佐证计成的造园活动地域范围,应是以苏南的苏州、南京、镇江、常州及苏北的扬州为核心区域,并可扩展至安徽、江西,甚至广东等地。[6] 从历史、文化角度看,计成造园活动的核心区域基本可归属于吴文化地域范畴,甚至可扩至整个苏南甚至更广地域。[7]

由于受吴文化地域内的历史、文化、地理、气候等因素影响,以及苏州、常州、镇江、扬州等均为京杭大运河沿线的重要节点,南京更是位于长江之滨,与水域关联密切,这些条件为各建筑帮派的往来营造提供了交通便利,因此,吴文化地域内各地区建筑既具有自身的个性,又呈现建筑帮派营造技术之间的交融,以及与地域文化相结合的共性。特别地,从《园冶》记载的造园及其建筑术语中常常出现的苏州方言来看,计成的造园思想必定受到苏派园林的极大影响。同时,香山帮传统营造技艺也会较多地渗透在其所记述的建筑中。虽然计成的代表性园林已不复存在,其中的建筑更是早已杳无踪迹。但吴文化地域内保留至今的明清园林建筑,仍可为我们的研究提供很好的借鉴。《园冶》中记载的建筑现象,应该主要来源于计成当时之所闻、所见、所用。本章节主要依据《园冶》中所记载建筑类型的相关内容,明确明代吴文化地域内各类园林建筑的特征。

2.1.2 构成与特点

《园冶》的构成,首先为阮大铖作的"冶叙"、郑元勋作的"题词"及计成本人所作的"自序"。其次共分为三卷:第一卷为兴造论与园说,园说分为相地、立基、屋宇及装折;第二卷为栏杆;第三卷为门窗、墙垣、铺地、掇山、选石及借景(见图 2-2)。

阮大铖在其"冶叙"中,主要赞美寤园,特别夸奖计成的为人,称其非常质朴爽直,且聪明过人。庸俗之气与之相遇,消除殆尽。[8]可见阮大铖对计成的器重。郑元勋在所作的"题词"中,从造园的特殊性谈到为什么历代没有产生造园专著,并阐述了造园的意义,还指出了造园过程中主人与工匠的关系,总结了计成的造园成就,表明了他本人与计成的关系。郑元勋则论述了《园冶》的作用,称其可与《考工记》媲美。计成在"自序"中,讲述了自己从少年到中年的人生经历,以及吴公园林(即东第园)的详细造园经历,提及汪士衡的寤园,最后讲述了《园冶》的写作由来。

卷一中的"兴造论"阐述了造园的特殊性、灵活性,以及作者写作《园冶》的动机,即"予亦恐浸失其源,聊绘式于后,为好事者公焉"。"园说"叙述了选址以偏静为胜,景物、路径、园墙、架屋等的自然创造,强调"虽由人作,宛自天开"的造园意境。"相地"首先详述了造园选址总的原则,然后分述山林地、城市地、村庄地、郊野地、傍宅地、江湖地,除对各种基址特性进行说明外,对造园设计、施工所应取舍之道亦分别进行了阐述。"立基"相当于我们今天所说的总平面布局,分为厅堂基、楼阁基、门楼基、书房基、亭榭基、廊房基、假山基。从揽胜、幽静等角度出发,使建筑位置适应造园要求,并相得益彰。"屋宇"分为门楼、堂、斋、室、房、馆、楼、台、阁、亭、榭、轩、卷、广、廊、五架梁、七架梁、九架梁、草架、重椽、磨角、地图。其中,门楼、堂、斋、室、房、馆、楼、台、阁、亭、榭、轩、卷、广、廊为园林建筑类型;五架梁、七架梁、九架梁为建筑构架类型;草架、重椽、磨角为建筑构架细部;地图为建筑平面图。"屋宇"共附有 11 幅图,为我们研究明代园林建筑提供了宝

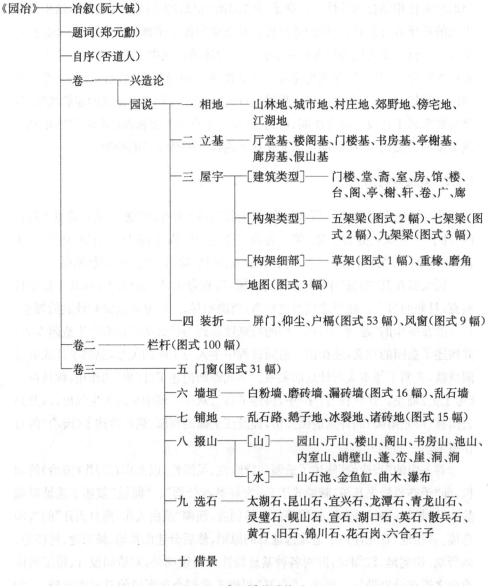

图 2-2 《园冶》构成体系

(注：□内为作者所加内容)

贵的资料(见图 2-3、图 2-4)。"装折"中特别强调了规整与灵活处理之间的辩证
关系,分为屏门、仰尘、户槅、风窗。屏门就是像屏风一般平整地排列在堂中的
门,[9]仰尘为天花,此两项条款仅用简短的文字说明,未加图式。户槅即为门的
一种类型,相当于《则例》中的隔扇、《法原》中的长窗,用 53 幅图分别表达了长槅

式、短楣式、床楣柳条式、柳条变人字式、人字变六方式、柳条变井字式、柳条变杂花式、井字变杂花式、玉砖街式、八方式、楣棱式、束腰式共 12 种类型。风窗为楣棱外面的保护物，用 9 幅图来表达风窗式、冰裂式、两截式、三截式、梅花式、梅花开式、六方式、圆镜式共 8 种类型。

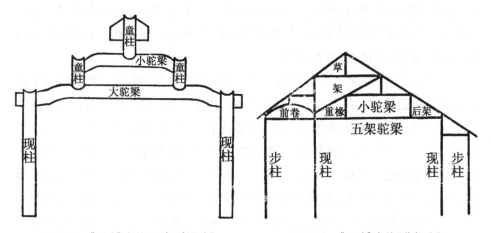

图 2-3 《园冶》中的"五架过梁式"
（图片来源：陈植.园冶注释[M].第二版.
北京：中国建筑工业出版社，1988：99）

图 2-4 《园冶》中的"草架式"
（图片来源：陈植.园冶注释[M].第二版.
北京：中国建筑工业出版社，1988：100）

作者用了整整一卷篇幅记述"栏杆"，但文字并不多，主要强调了栏杆的灵活性，并以 100 幅图展示栏杆的种类。有笔管式、涤环式、横环式、套方式、三方式、锦葵式、六方式、葵花式、波纹式、梅花式、镜光式、冰片式、联瓣葵花式、尺栏式、短栏式、短尺栏式共 16 种类型。

卷三包括门窗、墙垣、铺地、掇山、选石及借景。"门窗"为园林中的门与窗，不包含建筑部分，主要以图示为主（共 31 幅图）。门分别表述了方门合角式、圈门式、上下圈式、入角式、长八方式、执圭式、葫芦式、剑环式、莲瓣式、如意式、贝页式、汉瓶式、花觚式等 13 种样式。窗则分别表述了月窗式、片月式、八方式、六方式、菱花式、如意式、梅花式、葵花式、海棠式、鹤子式、贝叶式、六方嵌橘子式、橘子花式、罐式等 14 种样式。"墙垣"按材料及做法不同，分为白粉墙、磨砖墙、漏砖墙及乱石墙四种类型，其中漏砖墙用 16 幅图标示不同的种类。"铺地"分为乱石路、鹅子地、冰裂地及诸砖地 4 种类型，其中，诸砖地用 15 幅图分别表述了砖铺地图式、香草边式、球门式、波纹式，而砖铺地图式又分为用砖仄砌的人字式、席纹式、间方式、斗文式 4 种类型，以及用砖嵌鹅子砌的六方式、攒六方式、八角间六方式、套六方式、长八方式、八方式、海棠式、四方间十字式 8 种类型。"掇山"则根据山在园中的位置及与建筑、水的关系,分为园山、厅山、楼山、阁山、书房山,临水的为池山;根据山的材质及形状,分为内室山、峭壁山、蓬、峦、崖、洞。"水"的种类则为山石池、金鱼缸、涧、曲木和瀑布。"选石"则列出了太湖石、昆山石、宜兴石、龙潭石、青龙山石、灵璧石、岘山石、宣石、湖口石、英石、散兵石、黄石、旧石、锦川石、花石岗、六合石子,共 16 种石材。"借景"文字虽少,却为本史料的精华所在。记述相当抒情,分为远借、邻借、仰借、俯借、应时而借等。

总之,《园冶》的特点,可以概述为以下四方面:一为《园冶》可称为世界上最早记载造园的史料。日本造园名家本多静六博士[10]称其为"世界最古之造园书著。"陈植也说:"(造园)著为专著,具有系统者,首推明崇祯七年(1634)计氏所作《园冶》一书。"[11]该书将开创性、权威性、学术性、艺术性集于一身。二为全史料分章节论述造园所涉及的主要元素——相地、立基、屋宇、装折、栏杆、门窗、墙垣、铺地、掇山、选石、借景,条理清晰、论据充分,紧紧围绕造园来展开,主题突出。三为图幅较多,此为我们今天能充分理解古典史料提供了依据。四为本史料的精华所在,充分体现于以下两句词中,即"巧于因借,精在体宜"和"虽由人作,宛自天开",充分说明了造园所要达到的意境和艺术效果,体现了中国山水风景式园林的基本风格。

2.2 建筑类型

《园冶》关于建筑类型的记载,主要集中在卷一的"立基"和"屋宇"中。"立基"侧重于从建筑的功能和定位来记述,把建筑大体分为厅堂、楼阁、门楼、书房、亭榭及廊房。"屋宇"则进一步对门楼、堂、斋、室、房、馆、楼、台、阁、亭、榭、轩、卷、广及廊等,从建筑的含义、定位、功能、空间等角度进行论述(见表 2-1)。《园冶》几乎涵盖了园林中的所有建筑类型,在对江南地区影响深远的我国古典建筑史料中首屈一指。[12]如李允鉌所指的那样:中国的单体建筑因为形式、用途、性质的不同而分成很多类型,产生很多不同的称谓,如堂、殿、楼、阁、馆等。[13]《园冶》中的建筑分类原则也是各有侧重,不一而同。特别是看似在讲述建筑类型,却将建筑与室内外空间混杂在一起。因此,本章节也不拘泥于原史料的记载顺序,而将关联性较强的建筑(或空间)合起来一并讨论,以达到更好地阐述计成所记载的建筑(或空间)的主要特征。

表 2-1 《园冶》中的建筑类型及特性分析表

类型	含义	定位	功能	强调特性	
				实体	空间
厅堂	—	凡园圃立基,定厅堂为主。先乎取景,妙在朝南	—	√	—
门楼	大门,不论其上是否加楼	与主要厅堂方向同	分割园林内外空间	√	—
堂	半屋以前、居中向阳的空间		书房等	—	√
斋	比堂要内敛,使人肃然起敬的空间,样式不彰显	书房则应选择在偏僻处,但可随意到达园中,其内可设置斋、馆、房、室,如果设在园外,则应根据地势灵活设置	书房等	—	√
室	与堂相对应,为半屋以后的空间		书房等	—	√
房	隐蔽、就寝之所,暂居的地方		就寝	—	√
馆	书房可称为馆,客舍可称为假馆		书房、客舍	√	—
楼	重屋、狭而长曲,开很多窗洞	需建在厅堂之后,可设在半山半水之间,结合高差建造	—	√	—
阁	四坡屋顶、四面皆开窗		—	√	—
台	叠石、木架而成,上面平坦无屋,或楼阁前敞开的空间	—	—	√	√
亭	供人停下集合	水边、竹林、山顶、山洼、山麓、山上	停留	√	—
榭	凭借风景而成	水边、花旁、空旷之地	揽景	√	—
轩	轩轩欲举、空敞而居高	空旷之地	揽景	√	—
卷	为使厅堂前宽敞而设,或改变一般房屋人字形屋架所用的空间	厅堂主体空间之前或主体空间	扩大或改变空间	—	√
广	借山体或墙壁而建不完整房屋	依附山体或墙壁	—	√	—
廊	庑出一步、宜曲宜长	余屋前后,或蟠山腰,或穿水际	丰富、连接空间	√	—

注:1. 表中所列各建筑类型的含义、定位、功能及特性,仅为该史料中所记载内容。
　　2. 表中√表示强调、—表示忽略。

2.2.1 厅堂、卷

厅堂，作为园林中最为重要的单体建筑，计成对此在"立基"中进行了重点描述。首先，"凡园圃立基，定厅堂为主。先乎取景，妙在朝南"，可以看出厅堂定位对于园林整体布局是十分关键的一步，同时也可看出厅堂对于景观和朝向的要求，这也是《园冶》中唯一一个将建筑与朝向关联起来的类型。其次，对厅堂的开间进行限定。计成指出可三间、三间半、四间、四间半或五间，依地势而定，灵活掌握，并不受中国传统建筑平面开间的约束。[14]厅堂在园林建筑中属于最主要、体量较大、位置较显赫的单体类型，尚且允许出现偶数间或半间，可见吴文化地域内园林建筑具有非常强的灵活性及多样性。

再次，对厅堂的构架给出了一系列的限定。如厅堂与台榭相近时，为使厅堂显示出重要地位，需"前添敞卷，后进余轩"。[15]《园冶》中的"卷"有两种含义，其一为位于厅堂主体空间之前，以加大建筑进深、丰富空间层次为目的。有学者认为"卷"至少可追溯到宋代，与《法式》中的峻脚椽从构造上来看很相似，存在范围较广，西达陕西，东至沿海，南达浙江一带。[16]峻脚椽是用平暗时峻脚部分所用之斜椽。[17]由此看来，最初的"卷"应该是折椽而非弯椽，后来逐渐由折椽发展成弯椽，渐与"轩"同义了，如《法原》中的各类轩。由此，是否可断定茶壶档轩为各类轩的鼻祖呢？从"相地"的"村庄地"中记载的"堂虚绿野犹开"，可看出计成对"堂"尚且讲究"虚"，更何况厅堂的附属空间"卷"呢？必定是敞开着的，所以称之为"敞卷"。"余轩"中的"余"应指剩余、余下的意思，为与"前——敞卷"相区别，"后——余轩"可能在样式、装修等方面要简陋或空间封闭些。使用了"敞卷"和"余轩"，为使建筑具有很好的整体性，屋架要用重椽，结构要用草架，以上为对建筑构架的限定。[18]"卷"的第二个含义较易理解，即将厅堂主体空间人字形屋架顶部亦改为弯椽。"屋宇"中的"九架梁前后卷式"中，将"卷"的两种含义均表达得很清晰（见图2-5）。

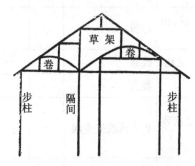

图 2-5 《园冶》中的"九架梁前后卷式"
（图片来源：陈植.园冶注释[M].第二版.北京：中国建筑工业出版社，1988：104）

最后，对厅堂营造细节进行了如下规定：为使庭院不显得过小，屋檐下不能建雨厢;台阶上如建重檐,踏步要加深,此为对建筑室外空间的限定。斗拱不必装饰,门枕也不必琢成鼓形,木材可施以青绿色彩,此为对建筑细部及色彩的限定。

尽管如此,《园冶》中的厅堂并未明确其功能、造型、大木构架等,而我国其他古典建筑史料中,对"厅堂"一般均有较详细的定义及分类。[19]特别是,"立基"中的"厅堂基"也未与"屋宇"中所列建筑类型产生直接的对应关联。且吴文化地域园林中,我们经常能看到题为"○堂"或"○厅"的建筑,如拙政园的远香堂、南京瞻园的静妙堂、扬州何园的牡丹厅等,却很少见到题为"○厅堂"的建筑。因此,《园冶》中的厅堂具有极强的泛指性。

2.2.2 堂、斋、室、房、馆

计成将"堂"定义为房屋的前半间、居中向阳的空间,显然是指建筑内部空间的一部分,而非建筑单体。并且可以断定该建筑内部应有一排内柱或隔墙,将空间分为前后两部分,房屋的后半部分称为"室"。室位于堂之后,显然其空间属性比堂要弱。虚谓之堂、实谓之室,因此堂应宽敞、高大、开放且阳光充足;而室则相对狭小、低矮、隐蔽且光线幽暗,这与"周代士寝图"中堂、室的概念十分接近(见图 2-6)。"屋宇"项中强调"斋"比堂要内敛许多,是聚敛、使人肃然起敬的场所,强调其隐蔽、谦逊的特性,样式不宜敞显。此项中将斋与堂相比较,是否可认为两者分别代表同一类建筑的同一处空间,只是它们所展示的空间属性不同罢了。"屋宇"中记述"房"比室更隐蔽,为就寝之所,但并未指出其具体位置。根据"周代士寝图",我们可设想"房"位于建筑后半部空间"室"的两侧,显然其空间属性比"室"更要弱化。

图 2-6　周代士寝图

(图片来源:乐嘉藻.中国建筑史[M].
北京:团结出版社,2005:1)

最为独特的是"馆"这一建筑类型,计成将馆定义为暂时寄居的地方或书房,似应为一个独立的单体建筑,甚或是将"堂(斋)—室—房"共同组成的建筑称为"○馆"。因"立基"中只有"书房基"是根据建筑功能而定位的,且除"厅堂基"外,"楼阁基"等均可与"屋宇"中所列各建筑类型相对应。如"楼阁基"对应楼、阁;"门楼基"对应门楼;"亭榭基"对应亭、榭;"廊房基"对应廊,余下的堂、斋、室、房、馆是否可归属于"书房基"？同时，计成还记述了书房的开间，指出也可同厅堂般余半间，往往就是那半间创造出园林中建筑的鲜明特性与浓郁情趣。由此，我们可推断《园冶》中的书房应为由若干空间组成的单体建筑。如书房由"堂（斋）—室—房"等空间构成，其中，堂可会客、斋可冥想、室可读书、房则可就寝，此时，书房可称之为"○馆"。[20]关于书房的选址，"立基"中指出其宜选于园林偏僻处，主人从书房可随意到达园中，却不易被游人发现；如果设在园外，则应根据地势灵活设置。总之，强调书房具有很强的私密性，应位于园林的静区。

随着时间的流逝、功能的变迁，《园冶》中描述的书房空间构成及特征基本上已消失殆尽，我们已找不到与之完全一致的实例了。纵观吴文化地域古典园林，其中的斋、室、房、馆一般多为建筑单体，尽管如此，其所展现的个体性格与《园冶》中记载的相应空间属性却也吻合。如东山启园听雨斋的内敛、沧浪亭闻妙香室的谦逊、瞻园环碧山房的隐蔽、拙政园秫香馆的恬静等，这些建筑一般位于园林较次要位置或安静偏僻处，且体量较小、造型简洁（见图2-7）。但有时也不尽相同，特别是"馆"，更不乏体量庞大、造型优美的实例。如苏州拙政园的三十六鸳鸯馆、留园的林泉耆硕之馆等，在园林中均处于举足轻重的地位。[21]

东山启园的听雨斋

沧浪亭的闻妙香室

瞻园的环碧山房

拙政园的秫香馆

图2-7 吴文化地域古典园林中的斋、室、房、馆

2.2.3 门楼、楼、阁、台

"门楼"指园门,不论其上是否有楼,如南浔小莲庄门楼(见图 2-8)。"立基"中强调门楼方向须与厅堂相符,这里的厅堂应为园林中最重要的单体建筑。

"楼"与"阁"一般为两层,在园林中属于较高的建筑,有时我们也将其合称为"楼阁"。但两者还是有差别的,"屋宇"中将重屋、狭而长曲、开了很多窗洞的建筑物称为楼;而将四坡顶、四面皆开窗的建筑物称为阁。显然阁比楼更注重造型,其平面更强调方正,且对周围景观的要求也更高。"立基"中强调两者的选址需建在厅堂之后,可设在半山半水之间,应结合地势高低建造。由此,再次看出计成对环境的重视。《园冶》因强调园林建筑的"造无定式",对建筑样式的规定甚少。但关于楼阁的造型,在"立基"中概括性地描绘为"楼阁崔巍",强调了楼阁

图 2-8 南浔小莲庄门楼

应具有挺拔巍峨的气势。关于构件尺寸及做法,全史料也仅在"屋宇"的"七架梁"条款中,记述有"如造楼阁,先算上下檐数,然后取柱料长,许中加替木"。可见,楼阁在造园中是具有极其突出地位的建筑类型。

《园冶》中的"台"有两层含义:其一指由叠石、木架而成,上面可平坦无屋,这在今天城市传统园林中已不多见。偶尔看到题为"○台"的建筑物,也基本失去了"台"所蕴含的原有含义,如留园冠云台实际上只是一个亭子。我们从古诗词中却能找到很多提及台的诗句,如唐代诗人李白的《登金陵凤凰台》中所描述的凤凰台:"凤凰台上凤凰游,凤去台空江自流。吴宫花草埋幽径,晋代衣冠成古丘。"其二指台上建楼阁等建筑前面之空地,这里在于强调建筑的外部空间,以烘托建筑的雄伟壮观。其含义可扩展至今天常见的叠石之月台、木架之平座。这在我国古典建筑中应用范围极广,已成为传统建筑不可或缺的造型或空间组成部分。

2.2.4 亭、榭、轩、廊、广

"屋宇"中明确指出:"亭"具有供人停下集合的功能,可有三角、四角、五角、

梅花、六角、横圭、八角、十字等平面形状;"榭"凭借风景而成;"轩"则有轩轩欲举、空敞而居高之意。由此看出,亭、榭、轩均应造型优美,榭、轩似乎比亭更应注重形象,且对环境的要求更高。园林中有些建筑虽命名为榭、轩,但从建筑体量、构架体系等角度分析,特别是仅有屋顶而无墙体时更接近于亭,如同里退思园的水香榭、苏州拙政园的与谁同坐轩等。而有些榭与轩则体量庞大、气势恢宏,又可归类于厅堂,如苏州东山启园的浮翠榭、扬州个园的宜雨轩等。亭、榭、轩在园林中的位置也是相当灵活,如亭可建于水边、竹林、山顶、山洼、山麓、水上,榭可建于水边、花旁。《园冶》中虽未直接指出轩应建于何处,但强调榭与轩更应位于空旷之地,宽敞便于揽景。尽管亭、榭亦属于"造无定式",但强调要"奇亭巧榭"。显然,亭、榭的造型更在于"奇"与"巧",在园林中需起到画龙点睛的作用。

"廊"在园林中是非常活跃的建筑元素,主要起到建筑之间联系、空间分割及引导等作用。《园冶》将廊定义为"廊者,庑出一步也",这里首先要弄清"庑"指什么。陈植在《园冶注释》中指出:"廊、庑有区别……按苏州造园建筑,庑与堂为一体,属于堂之外部。一般五架梁或七架梁的堂,其窗槅外的卷篷,就是庑"。[22]即当堂与堂之外部的屋顶为一体时,此堂之外部就应称为庑,如某些廊轩在明代应称为庑。而当堂与堂之外部的屋顶不为一体时,此堂之外部则应称为廊,这时建筑屋檐应显示为重檐(见图2-9、图2-10)。"立基"中有"廊基未立,地局先留,或

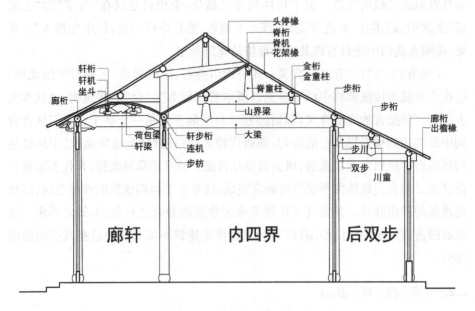

图2-9 《营造法原》中的廊轩
(相当于明代的"庑")

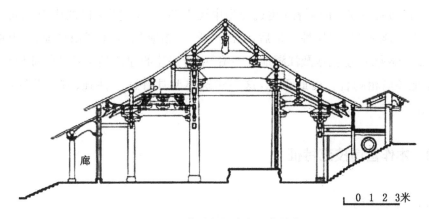

图 2-10　宁波保国寺大殿中的廊

（相当于明代的"廊",图片来源：清华大学建筑学院,宁波保国寺文物保管所.
东来第一山保国寺［M］.北京：文物出版社,2003：36）

余屋之前后,渐通林许"。可看到廊与建筑关联处明确提到的仅有"余屋",但《园冶》中没有关于余屋的定义。而《法式》中的余屋指殿阁和厅堂之外的次要房间,包括殿阁和官府的廊屋、常行散屋、营房等。[23] 如果我们引用《法式》中余屋之概念,是否可理解：廊一般应建在非主体建筑的前后呢？由此可见,计成在《园冶》并不过分强调建筑前后或周围的廊,而主要着重于独立廊。这从《园冶》中形容廊的形态上也可看出,如出廊宜曲宜长,且要随形而弯、依势而曲,或登山、或临水,依据地势,旨在创造丰富宜人的景致。

《园冶》中的"广"为借助于山体或墙壁而建的不完整的房子。"兴造论"中称的"半间一广",即指基地不够完整或宽广时,灵活选择建筑的面阔间数及进深架数,可以出现半间或半架,以达到与环境协调的目的,这在吴文化地域古典园林中也可经常见到。这种建筑类型对于创造灵活的建筑形象与空间、有效结合地形、充分利用环境具有积极的意义。

总之,《园冶》中记载的建筑类型具有种类繁多、命名模糊、强调空间、范围广泛四大特点。首先,种类繁多。《园冶》中记载的建筑多达 15 种,包括：泛指类——厅堂、书房,建筑类——馆、门楼、楼、阁、亭、榭、轩、廊、广,内部空间类——卷、堂、斋、室、房,建筑或外部空间类——台。其次,命名模糊。如书房是该史料中唯一明确功能的建筑类型,但命名上具有极大的模糊性。既可能是一座建筑单体,也可能是一组建筑群体;既可能由"堂（斋）—室—房"构成,也可能由其中的一部分空间构成;既可能被称为"○馆",也可能被称为"○堂"、"○斋"、"○室"或"○房"。再次,强调空间。一般地,堂、斋、室、房均指建筑单体,但《园冶》中特别强调其空间属性；建筑类型中还夹杂着如"卷"这样的内部空间，而"台"也极具外部空间属性。最后，范围广泛。"相地"中提出了山林地、城市地、村庄地、郊野地、傍宅地及江湖地，《园冶》中所记述的建筑类型及其特征均与这些基地环境相吻合。由此可见，这些建筑类型具有适应性强、应用范围广的特点。

2.3 木作营造技艺特征

2.3.1 平面形制

建筑是造园四大要素之一，《园冶》第一卷的"园说"之"屋宇"中记述了园林建筑平面形制、构架样式及构件细部。建筑类型有 15 种，即门楼、堂、斋、室、房、馆、楼、台、阁、亭、榭、轩、卷、广、廊；建筑构架有 3 类，即五架梁（图式 2 幅，五架过梁式及小五架梁式）、七架梁（图式 2 幅，七架列式及七架酱架式）、九架梁（图式 3 幅，九架梁五柱式、九架梁六柱式及九架梁前后卷式）；3 个屋架细部，即草架、重椽与磨角；地图（图示 3 幅，厅堂地图式[24]、梅花亭地图式和十字亭地图式）。

《园冶》中的"地图"即《法式》及《鲁般营造正式》中的地盘图，类似今天的建筑平面图，主要标示柱网，明确建筑的开间与进深。"屋宇"的"地图"条款中指出"夫地图者，主匠之合见也"，以及"屋宇图式"的"地图式"开篇："凡兴造，必先式斯。偷柱定磉，量其广狭，次式列图。凡厅堂中一间宜大，傍间宜小，不可匀造"。首先，可以看出计成强调地图是主人与匠人设计理念相结合的产物，[25]地图的确定在屋宇建造过程中有重要作用。其次，"偷柱定磉"则显示出元代盛行的减柱造做法。磉为柱下鼓磴所垫石板，用以表示柱的定位。最后，此段文字中虽未给出相应开间的名称及尺寸，但明确说明了厅堂明间大于次间的设计原则，并随之附上标有"七架列五柱着地"的地图式，显然，"五柱着地"是指山墙列五柱。[26]特别是图中还标示出屋架大梁为"五架驼梁"，这样，借助平面图将建筑剖面的主要信息也表达清楚了。而《鲁般营造正式》中唯一的地盘图标示的"正七架"，也着重在地盘图图标中强调构架特征，但强调的应是正贴[27]（见图 2-11、图2-12）。《法式》中仅有的 4 个殿阁地盘图及《姚承祖营造法原图》中的厅堂三开间地面图中，均在图标上注明进深方向大梁的尺度概念[28]（见图 2-13、图2-14），这反映出我国古代单体建筑的简明与真实特征。根据"五架过梁式"中所载"前或添卷,后添架,合成七架列",如将该图图标"七架列五柱著地"详细描述成"三开间前卷后架七架列五柱著地厅堂地图式"似更为恰当。《园冶》中仅给出三幅单体建筑地图式,除厅堂外还有实际建造不多的梅花亭和十字亭,但后两者仅标示出亭的平面形状和柱的位置(见图 2-15)。

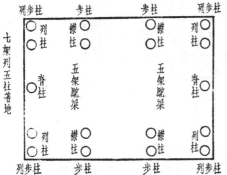

图 2-11 《园冶》中的厅堂地图式

(图片来源:陈植.园冶注释[M].第二版.北京:中国建筑工业出版社,1988:106)

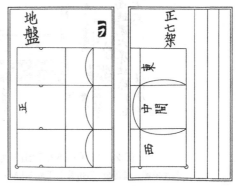

图 2-12 《鲁般营造正式》中的地盘图

(图片来源:陈耀东.《鲁班经匠家镜》研究——叩开鲁班的大门[M].北京:中国建筑工业出版社,2010:6)

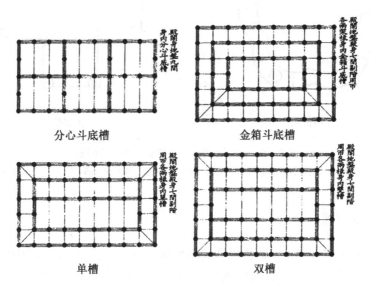

分心斗底槽

金箱斗底槽

单槽

双槽

图 2-13 《法式》中的殿阁地盘图

(图片来源:李诫.营造法式[M].北京:中国书店,2006:754,755)

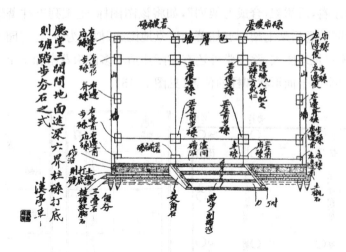

图2-14 《姚承祖营造法原图》中的"踏步夯石之式"
(图片来源：崔晋余.苏州香山帮建筑[M].北京：中国建筑工业出版社，2004：242)

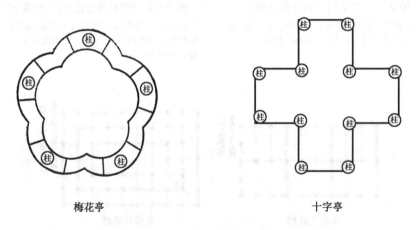

梅花亭　　　　　　　　　　　十字亭

图2-15 《园冶》中的梅花亭和十字亭地图式
(图片来源：陈植.园冶注释[M].第二版.北京：中国建筑工业出版社，1988：107,108)

2.3.2　构架样式

　　"屋宇"中重点记述了园林建筑的构架样式，特别是"屋宇图式"中的8幅构架图，尽显明代江南园林建筑的风采。尽管计成在"兴造论"中明确指出"予亦恐浸失其源，聊绘式于后，为好事者公焉"，说明这些图仅简略表示，且亦不能涵括明代江南园林建筑构架的所有类型，但对于我们今天研究江南地区传统建筑的源流与变迁尤为珍贵。计成在此列举了五架过梁式、草架式（八架梁前卷四柱式)、七架列式、七架酱架式、九架梁五柱式、九架梁六柱式、九架梁前后卷(五柱)式及小五架梁式。尽管园林中的屋宇极其灵活,与宫殿庙堂相比,实为富有自由性之结构。[29]通过分析发现,"屋宇图式"中的 8 幅构架样式图之间还存在着极为密切的关联。

《园冶》中唯一用双线表示的屋宇图式为"五架过梁式",由现柱→大驼梁→童柱→小驼梁→童柱架构而成。该构架似可看作为《则例》中的"五檩大木",独立成屋;但更可看作为《法原》中厅堂的"内四界",即为屋宇的主体空间,通过一系列变化可形成不同的屋宇架构。理由有二:一为五架过梁式中柱名标注为"现柱",而屋宇所示其他构架图中,不论是否有卷,最外层柱均称为"步柱",但"草架式"步柱内侧柱被称为现柱;二为五架过梁式是 8 幅构架图中唯一的双线条图,亦是唯一描画了建筑构件细部的构架图,由此可看出计成对其是十分重视的。在其余 7 幅构架图中,均能看到五架过梁式(或其变化体)处于构架的主体位置,由此,我们暂且将其称为构架基本体。在《园冶》中所列 8 幅屋宇图式中,[30]其他构架均可看作由构架基本体"五架过梁式"衍生而成(见图 2-16)。如将五架过梁式的大驼梁上后童柱落地,则成为"小五架梁式"。图中特别标注"此童柱换长柱便装屏门",此类构架适合于建造书房、小斋及亭等体量较小的建

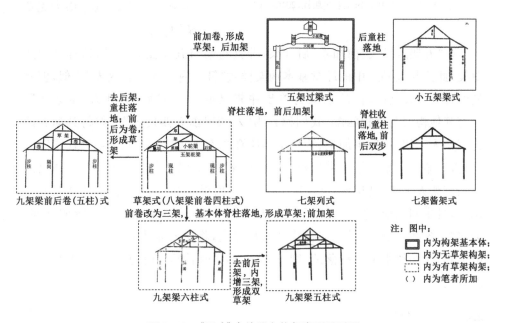

图 2-16 《园冶》中的屋宇构架类型关系图

筑。[31]前、后加架,脊童柱落地,可成为"七架列式"。且大驼梁下加枋,图中特别强调"此枋必用便于装修"。显然,此处枋的结构作用减弱,装饰功能增强,此种构架形式适合所有房屋。如将柱子落地顺序进行变化,即脊童柱、现柱不落地,而大驼梁上的两童柱落地,则成为"七架酱架式"。很显然,小驼梁下亦加有枋,此枋是否为了便于装修并不可知,但其结构作用显然更为弱化。此构架特点在于比较均匀地将建筑内部空间进行分割,不易形成主次空间,并便于山墙正中间张贴字画,甚或开启门窗,这种处理手法亦彰显出江南古典园林中建筑设计的灵活性。也可将"七架酱架式"理解为"双步+三架人字坡+双步",与《则例》中的卷19"十一檩挑山仓库"构架剖面及《鲁班营造正式》中的"秋千架"极为相似(见图2-17)。以上均为无草架构架。

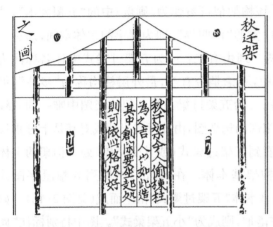

图2-17 《鲁般营造正式》中的秋千架

(图片来源:陈耀东.《鲁班经匠家镜》研究——叩开鲁班的大门[M].北京:中国建筑工业出版社,2010:10)

在"五架过梁式"前加卷、后加架,并且卷梁与五架驼梁齐平,这样必形成草架,此式与《法原》中的厅堂基本构架样式"轩+内四界+后双步"相似,但此处的轩为"抬头轩",而后加架为单步并非双步,[32]《园冶》称其为"草架式"。为与其他构架名称相匹配,我们称其为"八架梁前卷四柱式"。如将其前卷改为三架人字架、前后再加架、构架基本体脊柱落地,则形成"九架梁六柱式",同样地,三架人字架驼梁下带有枋。去前后架,在三架人字架与构架基本体之间再加三架人字架,则构成"九架梁五柱式"。值得注意的是,该构架样式具有双草架,且中间三架人字架驼梁下随双枋,建筑内部形成4个基本匀等的空间。如将"草架式(八架梁前卷四柱式)"前卷加大,将构架基本体(五架过梁式)亦改为卷,大驼梁上两童柱落地,则成为"九架梁前后卷(五柱)式"。以上均为有草架构架。

2.3.3 构件细部

"屋宇"中明确记载了3个屋顶构架细部条款,即草架、重椽与磨角。结合

"屋宇图式",我们还可以解读出若干大木构架的构件细部,如柱、梁、枋、斗拱、替木等。

关于屋顶构架的细部,首先为草架[33]。"草架,乃厅堂之必用者。凡屋添卷,用天沟,且费事不耐久,故以草架表里整齐"。尽管文字中如此记载,但图上草架并不仅仅局限于添卷,在九架梁五柱式和九架梁六柱式中,在三架人字坡与构架基本体之间也用到草架。"屋宇"中的"重椽"被解释为草架中的椽子、屋中的假屋。"屋宇图式"中的"草架式"由"卷+构架基本体+架"构成,其中的草架椽标为重椽,与《法原》一致。但"屋宇图式"中的"九架梁五柱式"由"三架人字坡+三架人字坡+构架基本体(脊柱着地)"构成,其中的草架椽则标示为复水椽,与之相类似的还有"九架梁六柱式"。由此可见,重椽与复水椽还是有少许区别的。即由卷构成草架时称为重椽,非卷而由人字坡构成草架时则称为复水椽。关于"磨角",《园冶注释》中对其解释得并不太肯定,疑就亭阁之屋角折转而上翘,即今日之通称的翘角及翼角。[34]潘谷西明确指出《园冶》中提到的"磨角",宋称转角,似清称的屋角、翼角、屋面转角,江南称屋角、转角。[35]《则例》卷 3 的标题中出现"歇山转角"一词,实则指歇山顶,只不过更加强调其两厦当与前后坡转角连为一体的感觉。[36]因磨角与抹角谐音,此处认为其似更强调对于庑殿顶、歇山顶、攒尖顶等屋顶样式所必备的屋架角部构件——抹角梁。

关于大木构架的构件细部。首先,在厅堂地图式中根据柱所处位置,明确标示出列柱、脊柱、步柱、襟柱。进深方向除脊柱外位于山墙上的柱皆称为列柱,面阔方向最外层柱称为步柱(《法式》中称为檐柱、角柱或平柱,《则例》中称为檐柱或假檐柱,《法原》中称为廊柱)、内层柱则称为襟柱(《法式》中称为内柱,《则例》中称为金柱,《法原》中称为内步柱)。在"屋宇图式"的五架过梁式中还标示了现柱和童柱。支撑大驼梁的柱称为现柱,按照地图式的柱式命名,此柱应为襟柱,但另几幅屋宇图式中也完全没有标示襟柱,明显看出地图式与屋宇图式在柱名标注上并不一一对应。[37]"屋宇图式"中的短柱通称为童柱,明清时期我国民间建筑将短柱称为童柱这一现象很普遍,但《则例》中多将之称为瓜柱或柁墩,《法式》则称为侏儒柱或蜀柱。从五架过梁式中可以推测童柱与梁的咬接方式为蛤蟆嘴,而非苏南传统做法中常用的鹦鹉嘴。小五架梁式中将童柱落地,并称其为长柱,做法与《法原》中的"拈金"相同。[38]

厅堂地图式中两襟柱间架设五架驼梁,与"屋宇图式"中五架过梁式中的驼梁一致,且由下而上分别为大驼梁和小驼梁。《法原》亦将大梁称为驼梁,但将相当于小驼梁的梁称为三界梁。图中梁的形状虽亦呈月梁状，但《法式》中的月梁更具力量感和装饰趣味，《法原》中的月梁中段略显平缓与呆板，而《园冶》中的月梁，中间平直同《法原》，但端部"卷杀"之后再次呈平直态势，又类似于贡式厅中的大梁。陈从周曾将扬州梁架做法分为三类：一是苏南扁作做法；二是圆料直材，在扬州最为普遍；三是直梁与月梁（略作弯形的梁）间的介体，将直梁的两端略作"卷杀"，下刻弧线。[39]本章节称第三类为繁体直梁，即在直梁基础上，端部进行粗线脚处理，接近扁作月梁的拨亥。通过实地调研发现，在计成造园活动核心地域，梁的样式还有扩展，除上述三种类型外，还存在另外三种类型。一为苏南扁作简体月梁，即保持月梁两端上部圆形卷杀，原下部的拨亥、蜂头、梁垫、蒲鞋头等构件消失，仅用形体示意；二为《园冶》式驼梁，简化的月梁与端部平直态势的结合；三为形似冬瓜梁，梁高加大，中部微胖，略带冬瓜梁样式特点（见表2-2）。《园冶》中五架过梁式的驼梁脊童柱的两侧伴有类似《法原》中的山雾云构件，但明显简化，体量变小，且无斗拱支撑。今天在南京、扬州甚至湖州传统园林建筑中尚可见到，而不见抱梁云[40]，如南京瞻园扩建后大厅（见图2-18）。此外，虽然在"屋宇"中有"五架梁""七架梁""九架梁"条款，且与《则例》中梁的命名比较接近，但《则例》中的"○架梁"是指完整的一根大梁，梁的命名是根据该梁上有"○根檩"而定。但《园冶》中的"○架梁"则更指屋架类型，虽与屋架整体的檩数相关，但与梁本身关联不大。

图2-18　南京瞻园扩建后大厅构架

表 2-2 计成造园活动核心区域园林中屋宇构架梁的主要样式

（以南京、扬州地区为代表）

梁的基本样式	代表实例	梁的衍变样式	代表实例
苏南扁作月梁	 南京瞻园大厅	简体月梁。保持月梁两端上部圆形"卷杀"，原下部的拨亥、蜂头、梁垫、蒲鞋头等构件消失，仅用形体示意	 扬州个园汉学堂
直梁	 扬州个园宜雨轩	繁体直梁。在直梁基础上，端部进行粗线脚处理，接近扁作月梁的拨亥	 扬州个园清美堂
苏南扁作月梁＋贡式厅大梁	—	《园冶》驼梁。简化的月梁与端部平直态势的结合	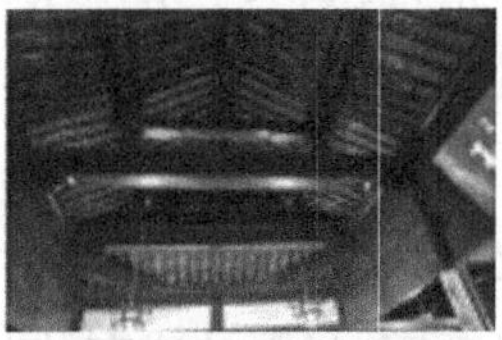 南京瞻园环碧山房
冬瓜形月梁	—	形似冬瓜梁。梁高加大，中部微胖，略带冬瓜梁样式特点	 南京煦园花厅

《园冶》中对枋没有具体文字专述，但在 8 幅"屋宇图式"中有 4 幅不同程度地表示了枋。可见，枋在江南明清私家园林建筑中处于较重要的地位，但此时其结构作用较弱，装饰作用增强。在"屋宇"中亦提到了斗拱（却并未用《法原》中"牌科"一词），但仅仅说到其应不施雕刻，可见此时园林建筑中斗拱的运用并不广泛。在"屋宇"的"七架梁"中记载了"如造楼阁，先算上下檐数，然后取柱料长，许中加替木"，这是该史料中为数不多的用材记载之处，且笼统地提到替木这一

构件。替木为支撑在栌斗或令拱上的短木,以承托梁枋,在汉代明器、墓葬和北朝石窟中都可看到。替木开始均呈矩形,后来两端下部渐有收杀,此外,也有直接置在柱头上的。到宋代时,有的替木通长连续如橑檐枋。[41]《法式》中的替木,主要用以承托横向构件,如单斗上用替木简称为单斗只替。《法原》中虽没有替木出现,但有用于轩桁、金桁和脊桁之下的花机,虽更加强调其装饰性,但也可看作是替木的演变。

通过分析发现,《园冶》中屋宇记载的构架样式虽不能涵盖江南明代园林建筑中所有的构架类型,但以五架过梁式为构架基本体,通过三条路径可衍生出其他构架样式。第一条路径:五架过梁式后童柱落地,可形成小五架梁式。第二条路径:五架过梁式脊柱落地、前后加架,可形成七架列式;七架列式脊柱收回、童柱落地、前后双步,则形成七架酱架式。第三条路径:五架过梁式前加卷,构成草架,后加架,形成草架式(八架梁前卷四柱式);草架式去后架,童柱落地,前后为卷,构成草架,形成九架梁前后卷(五柱)式;由草架式前卷改为三架,基本体脊柱落地,构成草架,前加架,形成九架梁六柱式;九架梁六柱式去前后架,内增三架,构成双草架,形成九架梁五柱式。由此可见,江南明代园林建筑中的构架具有很强的关联性及体系化特征。

《园冶》所记述的造园技术至少主要流行于明清时期江苏的中南部,即扬州、仪征、南京等地,明清时期香山帮匠人也经常在这一地区进行营造活动,因此可以断定,尽管计成在《园冶》中未提及香山帮,但该史料中亦应有香山帮的建筑理论,特别是园林建筑设计实践的提炼。属于吴文化地域范畴的计成造园活动核心区域——园林建筑,具有极其深厚的南方与北方、官式与地域建筑文化渊源。《园冶》中屋宇构架样式及细部特征与《法原》最为密切,但同时受到《法式》及《鲁班营造正式》的影响,还可看出与《则例》亦存在某种渊源关系。另外,由于地理气候、历史事件、人口迁移、文化传播等因素的影响,从屋宇中梁的多样性及短柱与梁的咬接方式等角度,还可看出多种建筑帮派营造技术在计成造园活动核心区域的交融。

注释

[1]《园冶》从 20 世纪 30 年代至今,已先后出版过四个版本:"喜咏轩丛书"本(1931 年)、中国营造学社本(1932 年)、城市建设出版社出版的中国营造学社本的影印本(1956 年)、中国建筑工业出版社的《园冶注释》本(1981 年)。参考潘谷西.中国古代建筑史 第四卷:元明建筑[M].北京:中国建筑工业出版社,2001:539。《园冶注释》后经两次再版,原文部

分比较准确地还原了最初版本的风采,是目前最具权威的《园冶》版本。本章节即以《园冶注释》(陈植注释,杨伯超校订,陈从周校阅,第二版,中国建筑工业出版社,1988)为主要研究对象进行解读。

[2] 对《园冶》进行注释与解读的代表性成果为:陈植.园冶注释[M].第二版.北京:中国建筑工业出版社,1988;张家骥.园冶全释[M].太原:山西人民出版社,1993.对计成身世及文献出版进行研究的代表性成果为:夏丽森.计成与阮大铖的关系及《园冶》的出版[J].中国园林.2013(2):49-52;王建文,刘延华,沈昌华,等.《园冶》作者计成的籍贯、后人、家族及镇江住址研究[J].北京林业大学学报(社会科学版),2016,15(2):33-40.对该书中的造园方法及设计理念进行研究的代表性成果为:顾孟潮.《园冶》理论研究与实践 30 年——纪念计成诞辰 430 周年[J].中国园林,2012(12):0-32;喻维国.《园冶》评述[C]//杨永生,王莉慧.建筑百家谈古论今——图书篇.北京:中国建筑工业出版社,2007:44-51.对该文献进行文化方面的解读的代表性成果为:张薇.《园冶》文化论[M].北京:人民出版社,2006.

[3] 参考魏嘉瓒.苏州古典园林史[M].上海:上海三联书店,2005:291-295.其中,关于为阮大铖造园地点的争议最大.很多《园冶》研究者认为:计成为阮大铖建造过的园林,不是怀宁(安徽省西南部、安庆市下辖县)的石巢园,而是南京的俯园.参考夏丽森.计成与阮大铖的关系及《园冶》的出版[J].中国园林.2013(2):49-52。

[4] 陈植.园冶注释[M].第二版.北京:中国建筑工业出版社,1988:36.

[5] 参考王建文,刘延华,沈昌华,等.《园冶》作者计成的籍贯、后人、家族及镇江住址研究[J].北京林业大学学报(社会科学版),2016,15(2):33-40.计成在镇江的住所就在戴公园附近,是当时一些大户人家建造园林的地区.按照计成当时的名气与造园技艺,一定会有不少人家请其造园,甚至可能还有其得意之作。

[6] 阚铎认为,计成的主要踪迹应集中在苏、皖.参考陈植.园冶注释[M].第二版.北京:中国建筑工业出版社,1988:25。

[7] 还有学者认为尚应包括太湖以南的杭嘉湖地区,以及长江以北的南通、扬州地区.张大华.镇江文化旅游[M].上海:上海社会科学院出版社,2000:1.

[8] 陈植.园冶注释[M].第二版.北京:中国建筑工业出版社,1988:33.

[9] 陈植.园冶注释[M].第二版.北京:中国建筑工业出版社,1988:113.

[10] 本多静六博士曾任日本东京帝国大学教授,是造园学权威专家,亦是我国园林学家陈植在日本留学期间的导师。

[11] 陈植.陈植造园文集[M].北京:中国建筑工业出版社,1988:73.

[12] 南宋绍兴年间,《法式》曾在苏州重刊,明清时期《鲁班经》在我国南方民间广为流传,《法原》被誉为我国南方建筑的宝典,《园冶》及《长物志》亦有关于江南园林建筑方面的提炼,这些古典建筑史料对研究江南地区传统建筑的源流及变迁起着举足轻重的作用。

[13] 李允鉌.华夏意匠:中国古典建筑设计原理分析[M].天津:天津大学出版社,2005:57.

[14] 大约在周代(公元前 1046 年)强调中轴线以后,出现了奇数间,并且一直延续至今,特别是官式建筑更加强调开间为奇数,但在民居、园林建筑和宗教建筑中仍有偶数间存在。《鲁班经》中记载"一间凶、二间自如、三间吉、四间凶、五间吉、六间凶、七间吉、八间凶、九间吉",可见,偶数间如为两间亦可。究其原因为"一为孤阳,二为两仪,即阴阳综合"。但《园冶》中建筑平面开间可为任意偶数间,甚至半间,仅从平面开间方面就表现出园林建筑具有极大的灵活性特征。

[15] 除此处提到"卷"外,计成在"屋宇"中还将"卷"单独列为一项,放在"轩"与"广"条款之间。因其仅与厅堂关联,遂将"卷"条款移至此讨论。另外,此句中的"轩"与建筑类型的轩所指不同,此处指厅堂主体空间之后部。

[16] 潘谷西.中国古代建筑史 第四卷:元明建筑[M].北京:中国建筑工业出版社,2001:446.

[17] 潘谷西,何建中.《营造法式》解读[M].南京:东南大学出版社,2005:261.

[18] 《园冶》的"屋宇"中,给出 8 幅构架图,均可归属于厅堂大木构架。可以看出卷梁底与大梁底持平,即相当于《法原》中所说的抬头轩,而无磕头轩或半磕头轩。《法式》中记载了 19 种厅堂构架图,但均未表示江南地区厅堂极具特点的轩(卷)。

[19] 《法式》中虽然明确给出厅堂的构架类型,但关于厅堂概念的阐述较为模糊,从《法式》各卷记述中可以看出在用料方面,厅堂次于殿阁;构造方面,厅堂不用藻井与平棋,内柱高于外柱,木构架整体性强;建筑样式方面,厅堂只用歇山顶和悬山顶。参照潘谷西,何建中.《营造法式》解读[M].南京:东南大学出版社,2005:17.《法原》对厅堂则从以下四方面进行了分类:厅堂层数、内四界梁架的截面形式、功能及大木构架样式(包括细部构件)。按层数分,单层为厅堂,两层为楼厅;根据内四界梁架截面形状的不同,分为厅与堂,梁架截面呈扁方形的为厅,圆形的为堂;根据功能的不同,分为大厅、茶厅、花厅、女厅、对照厅等;根据大木构架样式(包括细部构件)的不同,将单层厅堂分为扁作厅、圆堂、贡式厅、船厅回顶、卷篷、鸳鸯厅、花篮厅及满轩等。参照刘莹,蔡军.《营造法原》中厅堂大木构架分类体系研究[J].华中建筑,2012,30(5):129-133。

[20] 另外,书房也可能为一组建筑群,堂、斋、室、房及馆为其中的单体建筑,但《园冶》中应该更强调堂、斋、室、房所代表的空间性特征。

[21] 常常是一座建筑物造好后,文人雅士们一高兴,在该建筑物的匾上题个什么就是什么,静心斋、杏花春馆、来今雨轩、水心榭等,全可题上去。刘致平.中国建筑类型与结构[M].北京:中国建筑工业出版社,1987:36.中国古典园林中,馆的称谓用得较多,且很随意,无一固定形制可循。大凡备观览、眺望、起居、燕乐之用的建筑均可题名为馆。陈从周.中国园林鉴赏辞典[M].上海:华东师范大学出版社,2001:1067.

[22] 陈植.园冶注释[M].第二版.北京:中国建筑工业出版社,1988:92。而王效清主编的《中国古建筑术语辞典》(文物出版社,2007,第 215 页)中则将庑解释为"在夯土基址上,周边连续建屋,而围成一个内向的空间——封闭性广场,周边长屋即是古文中的庑",显

然与廊很接近,是廊的一种样式。此处比较认可陈植的解释。

[23] 潘谷西,何建中.《营造法式》解读[M].南京:东南大学出版社,2005:16.

[24] 此图标题虽仅为"地图式",但根据其条款文字说明"凡厅堂中一间宜大,傍间宜小,不可匀造",以及(清)李斗在《扬州画舫录》之"卷十七 工段营造录"中所说"厅堂无中柱,住屋有中柱",可断定,此为厅堂地图式。

[25] 这里的主人应为提供园林设计理念之人,而并非仅指园主。但当时多士大夫阶层修建园林,他们的文化底蕴丰厚,确实能为园林建造提供难得的建议。

[26] 值得注意的是,无论是从地图式图标,还是从"七架酱架式"的"不设脊柱,便于挂画"等记述中可看出,计成似乎更注意屋宇山墙处柱列的排布,即重视《法原》中之边贴,而忽略正贴。

[27] 一般地,学者普遍认为《鲁班营造正式》(天一阁藏本)大约成书于明成化、弘治年间(1465—1505)。甚至可以推前,估计成书时间至迟为元代[郭湖生.关于《鲁般营造正式》和《鲁班经》[C]//《建筑史专辑》编辑委员会.科技史文集(第 7 辑).上海:上海科学技术出版社,1981:98-105]。且其流传地域广泛,尽管学者的观点不一,但基本涵盖计成造园活动核心区域。因此,从该地图式的图标,甚至某些屋宇构架样式及细部中,均能明显看出《鲁般营造正式》对《园冶》产生过一定的影响。

[28] 如《法式》的"〇椽栿",指梁上架椽的数量;《则例》的"〇架梁",则指梁上架檩的数量;《法原》的"〇界梁",指梁上所对应的"界"(相当于《则例》中的步架)的数量(但山界梁除外)。由此可见,各史料中分别用不同的方式(或术语)来表示梁的称谓,同时又反映了梁的位置和尺度。《园冶》中根据屋架檩数的多少,将屋架称为五架式、七架式或九架式,《则例》则称为五檩大木、七檩大木或九檩大木。《园冶》所述建筑类型中列有廊,屋宇中提到步架或简称为架。此处"架"的概念意义重大,与《法式》中的"椽平长"、《法原》中的"界"、《则例》中的"步架"含义类似,均可理解为屋架两檩之间的水平距离,具有很强的尺度意义。

[29] 童寯.江南园林志[M].第二版.北京:中国建筑工业出版社,1988:12.

[30] 《园冶》中草架式的命名太过笼统,其既可归类于表述屋架细部——草架的图式,又可归类于屋宇大木构架,由此,我们亦将其置于屋宇构架样式中进行讨论。屋宇图式共展示 8 个构架,且可分为两大类:无草架构架和有草架构架。草架式、九架梁五柱式、九架梁六柱式、九架梁前后卷式为有草架构架,如此,将草架式称为"八架梁前卷四柱式"似更为妥帖。

[31] 《园冶》的"装折"中列有"屏门"一项,计成将其释为像屏风一般平整地排列在堂中的门(见陈植.园冶注释[M].第二版.北京:中国建筑工业出版社,1988:113)。姚承祖则称屏门为装于厅堂后双步柱间成屏列之门(见姚承祖.营造法原[M].第二版.北京:中国建筑工业出版社,1986:106)。显然,《园冶》与《法原》中的屏门在建筑中的位置是一致的,但《园冶》中的屏门应位于稍次要建筑中。另外,《园冶》中的书房可能多为一组建筑群,

堂、斋、室、房及馆为其中的单体建筑。如堂与室为一对应的两个空间，"堂"为房屋的前半间、居中向阳的空间，室位于堂之后，为房屋的后半间，两者之间亦可用屏门分割。

[32]《法原》中轩根据与主体空间的三种关联形式分别称为：抬头轩、半磕头轩及磕头轩。轩梁与大梁平行、厅堂屋顶部分用草架的是抬头轩，轩梁略低于大梁、屋顶部分用草架的是半磕头轩，轩梁低于大梁、屋顶部分不用草架的是磕头轩。《园冶》中厅堂主体空间前的卷仅相当于《法原》中的抬头轩。另外，《法原》中厅堂构架后以双步居多，而《园冶》中多表示单步，称为架。

[33]《法式》中记载为"凡平棋之上，须随槫栿用枋木及矮柱敦桥，随宜枝樘固济"，强调"草"与"明"的对比，是《法式》中从建筑构架角度区分殿堂与厅堂的主要依据。《法原》则将其定义为"凡轩及内四界，铺重椽，作假屋时，介于两重屋面间之架构，内外不能见者，用以使表里整齐"。由此可见，虽同为草架，《法式》与《法原》及《园冶》的含义却大不相同，《法原》与《园冶》相近，但《园冶》中的草架含义更为宽泛。

[34] 陈植.园冶注释[M].第二版.北京：中国建筑工业出版社，1988：97.

[35] 潘谷西.中国古代建筑史　第四卷：元明建筑[M].北京：中国建筑工业出版社，2001：566.

[36] 故宫博物院古建部，王璞子.工程做法注释[M].北京：中国建筑工业出版社，1995：8.

[37] 此处有可能是作者的疏忽，抑或是明清江南地区对柱的称谓尚存在一定的混乱。但从襻柱与《则例》中金柱的谐音且所处位置亦相近的角度来分析，也可看出南北方、官式与地域建筑文化及技术的交融。

[38] 厅堂内四界以金柱落地，前作山界梁，后易廊川为双步，称此金柱为"拈金"。参考姚承祖.营造法原[M].第二版.北京：中国建筑工业出版社，1986：103。

[39] 陈从周.扬州园林与住宅[J].社会科学战线，1978(3)：222.

[40] 山雾云为屋顶内山界梁上空处，架于承托脊桁的斗六升，斗座两旁之雕花木板，刻流云仙鹤装饰者；抱梁云为山界梁之两侧旁，架于升口，抱于桁两边之雕刻花板。山雾云大于抱梁云。参考祝纪楠.《营造法原》诠释[M].北京：中国建筑工业出版社，2012：346，354.

[41] 潘谷西.中国建筑史[M].第七版.北京：中国建筑工业出版社，2015：281.

第 *3* 章

苏州片区香山帮木作营造技艺及其发展源流

　　江南核心地区同属太湖水系。苏州不仅位于太湖水系的中央地带,而且处于江南核心地区最重要的交通要道——江南运河的中段,因此也属于江南水路交通网的中心。苏州城始建于公元前 514 年,距今已有 2 500 多年的历史。苏州片区是吴文化的发源地,江南核心地区的经济文化中心。明清时期,其经济文化水平更是居于全国前列。清代苏州籍宫廷画家徐扬之作《姑苏繁华图》(原名《盛世滋生图》),形象细腻地刻画了清代苏州城内民俗风情与繁华景象。优越的地理位置和先进的经济文化水平,使苏州居民生活富足,造园筑屋技术先进,且极富诗情画意。香山帮起源于苏州古城以西的香山,由于地理、政治、文化、经济等因素的影响,苏州为香山帮匠人提供了充足的发展空间。如姑苏历史悠久的金属冶炼技术,为匠人打造适合操作的工具奠定了强有力的基础;苏州经济文化繁荣,人们对于生活品质的追求,使香山帮匠人更有大展才华之地。以苏州片区为中心的江南在社会经济和人文传统方面具有超强的辐射能力,这种辐射能力是其他任何区域无法比拟的。从某种意义上说,明清时期的苏州,以及以苏州为中心城市的江南代表中国传统社会和文化的极致。[1]

3.1 地域特征

　　苏州片区香山帮木作营造技艺及其发展源流,可归结于自然和社会两大因素的影响。自然因素包括苏州片区的地理位置、气候特征及地形地貌;社会因素包括人口迁移、文化传播、民系划分及方言分布等。

　　苏州片区位于长江三角洲中部,北纬 $30°47'\sim32°02'$,东经 $119°55'\sim121°20'$。属于亚热带季风海洋性气候,气候温和、雨量充沛,年平均降水量可达到 1 100 毫米。苏州地貌以平原为主,地势较为低平,周边略有山脉,境内湖泊交错、河流纵横。我国五大淡水湖之一的太湖,七成的面积在苏州辖区内,为苏州提供了发展渔业的天然契机,使其成为富饶的鱼米之乡,为吸引更多的外来人口提供了良好的自然环境。另外,隋朝还开辟了京杭大运河,改善了江南地区的水陆交通,促进了生产力发展和社会经济繁荣;通过进一步开发太湖流域,苏州在唐朝中期便成为东南地区的重要城市;宋朝对农田水利建设方面更为重视,进一步促进了苏州农业经济的发展,使之成为全国赋税的重心,"苏湖熟,天下足"广为流传。

平坦的地势、温和的气候、纵横的河流,以及柔软、委婉、悠扬、灵性的水乡文化使得香山帮木作营造技艺独具特色,如苏州殿庭构架正贴采用抬梁式结构,但边贴具有穿斗式特征。虽然相对于其他建筑类型来讲,殿庭比较强调庄严、肃穆的感觉,但大多数苏州香山帮殿庭却采用了类似于《法式》中厅堂式木构架类型,即不用平棋,没有明显的屋顶层、铺作层,而采用彻上明造。同时,轩一般较多用在苏州厅堂中,但在殿庭中亦偶有出现。因此,苏州片区殿庭木构架样式与北方区别很大,更加强调构架样式的厅堂化(见表3-1)。苏州众多的水系使得香山帮建筑呈现出柔情似水的一面,比如即使由于功能需求,殿庭的建筑形态多强调庄严肃穆特征,却也有呈现出柔美曲线的构件——殿庭中的梁以平直的月梁为主,梁端向下稍作卷杀,也有短川整体呈弓形,给端庄的殿庭带来几分活泼气氛(见图3-1)。苏州穹窿山上植被覆盖率高,盛产榉木、楠木、杉木、松木等,这些木材在殿庭建筑中应用较多,体现出香山帮建筑就地取材的特点。

图3-1 甪直保圣寺天王殿柔美的梁架

表 3-1　苏州代表性殿庭一览表

殿庭	建造年代	保护等级	平面简图	正贴简图	外观照片
玄妙观三清殿	西晋咸宁二年(276)始建,南宋淳熙六年(1179)重建	国家级			
虎丘二山门	元至元四年(1338)重建	国家级			
轩辕宫正殿	唐贞观二年(628)始建,元至正四年(1344)重建	国家级			
城隍庙工字殿前殿	明洪武三年(1370)	省级			

（续表）

殿庭	建造年代	保护等级	平面简图	正贴简图	外观照片
文庙大成殿	南宋绍兴十一年（1141）始建，明成化十年（1474）重建	国家级			
甪直保圣寺天王殿	唐大中年间（847—859）始建，明崇祯三年（1630）重建	国家级			
圣恩寺天王殿	清雍正十三年（1735）	市级			
报恩寺七佛殿	清康熙十年（1671）始建，清光绪二十三年（1897）重建	国家级			
灵岩山寺大雄宝殿	民国二十六年（1937）重建	省级			

社会因素包括人口迁移、文化传播、民系划分及方言分布等。自古以来,苏州有几次大的外来人口迁徙。据《史记·吴太伯世家》记载,周太王之子太伯、仲雍为了让贤于其弟季历(周文王之父)而避地至今江苏无锡一带。这个记载暗示三千多年前的先周时代,在经过一场政治变动后,有一支移民从陕西渭水流域迁到江南太湖流域。这支移民的文化比当地的荆蛮文化要高,所以太伯、仲雍成了新居地的首领,建立了吴国。[2]后来陆续发生的如西晋末年的永嘉之乱、唐中叶的安史之乱及北宋的靖康之难,都使得中原人大规模南迁,苏州多次吸收大量的北方士族和百姓,外来文化对江南地区土著文化的侵袭随之而来。苏州方言属于吴语区太湖片的苏沪嘉小片,尽管历次移民并未从大的方面对苏州方言产生震撼。周振鹤等学者关于外来文化有如下精辟的论述:"如果外地来的移民在人数上大大超过土著,并且又占有较优越的政治、经济、文化地位,同时,迁徙时间集中,那么移民所带来的方言就有可能取代土著方言。如西晋永嘉之乱之后,北方移民的方言取代了江南宁镇地区原有的吴方言。"[3]特定的历史条件下,根深蒂固的土著方言尚且能被移民方言所取代,香山帮原生木作营造技艺也有可能被外来文化所影响。另外,我国古典建筑史料在江南地区流传过程中对香山帮木作营造技艺亦产生了深远的影响与冲击,如苏州殿庭平面形制主要有分心斗底槽、金箱斗底槽与双槽三种类型,与《法式》中记述的四类殿阁平面很相近,但苏州殿庭较少采用与《法式》中的单槽类型相仿的模式,却增加了满堂柱式平面布局模式(见图 3-2)。

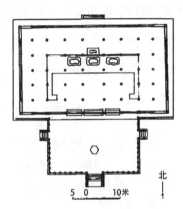

图 3-2　玄妙观三清殿满堂柱式的平面布局

[图片来源:郭黛姮.中国古代建筑史(第三卷)[M].北京:中国建筑工业出版社,2003:519]

　　社会因素对木作营造技艺的影响还表现在建筑的空间构成、装饰艺术、构架样式及构件细部等方面。香山帮工匠不仅大量运用苏州本地的建筑材料,而且在建筑功能与风格上也吸取大量吴文化元素,诸如简洁淡雅、藏而不露、崇尚自然等,这些都是吴文化精华在建筑上的体现。

3.2　苏州片区木作营造技艺

　　本章节主要针对苏州片区的殿庭、厅堂及亭的木作营造技艺进行阐述。

3.2.1 殿庭

苏州片区的殿庭主要存在于宗教类建筑、礼制性建筑中。本章节主要以佛寺中的殿庭为研究对象，对其平面形制、大木构架样式、细部构件进行研究。

历史上，得益于统治阶级的提倡与信众的大力支持，兴建寺院一直是苏州片区最重要的营造活动之一。与其他建筑类型相比，寺院建筑多能够受到更好的保护，这是苏州片区有较多寺院殿庭留存下来的重要原因。三国东吴赤乌年间（238—251）营建的通玄寺，是苏州片区佛寺的开端。梁武帝萧衍与吴越王钱镠笃信佛法，吴地寺院广为发展。明嘉靖年间（1522—1566），吴县知县宋仪望在《重修上方寺记》中写道："（吴中）佛宇琳宫遍乡邑，富室巨贾施佛饭僧，一无悭惜，田野细民……倾囊无所顾，盖习使然也。"可见当时苏州片区佛寺的兴盛。太平天国时期，苏州片区寺院多毁于兵火，后虽有缓慢恢复，但盛况难再。建国初期，苏州片区掀起了"献庙献堂"的活动，寺院数量大为减少。1979年政府重申和恢复宗教信仰自由，部分佛寺得以陆续恢复。[4]目前，苏州片区保存了元代以降各个时期的寺院建筑遗构，为我们进行苏州片区香山帮木作营造技艺及其发展源流的研究提供了大量宝贵的财富。

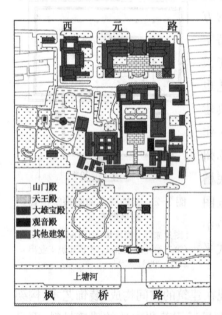

图3-3 西园戒幢律寺总平面图

本章节以苏州片区现存民国之前佛寺中的殿庭为研究对象，它们遍布于苏州片区，但相对集中于姑苏区。佛寺因等级规模不同，殿庭的种类也不尽相同。一般来说，规制较为完整的寺院中，殿庭应包括山门、天王殿、大雄宝殿等，如西园戒幢律寺（以下简称西园寺）总平面图所示（见图3-3）。为研究方便起见，本章节将除山门之外的寺院殿庭均称为佛殿。[5]

3.2.1.1 平面形制

研究苏州佛寺中殿庭的平面形制，首先可以参照古典建筑史料中的相关记述。《法原》第七章"殿庭总论"中，对殿庭结构、式样等做了较为系统的论述,但平面部分则较为笼统。而由于《法式》与江南建筑有着密切的关系,对苏州片区传统建筑[6]营造的影响不可忽视。江南地区营造做法相较于北方具有滞后性,许多寺院殿庭古风犹存,且《法式》中对殿堂的地盘定分有着明确的分类,并有完整的图例来表示。因此,本章节依据《法式》,对苏州片区佛寺殿庭的平面形制进行分析。《法式》将殿庭地盘定分分为四种,即分心斗底槽、金箱斗底槽、单槽及双槽。通过实地调研发现,苏州片区佛寺中殿庭地盘定分大致可分为分心斗底槽、金箱斗底槽与双槽三种类型(见图 3-4),未发现单槽实例。

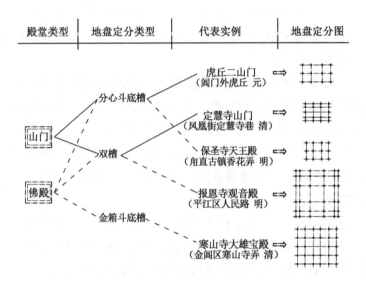

图 3-4　苏州片区佛寺中殿庭地盘定分类型图

　　苏州片区佛寺中的山门地盘定分有两种类型:分心斗底槽和双槽。采用分心斗底槽的山门,如虎丘二山门与西园寺山门,均为面阔三间,进深两间,于中柱处设横墙,横墙正中设门,前后对称布置;采用双槽的山门,如定慧寺山门与文山禅寺山门,均为面阔三间,进深四间,于外墙正中设门,形式与佛殿相同,仅规模较小而已。苏州片区佛寺中的佛殿地盘定分有三种类型:双槽、金箱斗底槽和分心斗底槽。双槽是使用最为广泛的殿庭平面形式,在山门、天王殿及大雄宝殿中均有应用,但更多还是用于佛殿;金箱斗底槽则仅用于除山门外的其他佛殿。双槽与金箱斗底槽被广泛应用于各种佛殿,这是与佛教礼仪的功能需求相适应的。佛殿内部需要两部分功能空间,即佛像空间与礼佛空间。首先,佛殿内部应设置居于核心地位的完整的佛像空间;因僧侣早晚功课与信众礼佛的仪式需求,殿内亦应有环绕佛像一周的礼佛空间。金箱斗底槽内外两层空间,恰好可以满足这一功能需求。双槽在进深方向分为三部分,中间部分作为佛像空间使用,同时因内部空间的联通,前后两部分空间与中间部分左右两侧的空间一起,形成了一个完整的礼佛空间,亦可以满足佛殿的功能要求。采用分心斗底槽的佛殿仅有甪直保圣寺天王殿一例,面阔三间,进深两间,其殿内面积较小,并无佛像空间与礼佛空间之分。殿内左右原有四大天王泥塑,惜毁于侵华日军之手,现该殿作为展览当地出土文物的场所。苏州片区佛寺殿庭的地盘定分,受功能因素影响较大。山门的主要功能之一是提示空间转换,内外相别;佛殿则提供所在寺院最重要的功能空间——佛像空间与礼佛空间。前者的实际使用功能较弱;后者则作为其所在建筑群落中最主要的功能空间而存在。功能需求的不同,使得两者在地盘定分选择上存在差异。

功能需求影响殿庭的地盘定分,进而对殿庭面阔与进深之比产生影响。

山门可采用分心斗底槽和双槽。首先,如虎丘二山门与西园寺山门均采用分心斗底槽,开间数相同,均为面阔三间、进深两间,面阔与进深的比值分别为1.87与2.28,均值为2.08,平面较为狭长;其次,采用双槽,如定慧寺山门与文山禅寺山门,均为面阔三间、进深五间,面阔与进深的比值分别为1.60与1.84,均值为1.72(见表3-2)。

佛殿可采用分心斗底槽、双槽和金箱斗底槽。首先,甪直保圣寺天王殿采用分心斗底槽,面阔三间,进深两间,面阔与进深的比值为1.59,平面较其他具有相同面阔间数的佛殿狭长。其次,采用双槽或金箱斗底槽的殿庭,根据开间数的不同,可分为三类:①面阔三间,进深三至五间,面阔与进深的比值在0.89~1.49之间,均值为1.21;②面阔五间,进深四至六间,面阔与进深的比值在1.00~1.93之间,均值为1.39;③面阔七间,仅有西园寺大雄宝殿与圣恩寺大雄宝殿,进深均为六间,面阔与进深的比值分别为1.53与1.59,均值为1.56。随着佛殿面阔间数的增加,佛殿平面趋于狭长。

整体来讲,山门面阔与进深之比大于佛殿,同时,采用分心斗底槽的山门又大于采用双槽的山门。佛殿的面阔与进深之比则随着面阔间数的增多而逐渐增大,这是与其建筑等级和功能需求相适应的。如号称吴门首刹的西园寺大雄宝殿为面阔七间,而作为其下院的定慧寺大雄宝殿则为面阔五间。同时,为满足功能需求,定慧寺大雄宝殿需要保证足够进深,这样就使得其建筑平面更加方整,面阔与进深的比值为1.00,较西园寺大雄宝殿的1.53要小很多。

表 3-2　苏州片区佛寺中殿庭地盘定分信息表

类别	地盘定分	殿堂名称	开间数	进深间数	面阔×进深 (m)	面阔/进深	当心间面阔	次间面阔 (m)	当心间/次间
山门	分心斗底槽	虎丘二山门(元)	3	2	13.3×7.1	1.87	6.0	3.7	1.63
	双槽	西园寺山门(清)	3	2	12.3×5.4	2.28	4.7	3.8	1.24
		定慧寺山门(清)	3	4	11.3×7.0	1.60	4.5	3.4	1.33
		文山禅寺山门(民国)	3	4	10.5×5.7	1.84	4.0	3.3	1.22
佛殿	金箱斗底槽	寒山寺大雄宝殿(清)	5	4	17.8×14.4	1.24	4.2	3.6	1.17
		圣恩寺天王殿(清)	5	4	21.9×14.7	1.49	5.2	3.8	1.37
		灵岩山寺天王殿(清)	5	4	19.5×10.1	1.93	4.7	4.0	1.18
		䂬山寺大雄宝殿(清)	5	5	13.6×10.3	1.32	4.1	3.2	1.27
		圣恩寺大雄宝殿(清)	7	6	29.4×18.5	1.59	5.7	4.6	1.24
	双槽	定慧寺天王殿(清)	3	3	11.9×9.3	1.29	4.5	3.7	1.22
		寒山寺天王殿清	3	4	10.4×7.0	1.49	3.8	3.3	1.15
		文山禅寺大雄宝殿(民国)	3	5	10.0×11.2	0.89	4.2	2.9	1.45
		石嵝庵大殿(清)	3	5	9.4×8.2	1.15	3.4	3.0	1.13
		定慧寺大雄宝殿(清)	5	5	17.4×17.4	1.00	4.8	3.5	1.37
		灵岩山寺大雄宝殿(民国)	5	6	20.8×16.8	1.24	5.3	5.1	1.04
		报恩寺七佛宝殿(清)	5	6	21.5×15.4	1.84	5.1	4.1	1.24
		西园寺天王殿(清)	5	6	20.1×14.0	1.44	5.6	5.2	1.08
		报恩寺观音殿(明)	5	5	19.3×19.0	1.02	7.2	4.4	1.64
		西园寺大雄宝殿(清)	7	6	32.2×21.0	1.53	6.0	5.1	1.18
	分心斗底槽	保圣寺天王殿(明)	3	2	10.8×6.8	1.59	4.9	3.0	1.64

苏州片区佛寺中的殿庭具有不同的开间数,其开间尺寸关系可分为三种:①面阔三间的殿庭,其开间尺寸关系为当心间>次间,如虎丘二山门、保圣寺天王殿等。②面阔五间的殿庭,其开间尺寸关系为当心间>次间≥梢间,如西园寺天王殿、寒山寺大雄宝殿、灵岩山寺天王殿、报恩寺七佛宝殿等。③面阔七间的殿庭,其开间尺寸关系有两种:一是当心间>次间>梢间>尽间,如西园寺大雄宝殿;二是当心间=梢间>次间>尽间,如圣恩寺大雄宝殿,该殿开间尺寸关系较为特殊,即面阔方向檐柱十根,殿身看似九间,但实为于左右梢间正中加一立柱,外观大致自当心间往左右减小,殿内则为当心间=梢间>次间。地盘定分为金箱斗底槽,因梢间尺寸较大,佛像空间周围形成了较为宽敞的礼佛空间(见图3-5)。苏州片区佛寺殿庭当心间尺寸自3.4米至7.2米不等,取值大多在4.0~6.0米之间;当心间与次间尺寸之比,多在1.08~1.64米之间,变动幅度较大。整体来讲,随着时代发展,越到后期,比值越小。如同样为分心斗底槽,面阔三间、进深两间,保圣寺天王殿(明)当心间与次间的比值为1.64,而西园寺山门(清)则为1.24,即当心间与次间的尺寸趋于接近。

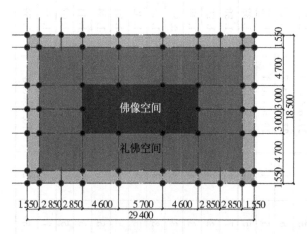

图3-5　圣恩寺大雄宝殿地盘定分图

《法式》卷四的大木作制度"总铺作次序"中规定,"当心间需用补间铺作两朵,次间及梢间各用一朵。其铺作分布,令远近皆匀",即当心间尺寸为斗拱间距的三倍,次间则为两倍(见图3-6),因此当心间与次间尺寸的比值应为1.5。苏州佛寺中的殿庭,并无严格依此例者,但整体来讲,建造年代越早的殿庭,当心间与次间尺寸的比值越接近此值。推测原因:斗拱的结构作用减弱,尺寸变小;各开间施用斗拱的数目不再遵循《法式》规定,如寒山寺大雄宝殿(清)当心间施三朵斗拱,次间施两朵;圣恩寺天王殿(清)当心间斗拱更多,达四朵。《法原》第七章"殿庭总论"中规定,"(殿庭)明间较次间为宽,次间宽为明之十分之八"。但在实际营造时,苏州片区佛寺中的殿庭并非都严格遵循此例,如姚承祖亲自设计建造的灵岩山寺大雄宝殿,当心间与次间的比值为1.04。正如《法原》中所述,我国民族遗产之古建筑,亦多有与《法式》《则例》规定不尽相符者。[7]

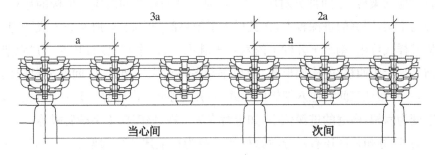

图 3-6 《营造法式》中当心间与次间铺作分布示意图

总之,苏州片区佛寺中殿庭可归纳为山门和佛殿两种类型,山门的地盘定分可分为分心斗底槽和双槽,而佛殿更增加了金箱斗底槽这一地盘定分类型。山门的面阔与进深之比大于佛殿,这与其各自的功能需求相吻合。同时,苏州片区佛殿的开间尺寸大多亦遵循当心间最大,至尽间依次减小这一中国古典建筑的平面特征。且随着时代的变迁,当心间与次间之比有逐渐减小的趋势。

3.2.1.2 大木构架样式

苏州片区佛寺中,山门类殿庭地盘定分多采用分心斗底槽及双槽,其他殿庭则以金箱斗底槽或双槽为主,偶有分心斗底槽。地盘定分形式的差异,直接影响了殿庭大木构架样式。

殿庭大木构架样式均可归类为《法式》中记录的厅堂构架类型。地盘定分为分心斗底槽的山门,多为进深两间,其大木构架样式则为"四架椽屋分心用三柱",如虎丘二山门与西园寺山门,应为最简洁的大木构架样式。除此之外,进深尺度较大的山门则采用"六架椽屋分心用三柱",如苏州府文庙戟门与城隍庙仪门。采用金箱斗底槽或双槽的殿庭建筑,其大木构架样式大致可分为以下五种:其一,相当于"八架椽屋前后乳栿用四柱"的构架形式,可简单以"乳栿 + 内四界 + 乳栿"来表示,如轩辕宫正殿、寒山寺大雄宝殿等,这是苏州片区殿庭最普遍的大木构架样式;其二,为"十架椽屋前后三椽栿用四柱"的构架形式,可以用"三椽栿 + 内四界 + 三椽栿"来表示,与第一种构架样式类似,只是将"乳栿"变为"三椽栿",增大了殿庭的进深,如圣恩寺天王殿;其三,为"十架椽屋前后劄牵乳栿用六柱"的构架形式,此种构架形式可视为在"八架椽屋前后乳栿用四柱"的基础上,前后再加劄牵(相当于《则例》中的"单步梁"、《法原》中的"川"),是一种六柱五间对应十架椽的形式,如城隍庙工字殿前殿,可以用"劄牵 + 乳栿 + 内四界 +

轩＋劄牵"来表示；其四，为"十架椽屋前后乳栿用四柱"的构架形式。前后乳栿各自对应两架椽，中间部分对应六架椽，是一种四柱三间对应十架椽的形式，总架数为十架，殿庭的进深较大，尤其增大了中央部分空间，如府文庙大成殿，其大木构架样式可用"劄牵＋乳栿＋内六界＋乳栿＋（劄牵）"表示；其五，为"六架椽屋前后劄牵用四柱"的构架形式，前后劄牵各自对应一架椽，中间部分对应四架椽，是一种四柱三间对应六架椽的形式，可用"劄牵＋内四界＋劄牵"来表示，总架数变为六架，殿庭的进深较小，如定慧寺天王殿、城隍庙工字殿后殿等。

另外，苏州片区还有部分殿庭构架可视为在上述几种构架形式基础上的变通。如定慧寺大雄宝殿是在"八架椽屋前后乳栿用四柱"基础上前后再加乳栿，有效地增大了进深空间，使得殿庭平面成为面阔与进深趋于相等的方形。而殿庭中所采用的减柱造做法，亦会对构架样式及间架配置产生影响，如长洲县学大成殿。玄妙观三清殿大木构架样式较为复杂，其天花下部可视为殿阁式。

3.2.1.3 细部构件

苏州片区殿庭的柱多为木质圆柱，部分殿庭檐柱用石柱，截面可为方形或八角形，形式多样。柱多有收分，具体做法有两种：一是从柱底向柱顶进行直线型

图 3-7 轩辕宫正殿金柱下端明显的收分

收分，中间段不凸出（也可略有胖势，使得柱的实际外观更显挺拔，类似梭柱）；二是柱的下段为直线型，上段二分之一或三分之一处开始收分，但在收分处无内弯。轩辕宫正殿（元）所有柱均使用梭柱，且尤其以当心间四金柱最为俊美，柱上下两端均有收分、卷杀，外形稳定、轮廓柔和（见图 3-7）。且轩辕宫正殿檐柱与内柱均采用侧角做法，柱顶向中心略有倾斜。

苏州片区殿庭大木构架有直梁造与月梁造两种形式。其中，月梁造占有绝对优势，尤其是规格较高的殿庭建筑，大多采用月梁造的梁架形式。甚至有的殿庭还有斜向的劄牵，以其弓形的外形，更好地填补了椽架与乳栿之间的三角形空间，如同山雾云、抱梁云填补平梁与椽架之间三角形空间的作用，所不同的是后

两者装饰作用居多,而前者有着重要的结构功能。这种现象可以归结为受其他帮派(如东阳帮、徽州帮等)的影响。苏州片区殿庭多为厅堂式彻上明造做法,特别配上补间铺作里转部分的上昂、挑斡及靴楔,可极大地丰富殿庭的空间效果,构件本身也具有良好的装饰作用。甪直保圣寺中保存较完整的明化成二十三年(1487)建成的天王殿,屋顶形式为单檐歇山顶。平面形制为面阔三间、进深二间的矩形。贴式为"六架椽屋、分心三柱",角柱略显侧脚,但无生起。三架梁上施驼峰、栌斗、令拱及替木,极具装饰性(见图 3-8)。同时期的北方殿堂,补间铺作的构造相对简单,斗拱里转部分构件简化,无上述斜向构件的使用,空间效果较江南地区逊色不少。遗憾的是,在明代之后,苏州片区殿庭斗拱古典做法也逐渐消失。

图 3-8　甪直保圣寺天王殿极具装饰性的细部构件

3.2.2　厅堂

苏州片区明清民居数量多,保存完整,建筑形式精美考究,极具代表性,是解读苏州历史文化和风土民俗的重要媒介,也是研究香山帮原生木作营造技艺[8]的主要载体。唐代诗人杜荀鹤曾曰:"君到姑苏见,人家尽枕河。古宫闲地少,水港小桥多。"展现了苏州片区水乡风貌的特点。截至 2016 年,姑苏各级文物保护单位共 124 处,苏州市控制保护单位 250 处。[9]其中,明清民居共有 148 处,包括明代建筑 2 处(始建且完工于明代),明清建筑 12 处(始建于明代,完工于清代),清代建筑 134 处(始建且完工于清代)。国内外对于苏州明清民居已有很多研究,主要以介绍民居建筑概况、研究建筑装饰特色、总结营造规律为主,关于民居建筑大木构架设计体系的研究相对较少,特别是在传统研究方法的基础上,借助于 BIM 技术手段进行相关研究的成果则更为少见。[10]本节选取姑苏 15 座具有代表性、结构保存完整,且均被列为文物保护单位或苏州市控制保护单位的明清民居厅堂作为主要研究对象,对姑苏明清民居中厅堂的平面形制、大木构架构成、样式、构件细部及模数关系进行研究。

3.2.2.1 平面形制

由于基地环境、住宅面积、住户富裕程度等因素的影响,姑苏明清民居布局大致分为三类:①庭院式民居,该类民居布局紧凑、平面自由、构造简单,平面布局一般以"建筑单体+庭院"的简单形式组成,主体建筑多为楼厅。②一落多进民居,该类民居由数个纵向串联的庭院式民居构成,院落组成为整个住宅空间布局核心,一般四到五进,严格按照厅堂排布顺序,依次为门厅、轿厅、正厅、女厅、后厅,建筑高度从低到高,有步步升高之寓意[11]。在正落旁偶尔会建有次要建筑,但并不影响整体为一落多进的布局形式。③多落多进式民居,该类民居几落并联,规模大者多达六七落,形成棋盘格式平面形式。多为大户人家宅院,正落在整座宅第中最为重要,严格按照厅堂排布顺序,依次为门厅、轿厅、正厅、女厅、后厅,其布局形式与单落多进式民居相似,边落会设置花厅、书厅等辅助厅堂(见表3-3)。

表3-3 姑苏明清民居院落布局一览表

类型	庭院式	一落多进式	多落多进式
简图	楼厅 / 楼厅 / 正落	卧房 / 船厅 厢房 / 内厅 / 正厅 / 轿厅 / 门厅 / 正落	西楼厅 / 西楼厅 / 堂楼 东楼厅 / 内厅 东楼厅 / 正厅 / 轿厅 馥馥厅 / 稼秋堂 / 门厅 / 正落
代表性实例	吴梅故居(苏州市姑苏区蒲林巷35-1号)	滚绣坊顾宅(苏州市姑苏区滚绣坊26号)	卫道观前潘宅(苏州市姑苏区平江路卫道观前1~8号)

姑苏经济文化繁荣,艺术气息浓厚,为住民营造了生活安逸的良好氛围,并成为不少文人雅士、达官显贵展现自身品位之地。厅堂平面形状与房屋面阔进深、柱网排布、梁架结构等密切相关,共同影响厅堂室内的空间布局和功能划分。通过调研发现,姑苏民居厅堂平面形状可归纳为矩形、梯形、凸字形、凹字形、山

字形和纱帽形六类,并可总结为由一个基本形(矩形)衍变而形成其他平面形状(见图3-9)。矩形平面厅堂外形方正朴实,为江南地区最常见的厅堂平面类型。在姑苏当地也比较普遍,主体建筑旁无附属空间。在基本形厅堂的基础上进行一级衍变,可形成三种不同的平面类型:梯形、凸字形和凹字形。梯形平面的厅堂在梁架结构上与矩形厅堂基本相似,但左边贴向左略微偏移,如王洗马巷万宅的轿厅。许多厅堂营造在考虑使用角度的基础上,往往加入居住者的构思与创新,在外围增加一些附属空间,如"耳房"或"抱厦"[12],并进行组合变化,使建筑形态各异,形成了姑苏民居厅堂特点,由此形成"凸字形"及"凹字形"平面。有些凹字形平面建筑的左右耳房进深较大,与主体建筑组合,在厅堂一侧围合成一个三合院式的天井空间,如中张家巷沈宅正厅。

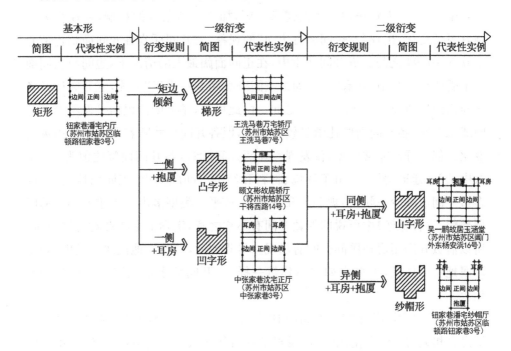

图3-9 姑苏明清民居厅堂平面衍化模式示意图

在平面形状一级衍变的基础上,将"凸字形"与"凹字形"平面结合,进行二级衍变,形成"山字形"与"纱帽形"两种平面形式。"山字形"平面是在矩形平面一侧同时加设耳房与抱厦,如吴一鹏故居玉涵堂。抱厦和耳房均在厅堂北侧,抱厦作为通往后庭院的通道,耳房则与后庭院两侧连廊相通。"纱帽形"平面是在矩形平面异侧分别加设耳房与抱厦,如钮家巷潘宅纱帽厅。该厅堂抱厦在厅堂南侧,凸出的空间营造出三面环窗、采光充足的读书习作场所,左、右耳房在厅堂北侧,与塞口墙围合成私密小庭院,设计十分巧妙。

姑苏明清民居厅堂在开间数量上,较规矩严格,但在开间面阔的比例分布上,相比江南其他地区厅堂更为多变。由于受到等级制度限制,厅堂面阔开间数一般为三间、五间。[13]同时,受传统观念影响,中国古人通常认为奇数为阳,代表兴盛;偶数为阴,代表衰败。所以,厅堂基本为奇数开间,偶数开间非常少见。在开间面阔上,基本遵循正间最大,并向两边逐渐递减的规律,也有个别厅堂由于用地条件局限,在面阔开间上稍有变化(见表3-4)。

奇数开间中,三间较多,部分厅堂为五开间。三开间中,开间面阔以"正间>边间"且"左边间=右边间"形式为主,此种形式比较常见,但在实际建造过程中,由于主人对居住环境的需求不同,加之自然条件的影响,往往会因地制宜灵活变化,出现"左边间≠右边间"的现象,三开间厅堂各开间面阔比值介于0.5~0.94之间。五开间厅堂中,在正间面阔最大的情况下,边间与次间面阔不受约束。其中,还有"右边间>正间>次间>左边间"形式,五开间厅堂各开间面阔比值介于0.51~0.92之间。由此可见,姑苏明清民居平面不论五开间或三开间,各开间面阔比值虽较为接近,但各开间尺寸随着用地条件而灵活变化。偶数开间非常少见,仅发现一处两开间厅堂,各开间面阔比值为1。访谈中了解,建造房屋时,由于环境、材料和经济等问题约束,工匠因地制宜,可多造一间或减少一间,出现偶数开间厅堂,该平面类型多出现于建筑群中的附属部位。《鲁班经》中所说的偶数开间有不祥之意,实际上主要针对主体建筑,所以偶数开间用房在民间会时有出现。尽管如此,姑苏当地民居厅堂中,处于附属地位的厅堂,大多也如主体建筑一样,在开间数上依旧遵循传统观念的约束。

总之,厅堂是明清时期姑苏民居中最主要的建筑类型,不仅承载着与居民生活息息相关的历史文化记忆,也展现了香山帮匠人睿智精湛的建筑技术工艺。姑苏明清时期厅堂受传统观念的影响,开间数以三开间和五开间为主,极少出现偶数开间。而各开间面阔比例灵活多变,如出现正间面阔小于其他开间、边间面阔不等现象。与此同时,姑苏明清民居厅堂空间构成变化丰富,巧妙灵活地运用抱厦、耳房等附属空间,将室内进行功能划分。厅堂的平面形状亦不局限于矩形、梯形,还出现凸字形、凹字形、山字形和纱帽形等,从而改变建筑外观常有的方正形态,增加美学造诣。

表 3-4　姑苏明清民居厅堂平面构成一览表

开间数	分类	代表性厅堂	平面简图	比值	屋顶形式
2 开间	西边间=东边间	大新桥巷庞宅花厅（苏州市姑苏区大新桥巷 21 号）		西边间：东边间=1：1	硬山
3 开间	正间>边间	俞樾故居春在堂（苏州市姑苏区人民路马医科 43 号）		正间：边间=1：0.93	硬山
	正间>东边间，东边间>西边间	大新桥巷庞宅门厅（苏州市姑苏区平江路大新桥巷 21 号）		正间：东边间：西边间=1：0.94：0.5	硬山
5 开间	正间>次间，次间>边间	卫道观前潘宅礼耕堂（苏州市姑苏区平江路卫道观前 1—8 号）		正间：次间：边间=1：0.81：0.51	硬山
	西边间>正间，正间>次间，次间>东边间	吴云故居轿厅（苏州市姑苏区金太史巷 4 号）		西边间：正间：次间：东边间=1.08：1：0.67：0.56	硬山

3.2.2.2　大木构架构成

　　姑苏明清民居中主体空间为内四界的扁作厅,主要由内四界、廊、轩和双步4种元素构成(见图3-10),这样既可加大建筑进深,又能丰富室内空间、提升室内装饰效果。作为整座厅堂的主体空间,内四界进深最大,空间高大宽敞。两根步柱支撑四界大梁,其上再通过牌科架设山界梁。在姑苏明清民居扁作厅中,山界梁之上常设一斗六升牌科,牌科两侧做山雾云,脊桁两侧紧邻山雾云设置抱梁云。山雾云、抱梁云均做仙鹤流云等精美雕刻,具有极高的装饰价值。

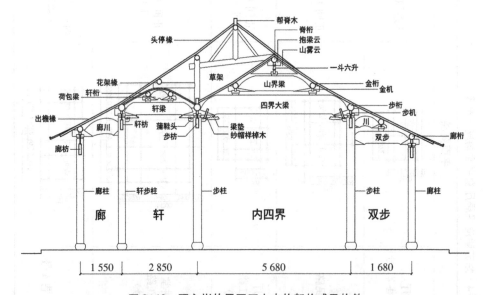

图3-10　顾文彬故居正厅大木构架构成及构件

　　廊作为室内外的主要过渡空间,常见于厅堂的前部,但有时后部亦可设廊,进深一界。在姑苏明清民居扁作厅中,廊川一端架于廊柱,另一端做榫卯入步柱透榫槽内。廊川可用方料亦可用圆料,做方料时,其上偶有雕刻。

　　轩可加大建筑进深又具有很强的装饰性,是江南民居中一大特色,在姑苏明清民居厅堂中极为常见。姑苏当地喜于用轩,且造型富于变化,种类繁多,但雕饰较少。轩进深一至二界,位于内四界的前部或后部,廊筑轩前,有时会在内四界前重复筑轩,前者称为"廊轩",后者称为"内轩"。轩椽是轩的一大特点,《法原》中根据轩椽形式的不同,将轩分为茶壶档轩、弓形轩、船篷轩、菱角轩、一枝香轩、贡式软锦船篷轩、扁作船篷轩、扁作鹤胫轩。而姑苏明清民居中主体空间为内四界的扁作厅里,廊轩常做茶壶档轩、弓形轩、一枝香轩;内轩常做圆料船篷轩、菱角轩、一枝香轩、扁作船篷轩、扁作鹤胫轩(见表3-5)。

表3-5　姑苏明清民居(以内四界为主体空间)扁作厅中轩的应用

轩		常用位置	
种类	样式	廊轩	内轩
茶壶档轩	廊川	●	
弓形轩	轩梁　梁垫	●	
圆料船篷轩	月梁　轩梁　梁垫　蒲鞋头		●
菱角轩	荷包梁　轩梁　梁垫　蒲鞋头		●
一枝香轩	抱梁云　轩梁　梁垫	●	●
扁作船篷轩	荷包梁　轩梁　梁垫　蒲鞋头		●
扁作鹤胫轩	荷包梁　轩梁　梁垫　蒲鞋头		●

注：●表示常用位置。

姑苏明清民居扁作厅中,双步可用方料亦可用圆料。做方料时,其上偶有雕刻,双步梁上设坐斗承眉川,眉川形状弯曲似眉毛,不同的厅堂,眉川弯曲程度亦有所变化;做圆料时,双步梁上设童柱承短川,正贴双步梁下时而加设夹底。

3.2.2.3 大木构架样式

姑苏明清民居厅堂内部正间多用抬梁式,边间两端山墙面用抬梁或穿斗式。抬梁穿斗混合运用是姑苏明清民居厅堂常见的做法。姑苏明清民居厅堂进深在5~9界之间,按构成元素可分为两大类:常规型厅堂和特殊型厅堂。常规型厅堂一般由主体空间和附属空间组合构成,主体空间一般以内四界居多,此外还有二界、三界回顶、五界回顶和六界。为了增大建筑空间,在主体空间的前后分别加设廊、轩、双步等元素来增加建筑进深。轩和双步一般紧邻主体空间,廊在轩外。通过调研发现,姑苏明清民居常规型厅堂的空间构成具有一定的衍化模式(见图 3-11)。

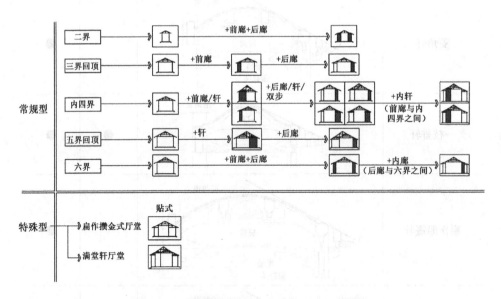

图 3-11 姑苏明清民居厅堂空间构成衍化模式

主体空间为二界的厅堂,前后各加廊,形成"前廊+二界+后廊"模式,此模式在调研中仅发现一处,作为民居的门厅,面阔与进深比值为2。主体空间为三界回顶的厅堂,多运用于附属建筑。其中,第一类由三界回顶独立构成;第二类为三界回顶前(或后)加廊,形成"前廊+三界回顶"或"三界回顶+后廊"模式;第三类为三界回顶前后各加廊,形成"前廊＋三界回顶＋后廊"模式。主体空间为三界回顶的厅堂,面阔与进深比值介于 1.42～2.5 之间。主体空间为内四界的厅堂较多。其中,一种类型由内四界独立构成;内四界前加廊(或轩),形成"前廊/轩＋内四界"模式,此模式多运用于附属建筑;内四界前加廊或轩,后加廊、轩或双步,形成"前廊/轩＋内四界＋后廊/轩/双步"模式,此模式多运用于主体建筑,如轿厅、正厅等;在前一种模式基础上,在前廊轩与内四界之间加内轩,形成"前廊/轩＋内轩＋内四界＋后廊/轩/双步"模式,该模式建筑体量较大,多运用于主体建筑,如正厅、祠堂等。主体空间为内四界的厅堂,面阔与进深比值介于 1～2.3 之间。主体空间为五界回顶的厅堂,多运用于附属建筑。其中,一种类型由五界回顶独立构成;在五界回顶前或后加轩,形成"轩＋五界回顶"或"五界回顶＋轩"模式;在五界回顶前加轩、后加廊,形成"轩＋五界回顶＋后廊"模式。主体空间为五界回顶的厅堂,面阔与进深比值介于 0.93～1.33 之间。主体空间为六界的厅堂比较少见,其中,一种类型在六界前后各加廊,形成"前廊＋六界＋后廊"模式,此模式在调研中仅发现一处,作为正厅使用;在前一种模式基础上,在六界与后廊之间加内廊,形成"前廊＋六界＋内廊＋后廊"模式,此模式在调研中亦仅发现一处,作为轿厅使用,且平面形状为梯形,南面阔、北面阔及进深之比为 2.7∶2.9∶3.1。

特殊型厅堂有两种构成模式:①扁作攒金式厅堂,如顾文彬故居的轿厅,该厅堂后金童落地,与前步柱之间架大梁,构成主体空间,主体空间前接廊,后接双步,其面阔与进深比值为 1.39;②满堂轩厅堂,仅由 3 至 4 个轩相连,做成"满堂轩",造型精美独特,此种厅堂一般进深较小,面阔与进深比值介于0.8～1.25 之间。由于姑苏民居喜于用轩增加建筑美感,有些厅堂也将建筑外廊做成轩廊。

依据大木构架样式,将姑苏明清民居厅堂分为两大主要类型——常规型和特殊型。常规型厅堂一般由主体空间和附属部分组合而成,主体空间以内四界居多,此外还有二界、三界回顶、五界回顶及六界,在主体空间前后分别加设廊、轩、双步等附属部分来丰富内部空间、加大建筑进深;除此之外为特殊型厅堂,如满轩厅堂和扁作攒金式厅堂,这类厅堂在姑苏明清民居中数量较少(见表 3-6)。

姑苏明清民居中主体空间为内四界的扁作厅,在内四界的前后可加廊、轩或双步等附属元素,进深可达 5～9 界,轩和双步一般紧邻主体空间,廊在轩外。主体空间为内四界的扁作厅大木构架,可由 2～4 种元素构成,其演化具有很强的

表 3-6　姑苏明清民居中厅堂(扁作厅)大木构架样式分类表

类别	主体空间	代表性大木构架样式	代表性实例
常规型	二界	廊＋二界＋廊	潘世恩故居库房 (苏州市姑苏区临顿路钮家巷 3 号)
	三界回顶	三界回顶	俞樾故居花厅 (苏州市姑苏区人民路马医科 43 号)
	内四界	廊＋轩＋内 四界＋双步	洪钧故居祠堂 (苏州市姑苏区悬桥巷 29 号)
	五界回顶	五界回顶＋轩	潘世恩故居鸳鸯厅 (苏州市姑苏区临顿路钮家巷 3 号)
	六界	廊＋六界＋廊	大儒巷某宅轿厅 (苏州市姑苏区大儒巷 42 号)

（续表）

类别	主体空间	代表性大木构架样式	代表性实例
特殊型		扁作攒金式	顾文彬故居轿厅 （苏州市姑苏区干将西路 2 号）
		满轩	顾文彬故居书厅 （苏州市姑苏区干将西路 2 号）

规律性（见图 3-12）。在内四界前加廊或轩，由 2 种元素构成，形成"前廊/轩＋内四界"模式，多运用于体量较小的建筑，如轿厅等；在此基础上，内四界后再加廊、轩或双步，由 3 种元素构成，形成"前廊/轩＋内四界＋后廊/轩/双步"模式，此模式较前一类厅堂体量大，多运用于大户人家的轿厅，或一般人家的正厅及内厅等；如果在前廊或轩与内四界之间再加入内轩，由 4 种元素构成，则形成"前廊/轩＋内轩＋内四界＋后廊/轩/双步"模式，此类建筑体量最大，多运用于大户人家的主要建筑，如正厅、祠堂等。相比而言，上海、常州等地，主体空间为内四界的扁作厅，较少出现 2 种元素构成模式，如"前廊/轩＋内四界"，一般均由 3～4 种元素构成，如"廊/轩＋内轩＋内四界＋廊/双步/三步"模式等。目前，在所调研的姑苏明清民居厅堂中，未发现在内四界之后设置三步的实例。

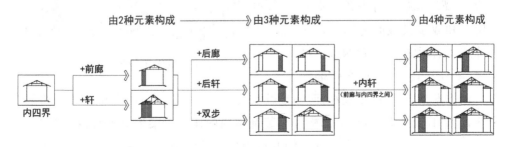

图 3-12　主体空间为内四界的扁作厅大木构架衍化模式

3.2.2.4 大木构件

姑苏明清民居主体空间为内四界的扁作厅大木构件,可归类为柱、梁、桁、枋、机、椽、牌科等。各类构件在大木构架中担负不同的功能,如承重、连接、加固等,构件之间的榫卯搭接亦十分巧妙,构成完整柔性的一体(见图3-13)。到了明清时期,加入更多的装饰意味,雕刻彩绘、仙鹤流云,体现出苏州香山帮对艺术品位的追求。

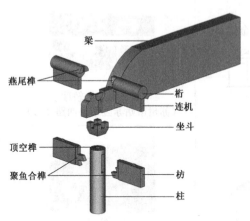

图3-13 柱梁桁搭接节点示意图

主体空间为内四界的扁作厅,柱子以圆柱为主,时而出现方柱,用料为整根木,做收杀,柱头常做顶空榫承托坐斗。根据柱位置功能的不同,分为廊柱、轩步柱、步柱、脊柱、童柱等。扁作厅与圆堂的主要区别之一即为主体空间梁架层叠中用牌科代替童柱支撑,这里也反映了宋代遗风在姑苏的流传。并且,姑苏住民对于建筑艺术有着极高追求,为了减少室内空间阻碍,提高室内美观程度,有一些厅堂的步柱不落地,而是将柱头悬空,柱头雕刻成花篮图样,做工精巧,做成"垂花柱",是为花篮厅,此种建筑类型在上海片区亦较常见(见图3-14)。

梁的种类主要包括:四界大梁、山界梁、轩梁、荷包梁、双步和川等,截面为矩形时,常被做成"月梁"形状,也有少数厅堂的廊川和双步梁截面为圆形。在苏式民居厅堂中,梁背两端呈弓形,梁身比较平直,只在两端向

图3-14 扁作厅中的垂花柱

下稍作卷杀,梁身厚度较小,两侧常做复杂雕刻。梁端下方配有雕刻精美的梁垫,起到提高承载、拉结上部构件和装饰室内的作用。梁垫下方常做蒲鞋头,官宦人家为彰显身份,在蒲鞋头的升口内插入纯装饰构件"棹木",形如纱帽,

正面刻有浮雕,平常人家较富裕者也喜于设"棹木",这成为姑苏明清厅堂一大特色。

桁根据所处位置不同分别称为廊桁、轩桁、步桁、金桁、脊桁和梓桁等。桁截面一般为圆形,而梓桁和轩桁截面也有做成方形的情况,一般与方形轩橼同时使用。桁条间衔接处常做燕尾榫,与梁头所留胆相结合。机可以提高桁条的承载能力,根据机所处位置及长度、雕饰及作用的不同,可分为连机和花机。连机位于廊桁和步桁之下,长度与桁条长度相同,无雕刻,主要起承托桁条的作用;花机位于轩桁、金桁和脊桁之下,长度为开间的十分之二,常雕刻水浪、蝠云等饰样,主要起装饰作用。枋主要起稳固结构的作用,截面为矩形。姑苏明清民居中以内四界为主体空间的扁作厅里,有廊枋、轩枋、步枋等几种类型的枋子。枋子间衔接处常做聚鱼合榫,插入柱子的透榫槽内进行连接,为了遮挡风雨,防止虫鸟飞入,常在枋与连机之间用夹堂板来填补中间空缺。在边贴的双步梁、大梁、廊川、轩梁之下,还常用"夹底"将柱子之间连接加固。橼子用于支撑屋面荷载。姑苏明清民居中以内四界为主体空间的扁作厅里,有出檐橼、花架橼和头停橼等。

3.2.2.5　设计体系

本节通过对姑苏明清民居中 15 座厅堂进行实地勘察与测量,将实际数据进行整理(见表 3-7)。运用 BIM 技术进行参数化建模,在视图明细表中编辑生成大木构件体量明细表,并将构件尺寸关系进行分析,发现各构件尺寸之间存在着较明显的模数关系(见图 3-15)。与《法原》相比较,可以看出姑苏明清民居中主体空间为内四界的扁作厅,基本遵循了《法原》中厅堂大木构架构件尺寸的模数关系。以界深、正间面阔、柱高作为基准寸法,通过一定的比例关系可演算出其他构件尺寸。《法原》中记载"如造价及用料情况有限制时,按规定尺寸酌减自九折至六折",[14]而姑苏明清民居中主体空间为内四界的扁作厅大木构件尺寸,大部分浮动在八折至十二折之间,且同一座建筑中有少数构件尺寸所打折数与整体并不统一,这与《法原》中所述内容有所不同。如潘世恩故居的正厅中,大部分构件实际尺寸是计算尺寸的 0.9 倍,而大梁围径的实际尺寸是计算尺寸的 1.08 倍。枋高的实际尺寸与计算尺寸普遍相差较大,并不能展示柱高是枋高的基准寸法,同时枋子的做法也并非如《法原》中所述那样粗壮,枋厚为枋高的二分之一,而是采用厚度更小的木板,这样的做法比较经济,同时也使厅堂整体看起来更加精致美观。

表 3-7 部分厅堂大木构件勘测数据统计表

厅堂名称		潘世恩故居正厅	潘儒巷张宅亲仁堂	顾文彬故居正厅	杨宅春晖堂	卫道观前潘宅礼耕堂	洪钧故居享堂	吴云故居正厅	中张家巷沈宅正厅
正间面阔		4 150	5 550	4 350	5 000	4 380	4 100	5 200	4 920
次间面阔		—	—	—	—	3 600	—	—	—
边间面阔		3 200	4 200	3 800	4 300	2 250	2 900	4 000	4 250
界深		1 450	1 660	1 420	1 325	1 485	1 190	1 425	1 220
大梁	高	825	600	580	700	420	500	600	460
	厚	240	300	240	250	230	210	240	230
山界梁	高	600	570	410	410	400	400	500	400
	厚	160	200	200	150	180	170	200	200
轩梁	高	380	400	420	380	300	435	450	230
	厚	143	140	206	152	160	145	180	160/150
荷包梁	高	340	263	220	300	260	220	200	250
	厚	115	130	109	140	130	110	130	110
川	高	430	310/405	500	350	—	400	260	—
	厚	122	150	220	150		100	150	
正廊柱	高	4 715	3 750	3 850	3 132	5 625	3 900	4 600	3 300
	围径	628	942	816	816	722	628	690	753
边廊柱	高	4 715	3 750	3 850	3 132	5 625	3 900	4 600	3 300
	围径	628	816	628	722	628	565	628	439
正步柱	高	4 745	4 400	4 570	3 500	5 800	4 370	4 600	3 950
	围径	879	1130	942	904	942	816	942	879
边步柱	高	4 745	4 400	4 570	3 500	5 800	4 370	4 600	3 950
	围径	628	879	813	816	722	628	753	565
边金柱	高	5 475	—	5 339	4 088	6 774	5 100	5 370	—
	围径	628		813	810	722	628	753	
边脊柱	高	6 110	6 300	5 998	4 590	7 605	5 730	6 000	5 650
	围径	690	942	704	816	753	659	816	690
廊枋	高	310	—	370	270	450	320	300	—
	厚	90		90	90	110	80	90	

（续表）

厅堂名称		潘世恩故居正厅	潘儒巷张宅亲仁堂	顾文彬故居正厅	杨宅春晖堂	卫道观前潘宅礼耕堂	洪钧故居享堂	吴云故居正厅	中张家巷沈宅正厅
步枋	高	405	180	330	300	450	360	500	350
	厚	90	110	100	100	110	80	90	90
轩步枋	高	370	180	330	300	450	360	—	200
	厚	90	110	90	100	110	80	—	90
廊桁围径		534	690	628	628	628	565	722	533
轩桁围径		533	565	570	570	565	565	471	502
步桁围径		628	690	652	659	659	628	785	628
金桁围径		690	816	652	690	659	628	785	659
脊桁围径		754	879	690	722	690	659	816	690

注：表中数据单位均为 mm，由于数据为人工测量统计，存在一定误差。

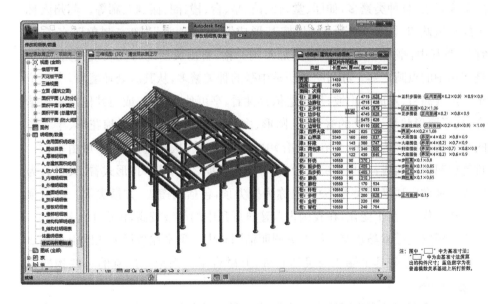

图 3-15　潘世恩故居正厅模型及建筑构件明细表

总之，厅堂在姑苏明清民居中占有举足轻重的地位，而扁作厅又具有数量多、等级高、构成元素全面的特点，在厅堂中极具代表性。姑苏明清民居中主体空间为内四界的扁作厅大木构架样式可基本分为 3 种模式，分别由 2～4 种元素构成,即"前廊/轩 + 内四界""前廊/轩 + 内四界 + 后廊/轩/双步"及"前廊/轩 + 内轩 + 内四界 + 后廊/轩/双步"模式。大木构架主要由廊、轩、内四界、双步 4 种元素构成:廊为厅堂室内外的过渡空间;轩为姑苏明清民居厅堂中极具特色的元素,造型富于变化,种类繁多,但雕饰较少;内四界为主体空间,进深最大、体量最高;双步则位于内四界之后,是相对较为朴素的空间。构件主要由柱、梁、桁、枋、机、椽、牌科等组成,构件之间榫卯搭接十分巧妙,构成完整灵活的一体。与《法原》相比较,姑苏明清民居厅堂中以内四界为主体空间的扁作厅大木构架样式更加丰富。构件用料更加经济实用,且追求装饰效果,如梁类构件常做成月梁,夹堂板做镂空雕刻,棹木、琵琶撑、山雾云、抱梁云等的运用也是随处可见。

3.2.3 亭

苏州是我国古典园林荟萃地之一。苏州园林起源于春秋,发展于晋唐,繁荣于吴越两宋,全盛于明清,是我国江南地区私家园林的典型代表。[15]建筑是造园的重要元素,且种类繁多,如厅、堂、轩、馆、亭、台、楼、阁、榭、舫、廊等。苏州园林中的建筑诚如《园冶》中所说的"按基形成""格式随意""随方制象""各有所宜"。[16]其中,亭由于体态小巧,更加不拘一格,自由灵活的特性表现尤为突出,是园林中的点睛之笔。苏州明清园林中亭的种类繁多,从其所处环境看,亭可位于平地或高台、水面或山坡;从建造依存性看,亭可独立搭建,或与其他建筑相结合;从平面形状看,常见的有方形、圆形、多边形、扇形等,平面为梅花形、十字形的亭在实例中极为少见,但在《园冶》中有明确记载;从建造材料看,可由木、石、竹等材料搭建而成;从亭檐层数看,有单檐与重檐之分;从亭顶形式看,又可分为尖顶亭和歇山顶亭两大类,尖顶也称为攒尖顶,包括圆攒尖、方攒尖等。歇山顶建筑造型优美、富于变化,在我国古典建筑屋顶中的等级较高,仅次于庑殿顶,一般用于殿庭及厅堂类建筑。虽然苏州明清园林中尖顶亭在数量上比歇山顶亭要多,但歇山顶亭兼具了端庄与灵活特性,并融合了江南地区厅堂的一些构架特点,独具一格。

苏州现存园林多为明清士大夫所建。明朝时期苏州经济空前发达,始建于明代的园林有拙政园、留园、艺圃等,园林艺术逐步达到鼎盛之境,而清朝又是苏州园林的集大成时期,保存至今的苏州古典园林反映了清朝时期的基本风貌,大多数古典园林也多在清代进行修复而留存下来。[17]据《苏州府志》记载:苏州私家园林在明代有 271 处,在清代有 130 处,现存 69 处,20 世纪 50 年代,苏州尚遗存大中小型园林、庭院 188 处,故有"江南园林甲天下,苏州园林甲江南"之称。[18]随着人们对传统文化保护意识的增强,各级政府对苏州古典园林也采取了相应的保护措施,苏州现存的私家园林约有 40 处,分别作为国家级、省级、市级文物保护单位。此外,除上述各私家园林外,苏州地区还有众多佛教园林,如西园及寒山寺,以及众多位于自然风景区内的园林,如虎丘、天平山、灵岩山等。[19]

　　目前我国对苏州明清园林中的歇山顶亭研究并不多见,较少涉及其大木构架特征的研究。本小节在对中国传统建筑史料相关内容进行研究的基础上,从吴文化与香山帮传统建筑营造技艺入手,对苏州明清园林中歇山顶亭[20]的选址立基、平面形状、构架体系、构件细部几个方面进行探析,以期总结其木作营造技艺特点。

3.2.3.1　选址立基

　　苏州明清园林中尚存的较具代表性的歇山顶亭,多集中分布在古城区保存较好的一些私家园林中,尤以较具代表性的拙政园、留园、沧浪亭、怡园等大型私家园林为常见,这些园林中的歇山顶亭种类繁多,文化与艺术价值也更高。此外,在一些大型风景园林中歇山顶亭也有较为广泛的分布,如虎丘风景区中的真娘墓亭、天平山风景区中的逍遥亭及恩纶亭等。这些歇山顶亭既具有江南地区传统建筑的普遍表象,又各自有着一定的差异,形成了丰富的建筑文化特征。

　　实地调研中发现,地位较重要的被纳入世界文化遗产的部分园林(如拙政园)基本保留着明清时期的特征。园林内部现存的歇山顶亭最为集中,建筑整体保存亦较好。除此之外,列入各级文物保护单位的园林通常也保存得尚好,但有的园林破旧失修,如著名画家吴待秋及其子所拥有的残粒园,现为私人住居内部庭院,尚不对外开放;曲园(俞樾故居)已经由现园园主加以改造,其中的曲水亭顶部构架已经被修葺一新的天花遮住,其牌匾被挪到了对面尖顶亭子之上;甚至有些园林已经不复存在或者作为驻地单位的一部分另作别用。

　　苏州明清园林中的歇山顶亭选址立基灵活,多结合园林造景需要布置,或建造于水环境中,如退思园的水香榭[21];或建于山林中,如狮子林的听涛亭;或建于建筑物之上,如天平山高义园的逍遥亭;或平地建亭,如虎丘的雪浪亭等。除此之外,歇山顶亭还常与其他构筑物、建筑物等结合建造,如与墙体相结合而成的网师园中射鸭廊处的歇山顶亭、与门墙结合而建的怡园入口门亭。与廊结合建造的歇山顶亭则更多,园林中的廊及亭都是重要的造景元素,两者结合在一起组建园林景观,既可使婉转曲折的廊形成停顿或突起的变化,又可使小巧单薄的亭有所依托、造成一定的气势,如沧浪亭的御碑亭;利用自然山体承担构架部分支撑作用,与背景融为一体,形成结构即环境、环境即结构的自然格局,如虎丘真娘墓亭。

3.2.3.2 平面形状

歇山顶亭平面形状较为简单,一般选取矩形或方形,亦有少量为扇形及组合形。矩形平面在歇山顶亭中运用最多,多为四柱构成的单开间,但亦有三开间,亭的开间与进深尺度选取十分灵活。扇形平面在苏州明清园林歇山顶亭中并不多见,较典型的为拙政园中的"与谁同坐轩",其扇形的弧面形状与池岸相协调,典雅中透着柔美,充满诗情画意。该亭不论形式上还是做法上均较为独特,具有较高的历史与学术研究价值(见图 3-16)。还有的歇山顶亭平面形状为方形(或矩形)与方形(或矩形)相叠加组合而成,如拙政园中的涵青亭、听枫园中的适然亭。组合形平面的歇山顶亭布局灵活,体型变化多样,使歇山顶亭的造型更加丰富多彩(见图 3-17)。从亭顶形式看,歇山顶亭可细分为尖山式歇山顶亭及卷篷式歇山顶亭。两者最主要的区别在于尖山式歇山顶亭的头停椽交于脊桁,而卷篷式歇山顶亭则用回顶椽(即北方所称罗锅椽)架于两脊桁之上,亭脊为弧形(见图 3-18)。与平面形状相呼应,扇形平面的歇山顶亭,其亭顶形式亦呈扇形,拙政园的"与谁同坐轩"即为扇形尖山式歇山顶。组合形平面的歇山顶亭的亭顶形式可将尖山式歇山顶或卷篷式歇山顶进行组合,如听枫园中的适然亭。由此形成主次分明、叠加错落的态势,使歇山顶亭更加显得优美别致。

图 3-16 拙政园的"与谁同坐轩"　　　　图 3-17 拙政园涵青亭

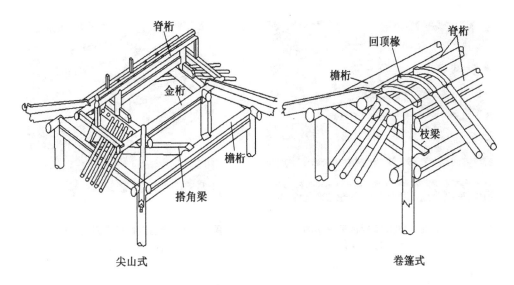

图 3-18　尖山式与卷篷式歇山顶亭的亭架构成示意图

[图片来源：根据田永复《中国园林建筑构造设计》(中国建筑工业出版社，2008)中的第 123、124 页改绘]

3.2.3.3　构架体系

苏州明清园林中歇山顶亭的大木构架，主要由柱、梁、桁、椽等构件组成。以桁数最少的四界尖山式歇山顶亭及三界卷篷式歇山顶亭为例，从贴式[22]来看，前者的大木构架体系可概括为"柱→大梁→金童→山界梁→脊童"模式，后者的大木构架体系则为"柱→大梁→轩童柱→月梁（或直接架回顶椽）"模式。而回顶椽的支撑除常见的"月梁→双脊桁→回顶椽"体系外，还有"单童→单脊桁→回顶椽"形式，如拙政园的雪香云蔚亭（见图 3-19），这在我国传统建筑大木构架体系中比较独特，此时也可转化为江南地区厅堂建筑中常见的各式轩。由此可见，苏州明清园林中歇山顶亭大木构架体系具有灵活性及可变性。怡园入口门亭结合门房及墙体进行建造，亭架构成为尖山式的一半，脊桁及脊童结合墙体建造，搭角梁搭置在檐桁及墙体中，亦表现了大木构架与环境巧妙结合的个性（见图3-20）。虽然扇形歇山顶亭与组合形歇山顶亭的亭顶构架有些变异，但仍可归类于一般歇山顶亭的大木构架体系。无论尖山式歇山顶亭，还是卷篷式歇山顶亭，它们的构架模式均类似于抬梁式。并且，承托亭顶构架的底梁，均可分为枝梁类或搭角梁类。枝梁为架在前后檐桁上的梁架，搭角梁是斜置于相邻檐桁上的梁架，即分别相当于北方的趴梁和抹角梁。[23]

图 3-19　拙政园雪香云蔚亭的　　　　图 3-20　怡园入口门亭搭角梁的
　　　　　回顶椽支撑体系　　　　　　　　　　　灵活搭置方式

3.2.3.4　构件细部

苏州明清园林中歇山顶亭的柱子多为木质,部分为石造,亦有少数为木材与石料混合而成。柱子断面形状以圆形居多,亦有少量方形、矩形及多边形等。柱

图 3-21　环秀山庄问泉亭中代替童柱的坐斗

子较为纤细,比较适合江南地区亭子清丽轻巧的性格表现。同时,柱多有向上轻微的收分,亦有柱下加鼓磴者,保留了宋时建筑遗风。柱体多无雕刻或彩绘,通常只是涂抹暗红色、黑色油漆或清漆等。童柱大多呈梭形,或具有明显的收杀,与柱脚下梁交接处多为"鹦鹉嘴"状,类似于圆堂的做法;且亦有少量用坐斗代替童柱的,类似于扁作厅的做法,[24]如环秀山庄的问泉亭(见图 3-21)。

苏州明清园林歇山顶亭中的梁主要有搭角梁(枝梁)、大梁、山界梁(月梁)等。梁的造型比较简洁,断面通常为圆形,即相当于厅堂的圆堂做法。但亦有极少数在卷篷式歇山顶亭的月梁上表现为扁木作,并配以精美雕饰。各式梁的中部轻微隆起,因中部所受荷载最大,中部隆起不仅有助于提高梁承受荷载的能力,符合科学合理的尺寸变化关系,同时也增加了梁的美感。

　　苏州明清园林中歇山顶亭各桁条多为圆木作,但有时双脊桁断面也可为方形,如拙政园中的别有洞天亭。金桁及脊桁下有时会设置连机或短机,桁条及连机造型简洁,装饰朴素,短机则雕刻精美,是歇山顶亭中艺术形象较丰富的构件。椽子的断面通常为半圆,但亦有部分歇山顶亭椽子断面为矩形,如环秀山庄问泉亭。有时,歇山顶亭的椽子呈优美曲线造型,如同厅堂中的各类轩,如拙政园绣绮亭的鹤胫三弯椽,结合平顶板,丰富了亭顶天花的形象(见图3-22)。更有甚者,狮子林真趣亭具"鸳鸯、四面、纱帽、花篮"诸厅特征(见图3-23),亭内前两柱为花篮吊柱,后用纱槅隔成内廊,亭内顶棚装饰性强,扁作大梁上为菱角轩,雕梁画栋、彩绘鎏金,装饰性极强。[25]

图 3-22　拙政园绣绮亭的鹤胫三弯椽　　　　图 3-23　狮子林真趣亭的花篮吊柱及其轩

　　枋子、夹堂板、挂落经常组合出现在苏州明清园林歇山顶亭中。枋子断面呈矩形,有的直接插接于两旁檐柱内,有的穿过檐柱,将端头露出。此时,枋之端头常做成曲线造型,侧面雕有简单的卷纹,造型简洁,装饰较朴素,通常无雕刻彩绘。夹堂板是苏州明清园林歇山顶亭中变化较为丰富的构件,具体表现在镂空雕刻花纹的不同。其雕刻花纹主题较为丰富,但有的夹堂板则仅仅是朴素的薄木板,上面直接涂抹油漆或做简单的雕刻纹样。夹堂板中间由蜀柱分割,蜀柱亦可被牌科所代替,如拙政园的别有洞天亭(见图3-24)。夹堂板一般不独立设置,其上设有连机,其下则为枋子。多数歇山顶亭的枋子下部还设有挂落,其形式繁多,最常见的为万字纹挂落(见图3-25)。花牙子形式较为多样,装饰性较强,通常为镂空雕饰,花纹主题丰富,尺度变化多样,并无严格规定。拙政园倚虹亭中类似于厅堂琵琶撑的曲形斜撑,支撑起挑出部分的檐下垂花短柱与落地金柱间穿插的枋子,其不仅造型优美,而且有精美的雕刻花纹(见图3-26)。

图3-24 拙政园别有洞天亭中牌科代替蜀柱分割夹堂板

图3-25 严家花园小隐亭万字纹挂落

图3-26 拙政园倚虹亭的曲形斜撑

总之,苏州明清园林中歇山顶亭的平面形状以矩形、方形为主,扇形、组合形为辅。亭顶形式则可分为尖山式歇山顶和卷篷式歇山顶两种类型,两者在大木构架形式上均可归结为抬梁式。构架组合既可形成一定的模式,又十分灵活,与环境巧妙结合,并可与江南地区的厅堂建筑构架特征,如扁作厅中的各式轩及牌科代替短柱等手法形成关联。构件细部则更加体现出苏州片区所具有的灵动、朴素、典雅、秀美的建筑特征,并充分展示了香山帮木作营造技艺的成熟与大气。

3.3 木作营造技艺发展渊源

许多学者认为,香山帮的形成及技艺源头可追溯到两千多年前的春秋时期,而作为行业帮派应是随着明清时期行会发展及江南匠人大量融入南京和北京都城的营造活动而出现。[26]还有学者将香山帮的发展用一条时间纵轴来阐述,即滥觞于春秋战国时期,形成于汉晋,发展于唐宋,兴盛于明清,并复兴

于 20 世纪后叶的改革开放之后。[27]而自商末泰伯奔吴始,吴地便有相关营造
活动记载。因此,本节将香山帮营造技艺缘起时间向前推至春秋之前,且将这
些活跃于吴地的零散工匠称为吴匠[28]。吴地文化的繁荣和吴匠的存在,与香
山帮的孕育有着密不可分的联系,即不论我们强调香山帮明确形成时期为明
清,还是承认香山帮木作营造技艺始于春秋时期。必须明确的是,香山帮木作
营造技艺是先于其帮派的形成而存在的。只要有木构建筑营造活动发生,就
必然具备稚嫩的甚或成熟的木作营造技艺。并且随着历史年代的更迭、外来
文化的影响及匠帮自身的成熟与发展,木作营造技艺会不断地发展变化与完
善。位于太湖流域中心地带的苏州片区,自新石器时代始就不乏营造之事。
因此,香山帮木作营造技艺的渊源可追溯到远古时期。本节将香山帮木作营
造技艺发展分为四个时期:萌芽期(从新石器时代至春秋时期)、发展期(从汉
晋时期至元朝)、成熟期(从明清至 20 世纪 80 年代初)及拓展期(20 世纪 80
年代初至今)(见表 3-8)。

表 3-8　历史中的苏州香山帮典型营造事件一览表

历史分期与相关年代			典型建筑(城市、园林等)	重要事件、代表人物及其他
萌芽期	商	商末(公元前?)	—	泰伯、仲雍奔吴,无锡梅里建国"勾吴"
	春秋	吴王阖闾元年(公元前514)	阖闾城;四大宫苑——姑苏台、长洲苑、馆娃宫、梧桐园	阖闾命伍子胥在诸樊所筑城邑上扩建大城;城外的离宫别馆和苑囿
发展期	东汉	兴平二年(195)	芳树苑、落里苑、桂林苑	—
	三国	赤乌年间(238—251)	北寺塔(报恩寺塔)	现存为南宋绍兴年间(1131—1162)所建
		赤乌年间(238—251)	开元寺(通玄寺)	无梁殿(明万历四十六年,1618)
		赤乌十年(247)	瑞光塔	现存北宋景德元年(1004)重建
	西晋	咸宁二年(276)	玄妙观(真庆道观)	三清殿(南宋淳熙六年,1179)、范作头;永嘉之乱(西晋末年)
	东晋	咸和元年(326)	辟疆园	顾辟疆;苏州最早的私家园林

（续表）

历史分期与相关年代			典型建筑(城市、园林等)	重要事件、代表人物及其他
发展期	唐	唐初(？)	紫金庵	现存明洪武年间（1368—1398)所建
		贞观二年(628)	轩辕宫	元代重建；安史之乱（唐代中叶）
		大中年间(847—859)	甪直保圣寺	大雄宝殿（北宋熙宁六年，1073)，不存；现存天王殿（明)
	五代	五代后周显德元年(954)—北宋建隆二年(961)	虎丘塔(云岩寺塔)	二山门[北宋天圣八年(1030)至熙宁六年(1073)]
	北宋	大中祥符年间（962—1033)	汴京玉清昭应宫	丁谓任修玉清昭应宫使、曾任工部尚书
		庆历年间(1041—1048)	沧浪亭	苏舜钦，其父苏耆曾任工部郎中
		景祐二年(1035)	文庙	范仲淹；现存大成殿（明成化十年，1474)
		北宋末年(？)	—	朱冲、朱勔；东京营造苑囿，于苏州设"应奉局"，吴郡巧匠征调东京；靖康之难
	南宋	绍兴年间(1131—1162)	—	《法式》苏州重刊；宋室南渡
		绍定二年(1229)	—	石刻《平江图》
	元	至正十六年(1356)	锦春园	张士诚
成熟期	明	洪武三年(1370)	城隍庙	城隍殿
		洪武三十一年(1398)至成化十七年(1481)	北京故宫三大殿、景陵、裕陵、天安门	蒯祥，官至工部左侍郎
		成化元年(1465)至弘治十八年(1505)	—	《鲁般营造正式》
		正德八年(1513)	拙政园	王献臣始建
		万历十七年(1589)	留园(寒碧庄、刘园)	徐泰时始建，曾任工部营缮主事
		崇祯四年(1631)	—	计成，《园冶》
		崇祯七年(1634)	—	文震亨，《长物志》

（续表）

历史分期与相关年代		典型建筑(城市、园林等)	重要事件、代表人物及其他
成熟期	清 乾隆二十年(1755)	—	李斗,《工段营造录》
	道光三十年(1850)	—	梓义公所
	咸丰十年(1860)	忠王府	李山
	光绪十年(1884)	上海天妃宫	贾均庆
	同治五年(1866)至民国二十七年(1938)	怡园藕香榭、香雪海梅花亭、灵岩寺大雄宝殿、严家花园	姚承祖《法原》(1932)、鲁班协会(1912)
	民国 民国十一年(1922)至民国十四年(1925)	春在楼	陈桂芳、姚官夫、王阿三等
拓展期	1964年至今 1964	北寺塔整修	陆文安
	1985	南京夫子庙大成殿	杨根兴
	1995	寒山寺大修	陆耀祖主编《古建筑木工鉴定规范》
	1999	嘉善吴镇纪念馆	顾建明

3.3.1 萌芽期

　　1959 年发现的江苏吴江梅堰出土许多新石器时代的青莲岗文化层内的木桩,考古学家认定其当属于干栏式建筑遗迹。[29]而干栏式建筑从更大范围来看,可涵盖江南地区的马家浜文化、菘泽文化及良渚文化,并且在余姚河姆渡村干栏建筑遗址中发现大量的榫卯技术构筑的房屋[30](见图 3-27)。可以看出当时的木作营造技艺已具有适合其发展的雏形,对我国木构建筑的广泛使用,特别是江南地区重要建筑帮派香山帮的木作营造技艺起了极大的推动作用。虽然现在干栏式建筑在江南地区已不多见,但干栏式与仍广为流行的穿斗式有着深远的渊源。苏州片区殿庭作为最庄严、等级最高的建筑类型,其大木构架尚且常常表现为正贴抬梁式与边贴穿斗式的组合,即可证明这

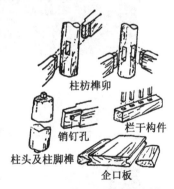

图 3-27　浙江余姚河姆渡村遗址房屋榫卯

(图片来源:潘谷西.中国建筑史[M].第七版.北京:中国建筑工业出版社,2015:18)

一论点。自商末泰伯奔吴始,吴地便有相关营造活动记载。泰伯建立"勾吴"而大兴土木,在吴地建造大量宫殿、坛庙等。吴王阖闾元年(公元前 514)营建阖闾大城,周回四十七里,使苏州成为吴国政治、军事及经济中心。立夫差为太子后,更是大兴土木,射台、华池、南宫相继完工;还建造了四大宫苑——姑苏山的姑苏台、东山岛的长洲苑、灵岩山的馆娃宫、苏州城的梧桐园。范成大在《馆娃宫赋》中记有"玉槛铜沟;朱帘椒房;理镜之轩,响屧之廊"。从《吴越春秋》中亦能感受到馆娃宫精美的雕饰细节:"巧工施校,制以规绳,雕治圆转,刻削磨砻,分以丹青,错画文章,婴以白璧,镂以黄金,状类龙蛇,文彩生光。"可见,2 500 多年前的春秋时期,苏州片区已出现了非常优美的亭台楼阁。楚国封春申君黄歇于江东,他建造的宫室曾引起司马迁"宫室盛矣哉"的赞誉。灵岩山是春秋时吴王夫差所建馆娃宫旧址,馆娃宫虽已不见踪影,但吴王井、智积井、玩花池、玩月池等遗迹尚存,从中也可领略两千多年前吴匠的营造技艺(见图 3-28)。吴地文化的繁荣和吴匠的存在,与香山帮的孕育有着密不可分的联系。由于木构建筑具有易遭火灾、虫蛀、朽坏等缺陷,新石器时代至春秋时期的木构建筑早已不复存在,更没有关于当时木作营造技艺的记载。但我们从文人墨客的文字中可以领略到所描述的重要木构建筑之优美与雅致。由此,可以联想其时必定有蓬勃的极具生命力的木作营造技艺作为支撑。

吴王井　　　　　　智积井

玩花池　　　　　　玩月池

图 3-28 灵岩山尚存吴王夫差营建遗迹

3.3.2 发展期

汉晋时期至元朝,苏州片区的城市建设和建筑营造得到了快速的发展,如宗教建筑、园林及礼制建筑,出现了在江南地区乃至全国闻名遐迩的建筑案例。瑞光塔是三国赤乌十年(247)孙权为报母恩,建的十三级舍利塔。北宋景德元年(1004)重修,遂改为七级。[31] 以今天所见微曲的塔身轮廓、古朴的木制构件,可见汉晋时期苏州片区已具有高超的木作营造技艺乃至先进的施工水平(见图3-29)。东晋咸和元年(326)的辟疆园直至唐宋时期仍名声显赫,从文人的诗句中仍可领略到其中建筑当年的盛况。李白在《留别龚处士》一诗中就有"柳深陶令宅,竹暗辟疆园",北宋朱长文在《吴郡图经续记》中称该园"池馆林泉之盛,号吴中第一"。由此,根据描绘出的辟疆园中亭台楼馆的绚丽景色,可想象出此时木作营造技艺也应该达到了很高的程度。

图3-29 瑞光塔

北宋熙宁六年(1073)重建的甪直保圣寺大雄宝殿[32],其屋顶形式为单檐歇山顶,平面为面阔、进深各三间的近似方形。苏州殿庭中呈方形平面的不多,还有一例比较有代表性的为元至正四年(1344)重建的轩辕宫正殿。保圣寺大雄宝殿贴式为对称的八架椽屋、前后乳栿用四柱,是《法式》中大木构架类型之一的厅堂式。玄妙观三清殿(南宋淳熙六年,1179)屋顶形式为重檐歇山顶,平面为满堂红式柱网的矩形,面阔九间、进深六间,包括四周深一间的副阶周匝。殿身贴式为身内十二架椽屋、用五柱、副阶两架椽,与《法式》中的厅堂式不完全相同,最主要的区别在于殿身椽数多于《法式》。[33] 虎丘云岩寺二山门(元至元四年,1338)屋顶形式为单檐歇山顶,采用面阔三间、进深两间的矩形平面,典型的"分心斗底槽"样式。贴式则为四架椽屋、分心用三柱,与《法式》完全相同。宋元时期殿庭大多数采用了梁栿月梁造及拼帮做法,正贴更是采用叠斗抬梁式。特别是甪直保圣寺大雄宝殿还具有月梁式阑额,似与徽州及江浙地区木构建筑面阔方向的冬瓜梁存在着某种渊源关系。另外,该殿平梁上的大叉手及蜀柱,与北方同时期的建筑特征基本相近,而在宋元时期江南一带不多见,可以说明应该是受到了北方的影响。且大叉手相对北方同时期木构建筑略显纤细,蜀柱却显粗壮,呈现出

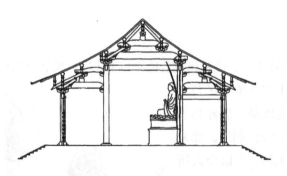

图 3-30 角直保圣寺大雄宝殿复原剖面图

（图片来源：张十庆. 角直保圣寺复原探讨[J].
文物，2005(11)：83）

强烈的地域特色（见图 3-30）。角直保圣寺大雄宝殿、玄妙观三清殿及虎丘云岩寺二山门斗栱中均运用了上昂、挑斡、圜斗、讹角斗及靴楔等，呈现宋元时期香山帮殿庭构件细部的一大特点。玄妙观三清殿补间铺作中的挑斡与北方宋式建筑极为相似。特别是丁头栱与月梁的整合、内檐铺作处上昂等处做法，更与《法式》中所记述内容相吻合（见图 3-31）。刘敦桢曾仅就三清殿的斗栱，就用了"国内现存最古之实例""国内鲜见之例""国内唯一可珍之孤例"来赞誉。[34]还值得一提的是，虎丘云岩寺二山门东西次间月梁与素枋之上架设了平暗。平暗在我国早期木构建筑中比平棋要早，且从目前尚存的佛光寺东大殿及独乐寺观音阁中都有所用来看，平暗多用于等级较高的建筑，但 11 世纪后木构建筑已喜用平棋而渐轻平暗（见图 3-32）。[35]三座殿庭经历代若干次修缮，其中不乏夹杂着很多后世做法和营造特征，从其中展现的某些做法中仍可看到宋代古风。[36]由此可见，汉晋时期至元朝的苏州香山帮木作营造技艺与中原一带基本吻合，且因南宋时期江南社会的发展和稳定，苏州香山帮木作营造技艺得以快速发展，且呈现较强的地域色彩。

图 3-31 玄妙观三清殿下檐室内副阶月梁、
剳牵及补间铺作

图 3-32 虎丘二山门内乳栿、
剳牵及挑斡

3.3.3　成熟期

明清以来,香山帮木作营造技艺已经进入成熟期。主要表现在以下几方面:其一,苏州香山帮出现了江南地区乃至全国建筑营造业的领军人物。香山帮代表人物蒯祥主持重建了北京紫禁城中的三大殿、乾清宫,增建坤宁宫,以及设计营造了景陵、裕陵、天安门等,最终升职为工部左侍郎。大规模的皇城营造工程中,不仅有大量的北方工匠,还征集了江南地区著名建筑匠帮的参与。营造活动进行中,各匠帮的木作营造技艺必定进行有机融合,而以蒯祥当时的官职及影响力,香山帮营造技艺的辐射力显然处于主导地位。另外一位香山帮领军人物姚承祖,对我国建筑业最大的贡献是其力作《法原》,为姚承祖总结从明清至民国逐渐发展完善的世代相传的苏州地区香山帮工匠传统技艺而成。该文献直至今日仍是我国江南地区古建筑保护、维修及利用过程中的重要工具书,被广大建筑师视为经典,广为应用。其二,明清时期,有对香山帮产生了重要影响,或对香山帮营造技术进行总结的重要建筑技术文献产生。如明清时期《鲁般营造正式》在我国南方民间广为流传,《园冶》及《长物志》亦有关于香山帮建筑理论,特别是园林建筑方面的提炼,《法原》则是对香山帮营造技术的总结。其三,梓义公所的成立加大了香山帮匠人的凝聚力,将原本松散的一群人组织成为一个结构明确的匠系体系。这样既发展壮大了香山帮队伍,更便于匠人之间的联系与沟通,使香山帮木作营造技艺更加成熟。其四,从建筑角度来看,木作营造技艺愈发娴熟、精巧、大气。南宋绍兴十一年(1141)始建、明成化十年(1474)年重建的文庙大成殿,屋顶形式为我国古典建筑屋顶等级最高的重檐庑殿顶。平面形制为面阔七间、进深六间,包括四周深一间的副阶周匝的"金箱斗底槽"。殿身贴式为上檐十架椽屋、前后劄牵乳栿、用四柱(前柱未落地、似缠柱造)、下檐一架椽,《法式》中未见此类大木构架样式。从其屋顶形式及贴式椽数,均可看出其等级规格之高。但与其高规格不相符的是,内檐采用了斗栱式斜撑及斜撑式上昂(见图 3-33)。斜撑是一种原始而古老的结构形式,在出跳承檐功能上,斜撑与斗栱可谓关系密切,原始的斜撑有可能引发了斗栱的演化,尤其是穿斗盛行的南方建筑。斜撑在苏州甚至苏南地区运用并非十分广泛,在厅堂(楼厅)或平房(楼房)建筑中偶有出现,在殿庭类建筑中很少见。另外,斗栱中仍大量存在上昂和挑斡,显示出文庙大成殿具有的宋代遗风。汉晋至元或明清以来,苏州片区殿庭类建筑木构架中均少见驼峰,基本上是斗栱直接架在梁架之间,即叠斗抬梁式。但驼峰在《法式》厅堂式构架中很普遍,似显示出北方建筑这一构件特征影响的弱化,也可证明苏州片区殿庭建筑的地域化特征。替木是宋式木构件名称,根据结构的需要,可位于梁头、令栱、重栱之上。甪直保圣寺天王殿尚存柱头圜斗与补间讹角斗,也可显示其所具有的宋元遗风。我国古典建筑中的斗栱,随着时代的更迭及地域的不同,发展变化最为多样。明清以前,苏州香山帮殿庭斗栱中的昂头多为批竹昂或琴面昂。到了清代,殿庭外檐斗栱常用靴脚昂,与琴面昂类似,接近于清代北方的样式。但也不排除多用于厅堂类建筑中的凤头昂在殿庭中的运用,或为两者特点相组合,如西园寺大雄宝殿。更有甚者,民国期间姚承祖主持设计建造的灵岩寺大雄宝殿还出现了枫栱[37],愈发体现出了香山帮殿庭厅堂化的发展趋势和浓郁的地域特色(见图 3-34)。

图 3-33　文庙大成殿内檐斜撑　　　　图 3-34　灵岩寺大雄宝殿的凤头昂和枫栱

（图片来源：牛玉昭拍摄）

3.3.4　拓展期

20 世纪 80 年代始,我国进入改革开放时期,传统建筑文化、传统建筑的保护与利用等受到广泛的重视,香山帮木作营造技艺进入拓展期。首先,1986 年《法原》再版,张至刚在再版弁言中将其定位为"唯一记述江南地区代表性传统建筑做法的专著",《法原》在我国建筑史学中占有极其重要的地位。该文献的再版,对于香山帮木作营造技艺的广为流传起到了推波助澜的作用。另外,近年来对于《法原》的研究层出不穷,也展示了人们对香山帮建筑营造理论总结的重视。[38]其次,香山工坊的成立对香山帮木作营造技艺传承具有重大意义。香山工坊是在探索传统技艺的保护和发展,以及如何走文化与产业相结合的运作模式这一基础上应运而生的。[39]特别是承香堂的营建,有 19 名香山帮技艺传承人、近百名工匠参与,全面展示了香山帮营造技艺实录。承香堂以留园中的林泉耆硕之馆、拙政园中的远香堂等为主要参照物,同时,结合其他园林中的厅堂类建筑设计特点,将香山帮各大工种技艺进行糅合,完美再现了香山帮建筑的特点(见图 3-35)。再次,香山帮"木作"有了很大发展,"木作"的"大木"、"小木"、"木雕"和"硬木家具"工种有了细分。[40]最后,木作营造技艺变化最大的莫过于工具

的改变。香山帮工匠在传统殿庭的营建过程中,主要运用到的木工工具有锯子、木凿、斧头、刨子、墨斗、尺子等。而现在的香山帮工匠在建筑营造过程中,基本上是依靠机械加工,但雕花仍需要手工加工。20 世纪 80 年代后,香山帮的足迹遍布全国乃至世界。在保持香山帮木作营造技艺特征的同时,其建筑材料、营造仪式方面也发生了很大的变化。

图 3-35 香山工坊承香堂

本章以苏州片区殿庭类建筑为研究对象,对其设计体系(平面形制、构架样式、构件细部、模数关系等)、营造习俗、材料工具及装饰艺术等诸多方面进行考证,发现香山帮木作营造技艺受苏州的自然环境和社会环境的影响非常明显,苏州片区殿庭建筑具有极强的地域性特点。主要表现为:①殿庭样式厅堂化。并非所有的苏州片区殿庭的大木构架采用《法式》中的殿阁构架样式,而是选择了厅堂式的彻上明造;②构件细部柔美化。如殿庭中的梁以平直的月梁为主,梁端向下稍作卷杀,也有短川整体呈弓形,给端庄的殿庭带来几分活泼气氛;③斗栱做法滞后化。殿庭斗栱中坐斗除方形斗外,还有圜斗和讹角斗。宋元时期在外檐斗栱的里转部分,普遍采用上昂、挑斡与靴楔的做法,明代以后仍有延续。通过对香山帮殿庭建筑的研究,可将苏州香山帮木作营造技艺的发展分为四个时期:萌芽期、发展期、成熟期及拓展期。第一个时期为萌芽期,此时的木构建筑如今早已没了踪影,我们只能根据尚存的石造遗构,以及文人墨客笔下赞美当时宫殿建筑的诗文,从中推测萌芽期苏州香山帮的木作营造技艺。第二个时期为发展期,苏州香山帮木作营造技艺与中原一带基本吻合,且因南宋时期江南社会的发展和稳定,苏州香山帮木作营造技艺得以快速发展。第三个时期为成熟期,苏州香山帮木作营造技艺愈发娴熟、精巧、大气,更体现出了香山帮殿庭厅堂化

的发展势头。第四个时期为拓展期,从《法原》的再版、香山工坊的成立、"木作"的发展、建筑材料的变化,以及现代化营造工具的使用等,表现出香山帮木作营造技艺随着时代的发展而进入新的历史时期。

注 释

[1] 周武.太平军战事与江南社会变迁[C]//熊月之,熊秉真.明清以来江南社会与文化论集.上海:上海社会科学院出版社,2004:14-29.

[2] 周振鹤.中国历史文化区域研究[M].上海:复旦大学出版社,1997:27.

[3] 周振鹤,游汝杰.方言与中国文化[M].上海:上海人民出版社,1986:16.

[4] 苏州市地方志编纂委员会.苏州市志[M].南京:江苏人民出版社,1995:1123-1125.

[5] 山门作为寺院建筑群落的入口,地位重要,多与佛殿一起位于寺院中轴线上,建筑规格较高,采用殿庭做法。《法原》"殿庭总论"一章,即将虎丘二山门作为殿庭实例。而天王殿、大雄宝殿等佛殿有着类似的功能需求,即放置佛像与礼佛,这使得平面形制也较为接近,所以将它们均归纳为"佛殿"进行分析。

[6] 由于西方文化陆续引入,使得江南地区中国传统建筑营造技艺与西方各种建筑样式发生碰撞与交融,产生两种不同类型的传统建筑——中式传统建筑和西式传统建筑。其中,中式传统建筑主要为木构架承重,且具有中国传统建筑样式特征的建筑。以下各章节所讨论的均为中式传统建筑。

[7] 姚承祖.营造法原[M].第二版.北京:中国建筑工业出版社,1986:14.

[8] 香山帮在长期的发展过程中,其木作营造技艺对江南地区乃至北方均产生了极大影响。为进一步探索香山帮木作营造技艺的源流及变迁机制,首先对其原生木作营造技艺进行研究就显得非常必要。原生木作营造技艺主要指在香山帮发源地的传统木构建筑所体现的木构架设计体系(平面形制、构架样式、构件细部、模数关系等)、营造习俗、材料工具及装饰艺术等。

[9] 已登记公布的苏州古建筑可分为文物保护单位(国家、省级及市级文物保护单位)和苏州市控制保护单位。控制保护单位是尚未公布为文物保护单位的建筑物、构筑物,介于文物与非文物之间。参考苏州文物信息网 http://www.wwj.suzhou.gov.cn/ShowNews.aspx? PostID=115&Catalog=c。

[10] 关于苏州明清民居,国内比较有代表性的研究有:苏州市房产管理局编著的《苏州古民居》(同济大学出版社,2004)、陈从周著的《苏州旧住宅》(上海三联书店,2003)等,主要以介绍民居概况为主,展示了大量苏州民居实例资料;钱达、雍振华著的《苏州民居营建技术》(中国建筑工业出版社,2014)中,总结了苏州民居建筑的营建、空间构成及各种工艺技术。国外则更偏重于对苏州园林的研究,如 Ron Henderson "The Gardens of Suzhou"(*Pennsylvania Studies in Landscape Architecture*,2013 年第 18 卷,第 175-180 页)。目前已有

学者在传统研究方法的基础上，运用 Rhino、Solidworks、ArchiCAD 和 Revit 等软件，进行基于《清式营造则例》《法式》《法原》中的古建筑构件的设计研究工作，如刘肖健等的《〈营造法原〉的数字化研究》（《计算机科学》，2007 年第 34 卷 12 期，第 113-116 页）及刘小虎等的《〈营造法原〉参数化——基于算法语言的参数化自生成建筑模型》（《新建筑》，2012 年第 144 卷 1 期，第 18-22 页），但目前尚很少有通过 BIM 技术的运用建立三维模型，或关于姑苏明清民居厅堂大木构架设计体系研究的报道。

[11] 沈庆年.古宅品韵：苏州传统民居文化纵览[M].苏州：苏州大学出版社,2013：22.

[12] 参考李剑平.中国古建筑名词图解词典[M].太原：山西科学技术出版社,2011：112。"抱厦"为在结构上与主体相连接，使平面呈"凸"字形的附属建筑，该空间位于主体建筑正面或背面的中轴线上，常见有山墙向外与主体建筑平行两种模式。"耳房"位于主体建筑两侧，结构上与主体建筑连为一体，规模等级低于厢房，一般用于储放杂物。

[13] 明朝制定的住宅等级制度规定：一品、二品官员的厅堂为五间九架，三品至五品官员为五间七架，六品至九品官员为三间七架。而庶民百姓屋舍不超过三间五架，且禁用斗拱和装饰色彩。参考沈庆年.古宅品韵——苏州传统民居文化纵览[M].苏州：苏州大学出版社,2013：25.等级制度来源于儒家礼制思想，对厅堂的规模具有明显的约束作用。等级制度对封建社会时期的中国具有根本性的影响，它将人分为不同的社会阶层，并对每个阶层规定了相应的行为准则。明清时期，根据屋主的社会阶层不同，厅堂的规模、装饰、色彩也不同。屋主社会地位越高，厅堂的规模就越大，拥有更多的开间数和更大的进深尺寸。明中期以后，又在进深的架数上略有放宽，允许适当增大厅堂进深规模。相关规定收录于《大明令》《明史·舆服志》。傅熹年.中国古代建筑工程管理和建筑等级制度研究[M].北京：中国建筑工业出版社,2012：141-143.

[14] 姚承祖.营造法原[M].第二版.北京：中国建筑工业出版社,1986：32.

[15] 史建华,盛成懋,周云等.苏州古城的保护与更新[M].南京：东南大学出版社,2003：4.

[16] 王卫平,王建华.苏州史纪（古代）[M].苏州：苏州大学出版社,1999：227.

[17] 魏嘉瓒.苏州古典园林史[M].上海：上海三联书店,2005：412.

[18] 张薇.《园冶》文化论[M].北京：人民出版社,2006：111.

[19] 魏嘉瓒.苏州古典园林史[M].上海：上海三联书店,2005：3、9.

[20] 本章节以苏州明清园林中具有代表性的 30 例歇山顶亭为研究对象。研究对象的选取原则主要为以下两点：其一为保存状况较好，有较高的建筑艺术与技术价值；其二为亭架露明，或从相关文献中能得到确切的大木构架信息的歇山顶亭。

[21] 正如赵向东、王其亨在其论文中所分析的那样：中国传统建筑中有着多种建筑类型的分类与名称。这种命名与分类有着相当大的宽泛与模糊性（"世间万事纷如此，求其定论将谁从"——中国传统建筑归类的通约性探析[J].建筑学报,2012(S2)：44-48）。特别地，苏州明清时期园林中的建筑多由大量文人雅士参与设计，他们对于建筑物的命名并无严格标准界定，经常随心所欲，有些虽然命名为榭、轩等，但从建筑类型上划分更接近于亭。

因此,本研究中将部分小型榭、轩等建筑一并列入研究对象,如退思园的水乡榭、拙政园的"与谁同坐轩"等。

[22] 对于歇山顶亭,不论其平面为矩形、方形、扇形或组合形,此处的贴式均指与进深方向平行的所见亭脊之构架。

[23] 参见钱达与雍振华合著的《苏州民居营建技术》(中国建筑工业出版社,2014,第48页)中关于枝梁与搭角梁的定义。《法原》中关于枝梁与搭角梁的记载为"单檐方亭歇山式者,则于稍间架斜搭角梁于前旁两桁,梁之中架童柱,上架枝梁,然后立脊童,以架桁数椽"(姚承祖.营造法原[M].第二版.北京:中国建筑工业出版社,1986:82)。由此,可归结为"搭角梁→童柱→枝梁"体系。据此,祝纪楠将枝梁解释为次梁(祝纪楠.《营造法原》诠释[M].北京:中国建筑工业出版社,2012:275)。但笔者调研后发现,苏州明清园林中歇山顶亭的亭顶构架不仅仅有上述形式,还有类似于北方的趴梁做法。因此,采用《苏州民居营建技术》中关于枝梁与搭角梁的定义。

[24] 扁作厅与圆堂是江南地区厅堂的主要类型。从构件角度来看,两者的主要区别在于:其一,扁作厅梁架用扁方料,圆堂用圆料;其二,扁作厅的上、下梁间通常用牌科相连接,而圆堂用短柱。短柱与下梁可直接放置或咬接,咬接方式可分为鹦鹉嘴或蛤蟆嘴,鹦鹉嘴有时也称为雷公嘴。

[25] 苏州民族建筑学会,苏州园林发展股份有限公司.苏州古典园林营造录[M].北京:中国建筑工业出版社,2003:97.

[26] 刘托,马全宝,冯晓东.苏州香山帮建筑营造技艺[M].合肥:安徽科学技术出版社,2013:24.

[27] 崔晋余.苏州香山帮建筑[M].北京:中国建筑工业出版社,2004:2.

[28] 苏南地区古称吴地,现今的苏南地区在行政区划上主要包括苏、锡、常、镇、宁5个大市21个县(市),面积3 295万平方公里,占全国总面积的0.34%,人口2 165.82万人,占全国总人口的1.67%。参考王卫平.吴文化与江南社会研究[M].北京:群言出版社,2005:4。自商末泰伯奔吴始,吴地便有相关营造活动发生并有所记载,暂且将这些零散的工匠统称为吴匠。吴地自古出名匠,由于我国历来坚持"匠不入史"的原则,因此吴地虽然人口众多,但在全国范围内的经济、文化也始终处于重要地位。吴匠在此地创造出了许多不朽的建筑,但在我国史册中鲜有记载。自明清始,吴匠陆续参与南京及北京的都城建设,且处于较重要的地位,因此才开始载入史册。除表3-8"历史中的苏州香山帮典型营造事件一览表"中提到的蒯祥、姚承祖等外,吴地著名匠人还有(明)无锡人陆贤和陆祥兄弟、(明)武进蔡信、(明)洞庭东山人张宁、(清)仪征人李斗等。

[29] 安志敏."干兰"式建筑考古[J].考古学报,1963(2):77.

[30] 周振鹤,游汝杰.方言与中国文化[M].上海:上海人民出版社,1986:211.

[31] 楼阁式塔是仿我国传统的多层木构架建筑,材料的使用由全部用木材,逐渐过渡到砖木混合,再到全部用砖石,完全用木的楼阁式塔在宋代后已经绝迹。目前有已知文献记载,

我国最早的木塔是徐州浮屠寺塔(《后汉书》所载,东汉献帝初平四年),现存最早实例则为山西应县佛宫寺释迦塔(辽清宁二年)。参考潘谷西.中国建筑史[M].第七版.北京:中国建筑工业出版社,2015:176-177。瑞光塔的塔身虽为砖砌,但追求木构的形式,二层以上用木制的平座和腰檐,尤其还直接采用了木制的阑额、华栱等。

[32] 保圣寺创建于梁天监二年(503),20世纪初仍保存有宋真宗时重建的大雄宝殿,后塌毁。1930年由范文照设计重建为罗马式殿庭古物馆,且建在原殿遗址上。参考张十庆.甪直保圣寺大殿复原探讨[J].文物,2005(11):75-87。范文照(1893—1979)是20世纪二三十年代海外学成回国并卓有成效的建筑大师,他的早期作品"全然复古",并喜欢以折中主义的思路在西式建筑中融入中国传统建筑局部,在重建的罗马式殿庭古物馆设计中采用了同样的设计手法。

[33] 判断中国古典木构建筑等级,可以通过屋顶样式、平面尺寸、面阔及进深数量、廊子形式、构架样式及椽数(檩数)、斗栱及其样式、木材种类、装饰及色彩等多种元素。其中,构架样式及椽数(檩数)可为一个主要的评判准则。玄妙观三清殿的贴式样式为身内十二架椽屋,用五柱,副阶两架椽,超出《法式》中记载的不论殿阁式或是厅堂式的最高十架椽屋。由此可以看出三清殿的规格之高。尽管如此,却仍然不采用《法式》中的殿阁构架样式,而依然采用厅堂式的彻上明造,更加强有力地说明了苏州殿庭类建筑的厅堂化特点。

[34] 三清殿斗栱具有以下三个重要特点:一为下檐柱头铺作之昂的形状,其下端异常平缓,向上微微反曲,此为国内鲜见之例;二为内槽中央四缝上所用的六铺作重抄上昂斗栱,为国内唯一可珍之孤例;三为内槽内转角铺作在后金柱上者,皆用插栱插于柱内,为国内现存最古之实例。参考刘敦桢.苏州古建筑调查记[J].中国营造学社汇刊,1936(3):17-68。

[35] 冯继仁.中国古代木构建筑的考古学断代[J].文物,1995,6(10):43-68.

[36] 多时代遗迹共存是中国现存文物建筑的共同遗存特点。因为建筑在长期使用过程中,会被后世不断修缮,带上不同时期的印记。徐怡涛.文物建筑形制年代学研究原理与单体建筑断代方法(第二辑)[C]//王贵祥.中国建筑史论会刊.北京:清华大学出版社,489.

[37] 为进一步增强牌科的装饰性,丁字栱和十字科出参的栱端有时还要加装枫栱。枫栱是一块厚六分的木板,阔五寸左右,长近二尺,其中部收小做成古时官帽的帽翅状,斜装于栱端的升口内,两侧板面进行雕刻,简洁的仅为卷草之类,华丽的也有刻为戏文故事的。雍振华.苏式建筑营造技术[M].北京:中国林业出版社,2014:58.

[38] 对《法原》进行诠释、解读与补充的代表性研究成果,如祝纪楠.《营造法原》注释[M].北京:中国建筑工业出版社,2012;对其中部分内容进行专门论述的代表性研究成果,如蔡军.苏州香山帮建筑特征研究——基于《营造法原》中木作营造技艺的分析[J].同济大学学报(社会科学版),2016,27(6):72-78;利用计算机软件,从数字化角度对《法原》进行研究的代表性成果,如刘肖健,孙守迁,程时伟,等.《营造法原》的数字化研究[J].计算机科学,2007,34:113-116;等等。

[39] 许建华,许昕明.香山工坊古建园林文创产业集聚区发展战略研究[M].苏州：苏州大学出版社,2017：134.

[40] 冯晓东.承香录 香山帮营造技艺实录[M].北京：中国建筑工业出版社，2012：29.

第 4 章

上海片区与香山帮的关联及其木作营造技艺

　　上海自近代以来一直以现代化国际大都市形象示人。上海拥有众多引以为豪的优秀近代建筑、凝聚着当今世界顶级建筑师智慧的现代建筑,也同样拥有蕴含江南地区传统营造技艺的古代建筑。上海的崧泽文化(距今约 5 000 年)、马桥文化(距今约 3 500 年)及广富林文化(距今约 4 000 年),展示出上海既具有几千年的历史与文化底蕴,又有着海纳百川的地域特色(见图 4-1)。上海片区在历史上长期以来从属于吴越,受吴越文化影响深厚。上海自唐朝设县以来,经济发展迅速,且与苏州相邻,自古以来频繁与苏州进行着经济、文化、思想和民俗等方面的交流。特别是明清时期,上海属松江府管辖范围,而松江府与苏州府接壤,经济、文化、政治上一直往来密切,《松江县志》中有较为详细的关于香山帮工匠在松江进行营造活动情况的记载。[1] 上海开埠之后,逐渐成为国际化大都市。古代上海是江南的上海,近代江南是上海的腹地。近代以前人们形容上海繁荣便称之为"小苏州",近代以后人们形容苏州繁荣则称之为"小上海"。[2] 上海地位的急剧变化及经济的蓬勃发展和繁荣,越来越吸引香山帮工匠到上海务工,寻求比苏州更好的发展机会。特别地,香山帮在上海与苏州营造业上的往来十分密切。

崧泽文化遗址

马桥文化遗址

广富林文化遗址

图 4-1　上海片区三大文化遗址

4.1 地域特征

上海片区地处中国南北海岸线的中部、长江流域的最东端、江南地区的东部。距今约 6 000 年前,上海片区绝大部分被海水覆盖,仅西部为陆地。在地壳运动、海平面升降、长江冲积平原等复杂因素的影响下,上海片区岸线渐趋稳定,并逐步自西向东推进。历经数千年的海陆演变,至明清时期才大致形成了今天的海陆布局。陆地范围的扩展、温暖潮湿的气候,使上海成为宜居城市,吸引移民来此定居。

上海片区社会经济随着时代发展逐渐繁荣。上海片区在春秋时期属吴,战国先后属越、楚,秦汉以后分属海盐、由拳、娄县各县。魏晋时期北方战乱频繁,中原居民为躲避战乱纷纷南迁,来到江南地区定居,由此,上海居民数量也明显增多。唐代建华亭县,首次形成相对独立的行政区划,人口约 9 万人。[3] 历经朝代更迭而逐渐推进的城市建设,加上中原居民数次南迁带来的技术与艺术,使上海片区的社会经济逐渐繁荣起来。在宋代,上海已是著名港口,航运业和棉纺业带来的经济优势吸引了更多居民来此定居。明清时期,上海片区封建社会经济的发展达到巅峰。商贾云集,店铺林立,成为江南一带的贸易中心,人称"小苏州"。[4] 明洪武二十四年(1391),上海人口数量已超过 50 万人。人口的扩张促进民居的大量营建,以满足人们生存的需求,而经济的繁荣又大大提升了民居的质量。作为一种深深植根于社会现实的建筑类型,上海片区传统民居也在明清时期迎来了发展巅峰,质和量都得到了提升。

文化与社会经济的发展一脉相承。伴随着中原人口的南迁,古吴越文化逐步吸取中原文化带来的影响,形成独特的江南文化,并于明清时期达到鼎盛。据统计,明清时期的文人中有籍贯可考者,明代文人数 1 340 人,南北人数比为 87∶13;清代文人数 1 740 人,南北人数比为 85∶15。[5] 上海片区传统文化作为江南文化的分支,也自南宋开始逐渐走向繁荣,至明清达到鼎盛,名士学者辈出。文人风气引领了社会主流文化,并对民居(特别是民居中的厅堂)建筑外观、室内外空间和木作营造技艺提出了更高的要求,并使其进一步发展。相似的自然地理条件和社会经济文化的一体化发展,让上海片区明清民居带有浓厚的江南烙印。而民风民俗的细微差别又赋予上海片区明清民居独特的地域特色,如海派文化等。相比苏州片区追求奢华的风气,上海片区民风更加务实。相较程式化的徽州传统民居中的厅堂,上海片区传统民居(园林)中的厅堂则更注重经济实用、灵活自由,其中所展示的木作营造技艺亦是如此。

4.2　上海片区与香山帮的关联

　　明清时期,许多匠帮曾在上海片区进行营建活动,如香山帮、徽州帮、宁绍帮、东阳帮及本帮等。其中,作为江南地区重要匠帮之一的香山帮对上海传统建筑木作营造技艺影响较大。明清时期的上海经济繁荣,营建需求猛增,但其发达程度仍难赶超苏州。于是,在社会观念上难免认同、模仿苏州建筑,这为香山帮匠人来上海开展营造活动提供了良好契机。另外,地域上的接壤、经济文化交流的频繁、方言的相通,也为香山帮匠人在上海进行营建活动扫清了障碍。因此,香山帮在上海留下了非常多的优秀建筑,由此也可判断出香山帮在上海片区的大致活动地域范围。香山帮的能工巧匠在营造建筑时,灵活地吸收不同地域木作营造技艺长处,为上海片区木作营造技艺的发展做出了很大的贡献。上海片区保存较好的中式传统建筑大多建造于明清以后,集中分布于上海市区、松江区、青浦区、嘉定区等区域。

4.2.1　香山帮与上海片区的渊源

　　香山帮工匠在上海片区进行建筑活动大约始于明清时期,并且一直延续至今。上海片区的经济发展、城镇建设,以及自古以来与苏州片区的地域渊源、文化交流等,都促使了香山帮工匠到上海片区进行营造、文化交流活动。自唐天宝十年(751)首次在上海片区设置县镇至今,香山帮在上海片区的活动大致可以1843 年上海开埠为时间转折节点,并分为两个历史时期:①唐天宝十年建县之始至上海开埠(751—1843);②上海开埠至今。上海在唐天宝年间设置的青龙镇(今青浦区)地理位置十分显要,是当时东南沿海重郡苏州的外港,商货往来苏州都要经过青龙镇,从而大大带动了上海片区的经贸发展。到了明清时期,上海片区已经成为商贸重地、东南名邑,且因经济繁荣,吸引了许多江浙地区的乡绅豪杰进入上海片区。清道光二十三年(1843)上海开埠后,上海片区成为内陆与外国交流最主要的通商口岸之一。外国殖民者相继涌入上海片区,在此开设工厂、建造住宅等,使得上海片区经济迅速发展、人口激增。对公共及居住建筑的需求量大增,大大刺激了营造业。建筑市场需求增大,而本帮的建筑工匠不能完全满足如此巨大的建造需求,使得江浙一带的建筑工匠大量涌入上海片区开展营造活动,香山帮工匠也在此时大规模参与到上海片区的建设行列,成为建筑营造活动中的一大主流。[6]

香山帮作为江南地区最主要的建筑帮派之一,它的活动范围不再局限于苏州片区,而是扩展到了环太湖流域的江南八府一州[7],八府一州与本书所讨论的江南核心地区的范围基本吻合。上海片区又处于江南八府一州的核心地区,因此,必然受到香山帮营造技艺的重要影响。此外,上海片区与苏州片区的地域范围自古以来都有交叠,如上海市西面郊县松江,在宋元时期为平江府(今苏州市)辖区,明清时升级为松江府,与苏州府平级;上海市北面郊县嘉定、青浦则在明清时期仍属于苏州府管辖。总的来说,清代苏州府辖区大致相当于今苏州全境及上海苏州河以北地区,由此可见,上海片区与苏州片区范围不同程度地交织。由于两片区地理位置较为接近,使得上海片区与苏州片区的经济文化交流频繁,而苏州片区在传统建筑文化及技艺上的卓越成就,也势必使上海片区深受影响。

4.2.2 香山帮在上海片区的发展分期

自香山帮正式确立为帮派组织形式以来,香山帮工匠在江南一带的营造活动增多,后由于上海开埠和经贸发展,吸引了江浙一带大量建筑工匠来到上海做工,新中国成立以后,传统建筑市场的发展,对香山帮建筑技艺的需求进一步加强。由此,可将香山帮工匠在上海片区的营造活动分为三个历史时期:①萌芽时期(上海开埠以前);②发展时期(上海开埠至新中国成立前);③成熟时期(新中国成立后至今)(见图4-2)。

4.2.2.1 萌芽时期

这一历史时期为香山帮工匠在上海片区进行营造活动的起始阶段,活动较为零散。由于受到传统社会"匠不入史"观念的影响,史料中对于此时期香山帮工匠在上海片区的活动和作品记载几乎近于空白。

香山帮在明朝中晚期确立为工匠帮派形式,活动达到高峰。明朝由于工匠管理体制的改变,实行"一条鞭法",使建筑工匠较以前更为自由。[8]且蒯祥在这个时期参建紫禁城有功,升职为工部左侍郎,也使得更多的人愿意投身于建筑营造领域,香山地区的建筑工匠数量开始增多,并逐渐在江南其他地区进行建筑活动。此外,明清时期上海经济发展,吸引江浙一带许多文人墨客来到上海,由于《园冶》《长物志》等在江南一带的广泛传播,这些文人墨客、地方乡绅对于古典园林的需求开始增多,如豫园、露香园、日涉园及后乐园等就兴建于这一时期。"年来风俗之薄,大率起于苏州,波及松江。"[9]可以看出这一时期,苏州成为江南文

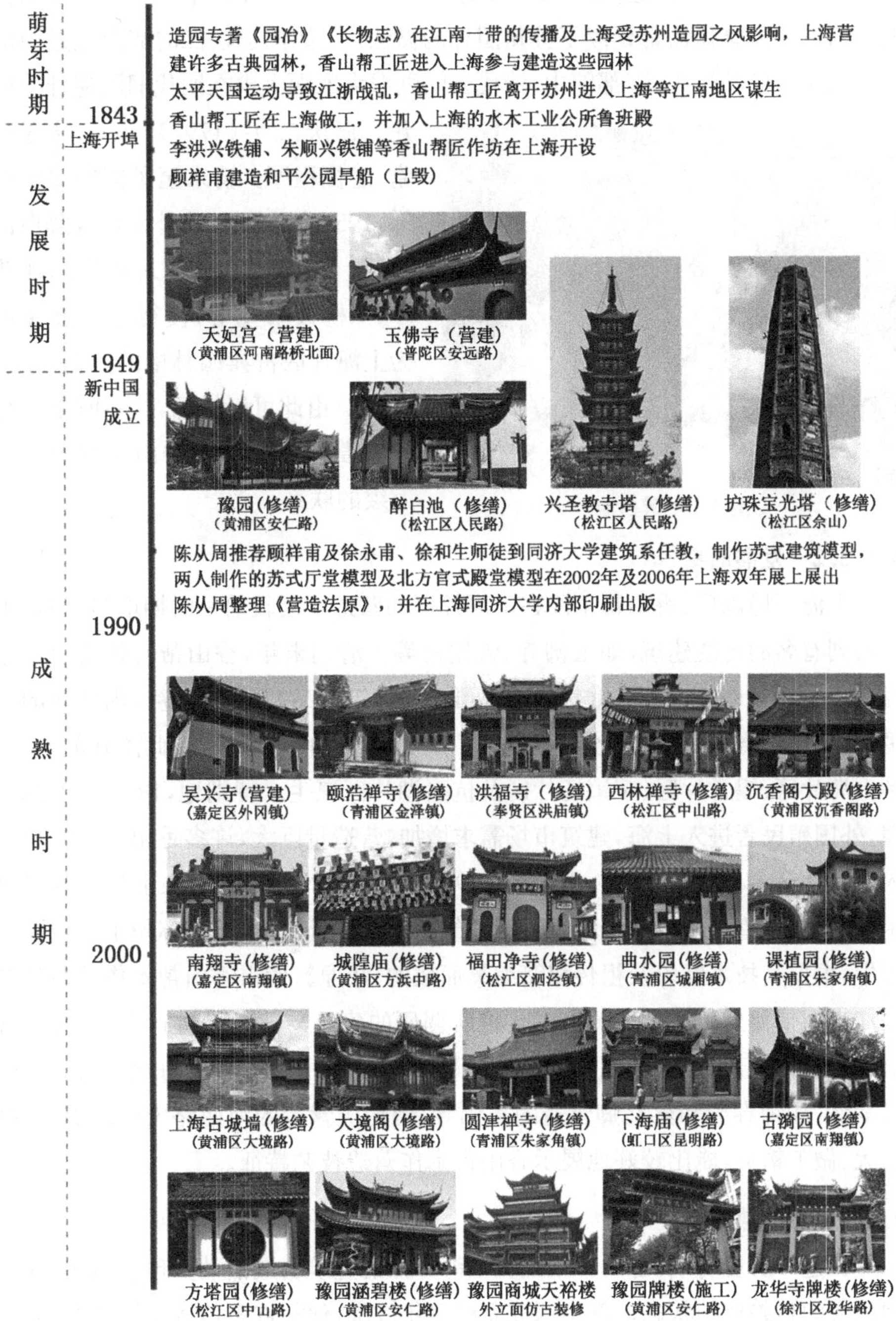

萌芽时期

1843
上海开埠

发展时期

1949
新中国成立

1990

成熟时期

2000

造园专著《园冶》《长物志》在江南一带的传播及上海受苏州造园之风影响，上海营建许多古典园林，香山帮工匠进入上海参与建造这些园林

太平天国运动导致江浙战乱，香山帮工匠离开苏州进入上海等江南地区谋生

香山帮工匠在上海做工，并加入上海的水木工业公所鲁班殿

李洪兴铁铺、朱顺兴铁铺等香山帮匠作坊在上海开设

顾祥甫建造和平公园旱船（已毁）

天妃宫（营建）
（黄浦区河南路桥北面）

玉佛寺（营建）
（普陀区安远路）

豫园（修缮）
（黄浦区安仁路）

醉白池（修缮）
（松江区人民路）

兴圣教寺塔（修缮）
（松江区人民路）

护珠宝光塔（修缮）
（松江区佘山）

陈从周推荐顾祥甫及徐永甫、徐和生师徒到同济大学建筑系任教，制作苏式建筑模型，两人制作的苏式厅堂模型及北方官式殿堂模型在2002年及2006年上海双年展上展出

陈从周整理《营造法原》，并在上海同济大学内部印刷出版

吴兴寺（营建）
（嘉定区外冈镇）

颐浩禅寺（修缮）
（青浦区金泽镇）

洪福寺（修缮）
（奉贤区洪庙镇）

西林禅寺（修缮）
（松江区中山路）

沉香阁大殿（修缮）
（黄浦区沉香阁路）

南翔寺（修缮）
（嘉定区南翔镇）

城隍庙（修缮）
（黄浦区方浜中路）

福田净寺（修缮）
（松江区泗泾镇）

曲水园（修缮）
（青浦区城厢镇）

课植园（修缮）
（青浦区朱家角镇）

上海古城墙（修缮）
（黄浦区大境路）

大境阁（修缮）
（黄浦区大境路）

圆津禅寺（修缮）
（青浦区朱家角镇）

下海庙（修缮）
（虹口区昆明路）

古漪园（修缮）
（嘉定区南翔镇）

方塔园（修缮）
（松江区中山路）

豫园涵碧楼（修缮）
（黄浦区安仁路）

豫园商城天裕楼
外立面仿古装修

豫园牌楼（施工）
（黄浦区安仁路）

龙华寺牌楼（修缮）
（徐汇区龙华路）

图 4-2　香山帮在上海片区的主要营造活动大事记

人园林圈的核心,上海造园之风主要受苏州造园影响。且近年来研究发现明代松江府许多园林做法都延续了苏州园林的做法。[10]如位于松江的醉白池是由清顺治九年(1652)进士、工部郎中、清代云间画派大家顾大申在明代旧园遗址上所建。嘉庆二年(1797),该园设育婴堂、建征租厅。清末至民国经多次修缮,1959年向西扩建外园形成醉白池公园。特别是后来迁入清代的雕花厅、深柳读书堂等,使得该园逐步成为上海片区古典园林中的典范(见图4-3)。由此可以推测,这一时期上海片区营造的园林与香山帮有着千丝万缕的联系。

图4-3 醉白池

4.2.2.2 发展时期

上海开埠以后,香山帮工匠在上海片区的营造活动较前一时期增多,建造了一系列有名的传统建筑,如玉佛寺、天妃宫等。清朝末年,香山帮的建筑活动已经遍布了江南地区,松江、常州等地都可见其建筑作品。而后席卷江浙地区的太平天国运动,导致营造行业受到很大打击,许多香山帮工匠也因此离开苏州,来到上海片区、锡常片区、宁镇扬片区及杭嘉湖片区谋生。特别地,1843年上海开埠,外国殖民者进入上海,建筑市场需求增加,营造量巨大,许多香山帮工匠也进入上海片区参与建筑营造。由于人数众多,营造业的外来人员在上海成立了水木工业公所(鲁班殿),有组织地进行建筑活动。此外,姚承祖在苏州工专授课过程中,根据其技术经验及祖传秘籍编纂而成的《法原》,使得香山帮木作营造技艺在江南一带得到更为广泛的推广。将所调研的建筑与《法原》进行对比,可发现上海片区传统建筑受《法原》的影响之深。这一时期香山帮在上海建造的典型建筑案例,如钟春芳和蔡礼卿营造的玉佛寺、贾钧庆营造的河南路天妃宫等,形制宏大、做工精良,能比较好地展示香山帮木作营造技艺特征。

4.2.2.3 成熟时期

在这一历史时期,香山帮工匠在上海片区的建筑营造活动呈现出组织性强、规模大的日趋成熟状态。新中国成立前多年战乱,使得许多传统建筑破败不堪。新中国成立后,由于政府对于传统建筑的重视,修缮、重建等项目增多。苏州在这个时期成立了园林修建队,四处承接建筑营造项目,不仅在苏州,在上海、常州、南京等地也有他们的作品。20 世纪 90 年代,香山帮发展形成新的组织形式,许多古建筑公司在苏州相继成立,更有组织性地且用现代化管理方式承接古建筑项目,香山帮工匠进入上海片区修建传统建筑达到高峰时期。此外,同济大学在此时期还聘请香山帮匠人贾林祥、顾祥甫等人留校,制作精美的苏式建筑模型;徐文达曾担任上海博物馆古建筑顾问,极大地促进了香山帮木作营造技艺在上海片区的传承与发展。如今,香山帮工匠仍活跃在上海片区传统建筑营造业中,近年来完成的项目,如松江方塔园修缮工程、城隍庙修缮工程、七宝老街改造工程、江南御府的外立面及小区环境设计等,均为香山帮工匠主持或参与营造的代表作。

4.2.3　营造活动及特点

香山帮作为一个工匠团体,有着以地缘、亲缘及师缘为特征的群体组织形式,这一特点使得香山匠人的活动多以群体为主。而香山匠人群体到上海进行建筑活动,主要通过以下几种组织方式。

4.2.3.1　行业工会

行业工会是同业团体的统一组织形式。在传统建筑营造中,木作(木工)和水作(泥水匠)最为重要,所以水木业即指传统建筑营造业。上海水木行业工会则以上海鲁班殿最为典型。上海开埠以后,江浙一带的建筑工匠大量进入上海,他们也通过鲁班殿来经营行业活动、制定规章及议事筹划等。[11]统一的行业工会管理,使得建筑工匠们在上海片区的活动更具有组织性和规范性。虽然这些外来工匠也成立了自己的同乡同业团体,但仍以上海鲁班殿作为水木业行会的中心。清宣统三年(1911)的碑文《水木工业公所缘起碑》中记述了当时上海水木业中各匠帮的情况:上海为中国第一商埠,居民八十万,市场广袤三十里。屋宇栉比,高者耸云表,峥嵘璀璨,坚固奇巧。盖吾中国最完备之工业,最精美之成绩。业此者惟宁波、绍兴及吾沪之人,而川沙杨君锦春独名冠其曹。[12]

在这些外来建筑工匠中,以宁绍帮建筑工匠最多,香山帮工匠次之。由于在上海的外地建筑工匠人数众多,他们不满于上海本帮工匠独自执事上海建筑营造业的情况。于是,鲁班殿形成了各地建筑帮派轮流执事的规定。香山帮工匠作为江苏籍建筑工匠之首,亦多次执事上海水木营造业事宜。由于现代建筑营造技术的发展,宁绍帮开始使用现代建筑技术营造一些西式建筑。同时,宁绍帮人数较江苏籍工匠多,所以宁绍帮形成了许多同乡同业团体,如浙宁水木公所

(浙江籍水木工匠)及四明木业长兴会(宁波籍木工)等。[13]而香山帮工匠擅长营造中式传统建筑及古典园林,但人数相对较少,没有成立单独的同乡同业团体,在上海的活动仍以通过鲁班殿议事为主。

4.2.3.2　建筑营造厂及作坊

建筑营造厂主要盛行于民国时期,它是由于西方现代化建筑营造理念和方式,如招投标、包工、按图施工等开始在国内流行而产生的。香山帮工匠也随之开办建筑营造厂以承接项目。清光绪六年(1880),川沙籍泥水匠杨斯盛在上海创办了杨瑞泰营造厂,是第一家由中国人开设的营造厂。不同于传统的水木作坊,营造厂按照西方建筑公司的管理办法进行注册登记、承包工程等。除杨瑞泰营造厂之外,本帮工匠创办的营造厂还有顾兰记营造厂、周瑞记营造厂等。宁绍帮开设了魏清记营造厂、协盛营造厂等。上海的营造厂厂主大多为浙江、江苏和上海本帮匠人,约占总数的九成,而其他来自四川、广东等地的营造厂厂主只占总数的一成左右。[14]此外,江苏籍的营造厂厂主主要为川沙籍[15],其次是苏州籍,苏州籍的营造厂厂主多来自吴县地区,即香山帮工匠。

香山帮工匠不同于宁绍帮及本帮工匠,其创办的营造厂仍主要承接传统建筑营造项目,而当时建筑营造业对西式建筑需求量远大于中式建筑。所以,香山帮工匠的营造厂数量要少于宁绍、川沙籍工匠的营造厂。香山帮与上海营造厂之间工匠亦有人员的渗透与往来。比如,香山帮匠人郁镛森于1928年在上海小西门沈良善家做水作,后来回到苏州开设了郁卿记营造厂;苏州人徐福保开设的徐同兴福记营造厂,不仅招收香山帮工匠,也招收上海的木工到营造厂工作学艺;吴县人钱维之在上海创办申泰兴记营造厂,承接了大清银行等工程。由于松江、嘉定等地与苏州相邻,在松江城厢就有香山帮匠人开设的营造作坊。香山帮工匠作坊也开始在上海创立,如在今上海学院路附近开设的李洪兴铁铺(清咸丰七年,1857),为香山帮在上海开设匠作坊之始。此外,还有在今福佑路开设的萧德盛、朱顺兴及虹口的徐隆兴等匠作坊(清咸丰十年,1860)等。[16]

4.2.3.3　古建筑公司

随着现代建筑成为建筑市场的主流,传统建筑营造业也吸收了现代化的管理理念,开设古建筑公司。它是如今古建筑行业的主体,是在建筑营造厂的基础之上发展而来的更为现代化的组织方式。20世纪60年代,由于对传统建筑的重视及需求,苏州成立了园林修建队,吸收了许多香山匠人,承接传统建筑项目,如薛福鑫及陆耀祖等人都曾加入过园林修建队。这个园林修建队是苏州园林发展股份有限公司的前身,该公司的领导人即为"香山帮传统建筑营造技艺"国家级传承人陆耀祖。由于苏州园林发展股份有限公司历史悠久、技艺精湛,该公司的香山匠人称其"做的是比较纯粹的香山帮建筑"。该公司承接了许多上海的传统建筑项目,并在上海专门开设了办事处。其中,"香山帮传统建筑营造技艺"市级传承人张喜平也是上海有名的香山帮匠人,他承接的西林禅寺大雄宝殿项目及豫园商城天裕楼工程分别荣获过上海"白玉兰杯"优质工程奖及建筑工程鲁班奖。与苏州园林修建队同一时期,吴县成立了吴县古代建筑工艺公司,是苏州香山古建有限公司的前身。"香山帮传统建筑营造技艺"国家级传承人薛福鑫所在的苏州太湖古典园林建筑有限公司,便是苏州香山古建有限公司的分公司,这两个公司也都承接了上海的许多传统建筑修建项目。

　　如今香山帮工匠承接上海的项目,主要是通过招投标方式。但由于苏州香山帮建筑名气颇大,许多上海的甲方也会慕名去苏州直接委托项目。如"江南御府"是上海闵行房地(集团)有限公司负责新建的华夏名苑项目二期住宅部分,于 2010 年竣工。建筑面积约 15 000 平方米,位于上海兼具江南水乡风光与悠久人文内涵的千年七宝古镇东侧,与七宝老街建筑群紧邻。项目前期由北京华太设计院负责规划设计,后期则由苏州东吴园林古建筑工程公司负责住宅建筑外观和小区绿化景观的整体设计。走进江南御府,给人最大的感触即为其体现出来的浓郁的江南传统建筑地域特色,极其自然、柔和、不突兀(见图 4-4)。

图 4-4　江南御府

　　香山帮工匠在上海片区的活动有着深厚的历史渊源。首先,从经济角度来看,自上海建县以来,城市经济发展带动建筑市场需求增大,吸引了香山帮工匠到上海务工;其次,从地理位置分析,上海与苏州地缘接近,且上海如今的部分辖区在明清时期属苏州府管辖,使其建筑营造深深地受到苏州传统建筑文化的影响。经过百年来的发展,香山帮工匠在上海的活动经历了从组织零散的萌芽时期、活动增多的发展时期,再到有组织有规模的成熟时期。香山帮在上海的组织形式也从行业工会、营造厂,发展到成立古建筑公司。如今,上海片区的许多中式传统建筑都受到香山帮木作营造技艺的影响,香山帮与上海片区传统建筑营造业有着密不可分的渊源。

4.3 上海片区木作营造技艺

对于上海的建筑,世人印象最深的应是傲立于黄浦江畔的近代建筑群,抑或是矗立于城市中心区百花齐放的现代建筑。但同时上海也拥有一批精致的、特色鲜明的江南古典样式传统建筑,如最具代表性的明清民居及园林中的厅堂等。本节以上海片区明清民居及园林中的厅堂为主要研究对象,探讨上海片区的木作营造技艺。

4.3.1 民居中的厅堂

《法原》中的厅堂分为扁作厅、圆堂、贡式厅、船厅回顶、卷篷、鸳鸯厅、花篮厅及满轩,上海片区明清民居中的厅堂却不似《法原》中所记述的那样,种类繁多。扁作厅是上海片区明清民居厅堂的一种重要类型,此外,圆堂、船厅回顶也比较常见。上海片区明清民居中的扁作厅具有会客、居住、休憩等功能,可作为明清民居中的大厅、花厅和茶厅。根据其等级和功能特点,扁作厅在上海片区明清民居组群中往往占据重要位置。本章节选取 25 座扁作厅进行研究。[17]

4.3.1.1 扁作厅的位置

上海片区现存明清民居的平面布局分为三大类:单座式、庭院式和多进式。[18]扁作厅主要分布在庭院式和多进式的民居组群中。庭院式的平面布局分为三种类型:"前厅+庭院+后厅"、三合院及四合院,是上海片区明清民居中较为常见的布局形式。对于"前厅+庭院+后厅"的庭院式布局,通常前厅为扁作厅,后厅则为楼厅,两厅中间留有空地,四周环绕围墙;三合院庄重大气,扁作厅位置居中,两侧布置厢房,围墙正中大多砌筑仪门,应用广泛;四合院围合严密,外观端庄,前后两厅均可采用扁作厅,两侧布置厢房。多进式平面布局包括单列式和多列式两种类型:单列式的平面大多为对称布局,扁作厅位于中轴线上,一般在建筑群的中部或后部。多列式平面布局中,扁作厅布置则较灵活,可在中轴线上,亦可与中轴线无关,大多根据使用功能进行布局,大厅位于中轴线上,花厅位于中轴线外(见表4-1)。由此可见,扁作厅于上海片区现存明清民居中的平面布局形式丰富多样,较为灵活,多结合上海片区特定的自然环境、社会背景及宅主人的个人喜好,因地制宜,较《法原》有所发展与变化。

表 4-1　上海片区明清民居组群中扁作厅的位置

民居平面布局		厅堂位置简图	代表性厅堂	实例照片
庭院式	前后厅+庭院		葆素堂大厅 （松江区中山西路 150 号）	
	三合院		南春华堂 （徐汇区南丹路 17 号）	
	四合院		雕花厅前厅 （松江区人民路 64 号）	
			雕花厅后厅 （松江区人民路 64 号）	
多进式	单列		陶长青宅前厅 （浦东新区王桥路 999 号）	
			陶长青宅后厅 （浦东新区王桥路 999 号）	
	多列		书隐楼大厅 （黄浦区天灯弄 77 号）	
			书隐楼花厅 （黄浦区天灯弄 77 号）	

4.3.1.2 扁作厅的面阔

据《法原》记载："厅堂正间面阔,按次间面阔加二。宽五间者边间阔可同次间""假如正间一丈六尺,次间作八折计算,其面阔为一丈二尺八寸""其有落翼者,阔同廊轩之深。"[19]即厅堂的面阔分为三开间和五开间,三开间厅堂的正间面阔、边间面阔比值约为1∶0.8;五开间厅堂的次间、边间面阔可相同;歇山顶厅堂两侧屋檐的出挑尺寸等于廊轩进深。《法原》图版中,列举了三开间厅堂7座、五开间厅堂2座。三开间厅堂的正间、边间面阔比值绝大部分介于1∶0.69~1∶0.88之间,五开间厅堂的比值约为1∶0.87∶0.87。

上海片区明清民居中扁作厅的面阔可分为三开间、五开间和七开间。其中,五开间扁作厅最多,三开间次之。在三开间扁作厅中,正间面阔均大于边间面阔,两者比值介于1∶0.61~1∶0.79之间;五开间扁作厅中,正间面阔均大于次间面阔,而边间面阔变化较大,可以小于、等于或大于次间,甚至大于正间,这在我国传统建筑平面面阔各间尺度比例关系上是比较少见的。可见,上海片区明清民居中扁作厅在开间数和面阔尺寸的选取上非常多样灵活(见表4-2)。

4.3.1.3 扁作厅大木构架模式

《法原》中的扁作厅大木构架模式可分为两种类型:"轩＋内四界＋后双步"和"廊轩＋内轩＋内四界＋后双步"。上海明清民居中的扁作厅深6~9界,大木构架亦可分为两种模式:一是"廊/轩＋内四界＋廊/轩/双步",此模式包括3种构成元素,进深较小;二是"廊/轩＋内轩＋内四界＋廊/双步/三步",此模式包括4种构成元素,进深较大(见图4-5)。在这些构成元素中,廊和轩作用相近,但廊只是用于联系室内和室外的半室外空间,轩除与廊具有同样功能外,还可用于室内,即内轩。双步和三步用于建筑后部,又称后双步、后三步,两者构造相似、进深不同,后三步进深更大(见图4-6、图4-7)。

上海片区明清民居扁作厅大木构架模式与《法原》中所记载的基本一致,都包括3~4个构成元素。并且,主体空间(内四界)的构成完全相同,但建筑前部和后部的构成差异较大。《法原》中的记述内容较为严格,而上海片区扁作厅大木构架模式更加丰富多彩。在第一种构架模式中,《法原》中的扁作厅前部仅为轩,后部仅为双步。而上海片区扁作厅前部可为廊或轩,后部可为廊、轩或双步。对于第二种构架模式,《法原》中的扁作厅前部仅为"廊轩＋内轩",后部只能为双步,而上海片区扁作厅前部可为"廊＋内轩"或"廊轩＋内轩",后部可为廊、双步

表 4-2　上海片区明清民居中扁作厅平面构成分类表

开间数	分类	简图	比值	代表性厅堂	屋顶形式
三开间	正间＞边间	边间 2500 / 正间 3400 / 边间 2500（8400）；1400 4600 1450（8600）	1：0.74	杨家厅（浦东新区新场镇新场大街 131 号）	硬山式
五开间	正间＞次间、次间＞边间	边间 3200 / 次间 4100 / 正间 4800 / 次间 4100 / 边间 3200（19400）；1200 5500 1500（8200）	1：0.85：0.67	凝道堂（松江区中山中路 458 号）	硬山式
五开间	正间＞次间、次间＝边间	边间 2400 / 次间 2400 / 正间 4200 / 次间 2400 / 边间 2400（13800）；1800 5100 2000（8900）	1：0.57：0.57	南春华堂（徐汇区南丹路 17 号）	硬山式

（续表）

开间数	分类	简图	比值	代表性厅堂	屋顶形式
五开间	正间>次间、次间<边间		1：0.61：0.87	书隐楼花厅（黄浦区天灯弄77号）	硬山式
	正间>次间、正间<边间		1：0.67：1.09	雕花厅后厅（松江区人民路64号）	硬山式
七开间	正间>次间、次间<边间		1：0.57：0.77	陶长青宅前厅（浦东新区王桥路999号）	歇山式

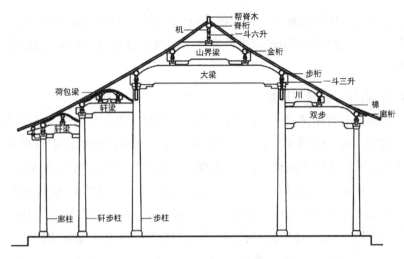

图 4-5　雕花厅后厅(扁作厅)大木构架贴式

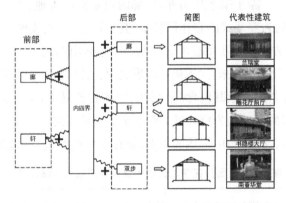

图 4-6　上海片区明清民居中扁作厅大木构架形成模式之一

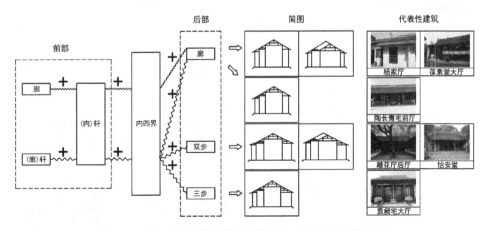

图 4-7　上海片区明清民居中扁作厅大木构架形成模式之二

或三步。《法原》中所述扁作厅构架模式，在上海片区明清民居的扁作厅中都有实例存在；而上海片区明清民居中的扁作厅还包含很多《法原》中未提及的大木构架样式。

4.3.1.4 扁作厅正贴与边贴

所调研的上海片区25座扁作厅的边贴均为穿斗式。其中20座扁作厅的正贴为抬梁式，5座为穿斗式。由此可见，上海片区明清民居中正贴为抬梁式、边贴为穿斗式的扁作厅应用较广；但也存在一定比例的正贴、边贴均为穿斗式的扁作厅。[20] 一般地，穿斗式的做法主要是在正贴抬梁式的基础上，将脊童柱落地，并于梁下加川（随梁枋）而成。廊和轩的边贴做法为在其正贴做法的基础上，于梁下加川直接形成；主体空间（内四界）的边贴做法是在其正贴做法的基础上，除于梁下加川外，仍需使脊童柱落地，或各柱均落地；双步、三步的边贴做法是在其正贴做法的基础上，除于梁下加川外，中部的川童也可落地。[21] 上海片区明清民居中正贴、边贴均为穿斗式的扁作厅较少，其正贴、边贴构成模式相同，仅用料有所区别，正贴用方料，梁架采用月梁形制[22]；边贴用圆料，梁架采用直梁形制。此类厅堂建造年代多为清末，大木构架外形美观、装饰性强、用料节省（见表4-3）。上海明清民居厅堂的正贴既包含《法原》中记述的抬梁式，又包含《法原》未提及的穿斗式。两者的边贴均为穿斗式，但上海片区明清民居厅堂的边贴做法更加灵活多样。既包含《法原》中记述的类型，还存在其他类型，形式多样。

表 4-3　上海片区明清民居中扁作厅正贴与边贴比照表

正贴与边贴组合形式	剖面构成模式	正贴简图	边贴简图	代表性厅堂	实例照片
抬梁式 + 穿斗式	（廊＋内四界＋廊）			兰璃堂（松江区中山东路235号）	
				解元厅（闵行区七宝镇北大街徐家弄47弄17号）	
	（廊＋内四界＋轩）			雕花厅前厅（松江区人民路64号）	

（续表）

正贴与边贴组合形式	剖面构成模式	正贴简图	边贴简图	代表性厅堂	实例照片
抬梁式 + 穿斗式	（轩 + 内四界 + 轩）			书隐楼大厅（黄浦区天灯弄 77 号）	
	（轩 + 内四界 + 双步）			南春华堂（徐汇区南丹路 17 号）	
	（廊 + 内轩 + 内四界 + 廊）			杨家厅（浦东新区新场镇新场大街 131 号）	
				葆素堂大厅（松江区中山西路 150 号）	
	（廊轩 + 内轩 + 内四界 + 廊）			陶长青宅前厅（浦东新区王桥路 999 号）	
	（廊轩 + 内轩 + 内四界 + 后双步）			雕花厅后厅（松江区人民路 64 号）	
				怡安堂（嘉定区塔城路 299 号）	
	（廊轩 + 内轩 + 内四界 + 后三步）			袁昶宅大厅（松江区中山中路 466 号）	

（续表）

正贴 与边贴 组合形式	剖面构成 模式	正贴简图	边贴简图	代表性 厅堂	实例照片
穿斗式 + 穿斗式	（廊＋内四 界＋廊）			王松云宅 （浦东新区高 桥镇界浜路 19弄12- 22号）	
	（廊轩＋内 轩＋内四 界＋廊）			陶长青宅 后厅（浦东 新区王桥 路999号）	

　　上海片区明清民居中扁作厅在平面位置、面阔、大木构架模式及正贴与边贴等方面，与《法原》所记述的内容既有区别，又有联系。《法原》中的记述较为严谨、单一，上海片区明清民居中的扁作厅则更富于变化，种类多、设计灵活、经济适用。由此可见，香山帮木作营造技艺对上海片区具有重要影响，而上海片区明清民居中的扁作厅又不拘泥于此，形式丰富多样，具有典型的上海片区地域文化特征。

　　上海片区民风简单务实，具有多样性和包容性的特点。相应的，传统民居中厅堂的木构架也具有节省用料、灵活搭配的特征，折射出鲜明的地域特色（见表4-4）。首先，上海片区明清民居厅堂木构架主要通过三种途径实现经济省料。一是正贴与边贴的差异化用料。此为在"正贴抬梁式＋边贴穿斗式"的基础上进一步发展起来的。正贴位于厅堂内部空间的核心位置，视觉效果和结构性能都很重要；而边贴位于厅堂端部，辅以砖墙承重，相对来说较为次要。因此，上海片区明清民居厅堂的木构架往往减小边贴用料尺寸，以提高建筑的经济性。还有一些厅堂正贴采用扁作梁架，边贴采用圆梁，省工省料。二是构件形态上的省工省料。以月梁为例，上海片区的月梁扁平，截面较窄，相对于徽州、东阳一带的冬瓜梁要省料许多。徽州的冬瓜梁截面接近圆形，饱满的构件形态要用更多的材料实现；东阳的月梁起拱较大，侧面弯曲似琴面，被称为"琴面梁"，实现起拱需要更多用料。而且，上海片区大梁如同《法原》所记载，还经常采用拼合的做法，将小料拼合成大料，使用料更加经济合理。三是构件尺寸的省料。将上海片区明清民居中厅堂木构架的主要构件尺寸与《法原》中记载的苏州片区厅堂用料进行比较，发现大部分上海片区厅堂木构架的构件尺寸均小于《法原》中的记载，甚至为《法原》中记载的相关尺寸的六至九折,如南春华堂木构架的主要构件尺寸大多为《法原》所规定数值的八折左右。

表 4-4　上海片区明清民居厅堂木构架特色分析表

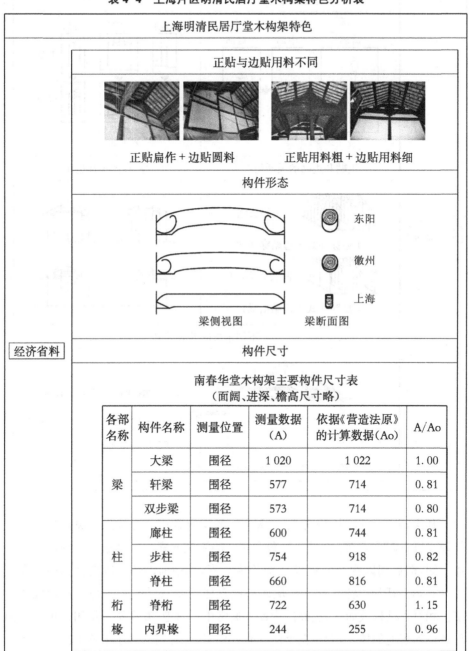

上海明清民居厅堂木构架特色					
正贴与边贴用料不同					
正贴扁作 + 边贴圆料　　　正贴用料粗 + 边贴用料细					
构件形态					
梁侧视图　　　梁断面图　　东阳　徽州　上海					
构件尺寸					
南春华堂木构架主要构件尺寸表 (面阔、进深、檐高尺寸略)					

南春华堂木构架主要构件尺寸表
(面阔、进深、檐高尺寸略)

各部名称	构件名称	测量位置	测量数据(A)	依据《营造法原》的计算数据(Ao)	A/Ao
梁	大梁	围径	1 020	1 022	1.00
	轩梁	围径	577	714	0.81
	双步梁	围径	573	714	0.80
柱	廊柱	围径	600	744	0.81
	步柱	围径	754	918	0.82
	脊柱	围径	660	816	0.81
桁	脊桁	围径	722	630	1.15
椽	内界椽	围径	244	255	0.96

经济省料

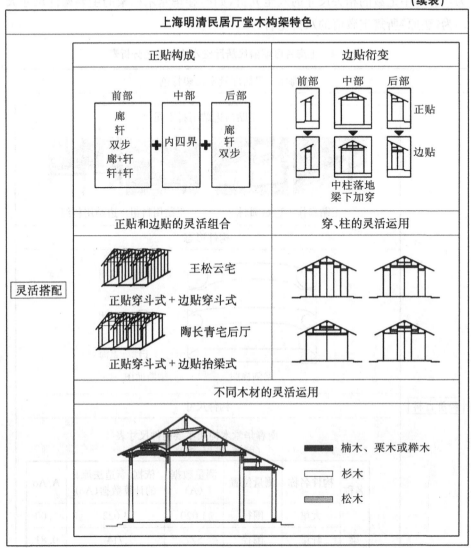

其次,上海片区明清民居厅堂木构架的构成方式具有极强的灵活性。主要体现在以下四个方面:一是正贴包含多样的构成元素。正贴通常以内四界为主体空间,前后辅以廊、轩、双步[23]等构成元素,其中前部还可以选择两种元素并用,如"廊 + 轩"或"轩 + 轩"等,从而形成多样的正贴样式。二是边贴构成的衍变。相对正贴构成而言,边贴的内四界通常中柱落地,并在梁下加川。也有内四界各柱均落地的情况,即为典型的穿斗式构架,且廊、轩、双步下均加川。三是正贴和边贴的灵活组合。上海明清民居厅堂木构架虽大致采用正贴抬梁式、边贴

穿斗式的构成方式,但其正贴和边贴还有更加多样的组合方式,可以正贴和边贴均采用穿斗式,甚至还可以采用正贴穿斗式、边贴抬梁式的反常规做法。四是川、柱的灵活运用。内四界各柱是否落地、梁下是否有川并没有严格的规定,也不完全遵从正贴和边贴的构成规律,体现了上海片区明清民居厅堂大木构架构成的随机性和灵活性(见图 4-8)。由此可见,上海片区明清民居厅堂大木构架具有灵活搭配的构成模式,实际建造中可根据需求灵活选用。此外,一座厅堂大木构架中,可以根据特性和价格,综合选用多种木材。例如,四川产的楠木性能优越,但价格昂贵,可用作等级很高的厅堂梁和柱的材料。栗木和榉木也是梁柱用材,价格相对较低。杉木力学性能良好,在中国南方应用广泛,也是上海片区乃至江南地区传统建筑中应用最广泛的木材。松木较硬,价格低廉,经过防腐防虫处理后可用于制作屋顶草架。

图 4-8　上海奉贤庄行镇某民宅山墙上的穿斗式构架外露

　　上海片区明清民居厅堂木构架起源于吴地,其规模受等级制度制约,样式受到社会主流文化和中原地区木构架的影响。但其表现出的节约用材和灵活多变的特征,反映出务实、包容的地域特色。

4.3.2　园林中的厅堂

　　上海片区古典园林[24]起源于魏晋南北朝,从三国时期的寺观园林到宋朝宅园兴起,上海园林快速发展。从明中叶至清中叶,今上海境内已累计有上百处宅园。[25] 1843 年上海开埠后,上海片区园林受到西方园林和城市公园的影响,呈现出三种类型:一为西方殖民者在租界内兴建的园林,也称为"租界花园";二为以豫园、醉白池等为代表的江南古典园林;三为介于两者之间,在江南传统私家园林造园艺术上纳入西方造园技术的新兴园林。[26]目前学界对上海片区古典园林的研究主要集中在其历史沿革、形成缘由和现状叙述等方面。在对江南园林建筑进行研究的过程中,偶有论及到上海片区古典园林建筑,但关于厅堂的木作营造技艺研究尚不多见。[27]

我国古典园林中的建筑种类繁多。《园冶》中有关建筑类型的记载,主要集中在卷一的"立基"和"屋宇"中。"立基"侧重于从建筑的功能和定位来记述,将建筑大体分为厅堂、楼阁、门楼、书房、亭榭及廊房。"屋宇"则从建筑的含义、定位、功能、空间等角度进行论述,进一步将建筑分为门楼、堂、斋、室、房、馆、楼、台、阁、亭、榭、轩、卷、广及廊等。其中,厅堂作为古典园林中的重要建筑类型,在"立基"和"屋宇"中均占有较大篇幅。《法原》则将厅堂从四个方面进行分类,即厅堂层数、内四界梁架截面形状、功能及大木构架类型,如楼厅、扁作厅、圆堂、鸳鸯厅等,但其分类方式主要针对江南传统民居中的厅堂类型,鉴于园林中厅堂的分布、造型及功能等更为灵活多变,且其位置布局和类型的选择依据通常以观景目的为主,而非民居中的更加重视实用功能。因此,对于江南园林中厅堂的分类,不可直接套用《法原》的分类方法。本章节以上海片区古典园林中厅堂[28]为研究对象,对厅堂的位置与功能、大木构架样式等进行分析,总结上海片区古典园林中厅堂的木作营造技艺。

4.3.2.1 位置与功能

建筑作为园林重要的构成要素之一,既要满足行、观、居、游的功能需求,也要在园林中起到点景和对景的环境塑造要求。厅堂作为古典园林中最重要的建筑类型之一,其位置布局不仅要考虑园林整体环境,还需考虑如何体现造园目的、园林立意等。上海片区古典园林中,根据厅堂所处位置、环境、功能、形态等特征,对应主入口、亲水、独立院落三种园林地理划分区域,厅堂类型大致分为门厅、大厅、荷花厅、花厅、对照厅等。不同于民居中的厅堂,上海片区古典园林布局灵活,且其厅堂具有强烈的空间通透性,部分厅堂兼具两种位置类型特征。例如豫园中的点春堂,其北面以抱厦临水池,塑造临水厅堂意境。同时,南面以轩廊面向打唱台,既是一座亲水厅堂,又是一座具有赏剧功能的特殊功能区中的厅堂(见图4-9)。曲水园中的静心庐西临睡莲池,以环廊作临水厅堂亲水处理,东以绿植古树环绕成独立院落空间。但临水面以未开窗实墙面对,似并不强调水对厅堂的影响。尽管临水廊中配置吴王靠,仍让人感觉此为反常规的临水做法(见图4-10)。曲水园中的厅堂种类较多,且在园中的布局具有很强的代表性,涵盖了以上园林中四类位置中的三种类型,即主入口处厅堂、亲水厅堂、独立院落内的厅堂(见图4-11)。

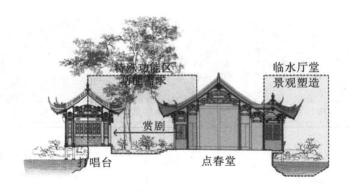

图 4-9　豫园中的点春堂位置分析图

[图片来源：根据《上栋下宇——历史建筑测绘五校联展》（天津大学出版社，2006）中第 206 页的图改绘]

关于上海片区古典园林中的厅堂，根据其在园中的地理位置[29]及周边环境要素可分为以下四种类型。

一是主入口处厅堂，又可分为门厅和主厅。门厅作为园林主要入口，通常深四界，宽一间或三间，正间设置大门。曲水园门厅位于南大门，为面阔三间、进深四界的歇山顶厅堂。上海片区古典园林中目前仅有半数

图 4-10　曲水园中的静心庐以实墙面向水面

可见到门厅。豫园曾设有门厅，后因布局大幅改变，现已无门厅（见图 4-12）。在秋霞圃进行修复的过程中，西门处"仪慰厅"被改为门厅，北门修建"清轩"作为北门厅。曲水园门厅隔一仪门便是主入口处的主厅凝和堂。主入口处的主厅（也是该园林中的主要厅堂）通常位于主入口或门厅之后，面向主入口且与主入口有一定距离。[30]其周边景观多呈谦让姿态，以烘托突出主厅的高大气势。

二是亲水厅堂。曲水园虽较强调端正、一轴三堂，但同时亦不失江南私家园林曲径通幽、恬静淡雅的造园特性。以水景取胜，堂堂近水、亭亭临池。[31]亲水厅堂以观景目的为主，主要分为近水厅堂和临水厅堂两种类型。其中，近水厅堂可采用一面开窗或四面开窗的形式，注重设置观景台，具体做法又可分为以下三种：其一，厅堂与水之间置轩、榭或亭作为过渡，如曲水园中的花神堂，四面置长

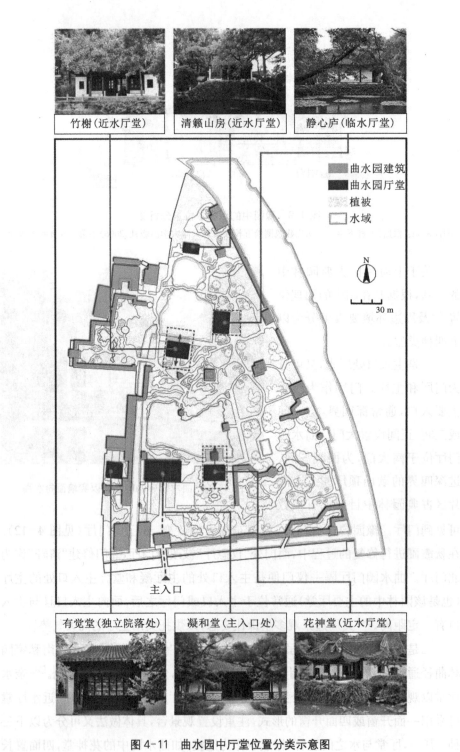

图 4-11 曲水园中厅堂位置分类示意图

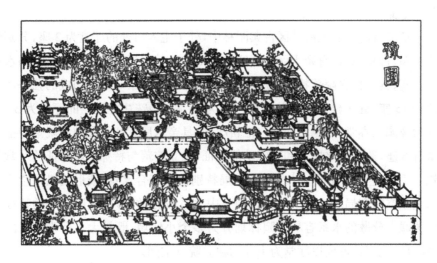

图 4-12　豫园复原全景图(灰框内为现今豫园范围)

(图片来源：郭俊纶. 清代园林图录[M]. 上海：上海人民美术出版社,1993；201)

窗与环廊,与水之间设有"恍对飞来"亭用以观池景,既增加了空间层次,又可与花神堂形成对景。其二,仅以较宽阔且视野较好的园林道路作为厅堂前的观景平台,如曲水园中的竹榭。竹榭北面为池景,南面为佛谷亭所在的小假山,该厅堂成为两种不同景观的连接过渡,故其前后置长窗与廊,借用厅堂与池之间较宽的园林道路作为观景平台,保证空间要素不冗余。其三,亦是近水厅堂与水之间较常见的处理方式。即直接在厅堂与水之间布置观景平台,这类厅堂通常为园林主厅,建筑体量较大,如秋霞圃中的碧梧轩。临水厅堂与水之间无过渡,架于水上或贴近水岸。如秋霞圃中的池上草堂,以拟舫的形式架于水面,由四面厅和东侧敞轩构成,三面环廊置吴王靠可供观池景;再如曲水园中的静心庐,紧邻水边,东面为主立面,西面紧邻睡莲池,虽四面环廊,但南北廊置镂空实墙,西侧廊置吴王靠以观景。[32]

　　三是独立院落处的厅堂。此类厅堂通常较为私密,位于园林边缘区域,主要为主人卧房起居之所。或单纯以植物景观形成闭合院落,如曲水园中的静心庐;或以多个建筑或辅助设施、植物景观等形成较为封闭的园林区块,如秋霞圃屏山堂,其与凝霞阁、环翠轩、扶疏堂、数雨斋及周廊形成闭合的院落。

　　四是特殊功能区内的厅堂。特殊功能区是指多个建筑或景观联合成景,与独立院落处厅堂的区别在于建筑集中布局而非围合形式,以强调某种功能或景观叙事组合而成,如豫园中的点春堂。该厅堂以供人赏剧为目的,与打唱台前后成景。

本章节所研究的上海片区古典园林中,处于主入口处的厅堂为 2 座,分别位于曲水园、古猗园;具有亲水厅堂特征的为 18 座,其中近水厅堂为 12 座,临水厅堂为 6 座;具有独立院落特征的厅堂为 26 座,其中,由景观围合而成的独栋厅堂院落为 15 座,处于建筑围合院落的厅堂为 11 座;特殊功能区内的厅堂为 3 座,分别为豫园点春堂、三穗堂和醉白池轿厅;兼具亲水厅堂特征和独立院落特征的厅堂有 6 座,兼具亲水厅堂和特殊功能特征、独立院落与特殊功能特征的厅堂各 1 座。可见,上海古典园林中的厅堂布局特别注重配合水景,或形成以厅堂为主导的独立空间布局。这与上海古典园林中水系较分散、覆盖范围较广的特征有密切关联。分散的水系容易将园林划分为多个小区域,既扩大了厅堂与水的接触可能性,也容易形成以厅堂为主导的独立院落空间。

上海片区古典园林水系呈现分散状态的原因有三:一为从地理环境来说,上海片区属亚热带季风性气候,日照充分且雨量充沛,分散的水系不仅容易在园区内形成舒适的微气候,也便于汛期时园内排水;二则从造园思想来看,上海片区古典园林造园者在理水之法上擅于"隔"。如《园冶》中所说,"疏水若为无尽,断处通桥",为增加景深和空间层次,造园者筑堤、架曲桥拉长水岸线形成分散水系,并将水系拉长,喻示源头,让人产生无限的遐想;三为在造园立意上,"园无水则不活",从曲水园到醉白池,上海片区古典园林无不展现出对水域的青睐。

同时,上海片区古典园林各自呈现出不同的厅堂位置的总体特征。豫园大致分为东园、西园、内园,素有"奇秀甲江南"之誉,其建筑布局紧凑,水系及厅堂分散,以近水厅堂和独栋院落厅堂为主。其中,院落厅堂的围合主要靠假山、墙体与植物景观,在寸土寸金的城市展现园林的精致与典雅;曲水园相较于其他园林水系较集中,且植物景观丰富,多兼具亲水厅堂与独立院落特征的厅堂,檀园与之相似;秋霞圃凝霞阁景区建筑密集,以大屏山为中心,厅堂、阁、廊、轩等建筑围合成多个院落空间,而桃花潭景区和清境塘景区以水景为主,厅堂多沿水系布置;醉白池厅堂布局与秋霞圃相似,既有处于建筑群围合院落空间中充满生活气息的厅堂,也有沿水系布置的亲水厅堂;颐园作为上海最小的古典园林,两座厅堂紧邻池水。综合来看,上海片区古典园林厅堂的位置分布较为灵活多样,但并非随意布置。在其位置特征上,表现出了造园者的造园思想倾向和立意爱好,且具有一定的目的性,如利用厅堂控制整个园区、功能需求、以更好的景观成景或与周边景观融合等。

4.3.2.2 大木构架样式

本章节所研究的上海片区古典园林厅堂中,扁作厅 19 座,圆堂 17 座,贡式厅 2 座,船厅、花篮厅和鸳鸯厅各 1 座,共 41 座,另外尚有采用藻井的厅堂 4 座。与《法原》中记述的厅堂类型相较,唯独未见满轩。[33] 曲水园中的有觉堂具有类似戏台常见式样的精巧藻井,这在江南地区厅堂中实属罕见(见图 4-13)。从以上各类厅堂占比中可以看出,上海片区古典园林中的厅堂,以扁作厅及圆堂为主,且两者在数量上平分秋色,其余为少量的船厅(卷篷)、花篮厅、贡式厅及鸳鸯厅。究其原因,似可推断上海古典园林发展初始,以松江府为中心的上海片区拥有大量的文人雅士,当时文人地位较高,上海片区大多园林为文人及世家兴建的私家园林,文人家族功名直接影响私家园林的生存兴衰。而明末清初的战火及海禁引起的倭乱改变了部分园林的生存状况,且“江南奏销案”[34] 和清代“文字狱”对江南地区文人产生了巨大影响,这些都间接限制了上海片区古典园林的发展。晚清时期,上海片区古典园林受到庙宇化和公共化的影响较多,庙宇化园林强调建筑的实用性,而公共化园林认为这类儒雅精致的厅堂样式在园林中既无市场也无必要性。[35] 现存的上海片区古典园林多建于乾隆年间之后,因此,我们今天看到的上海片区古典园林中厅堂大木构架样式就显得有些单调、庄重了。上海片区古典园林在发展至盛时期以情趣境界为尚,在园林厅堂的设计上开始追求空间的灵活性。如豫园中的和煦堂,非步柱而是两轩之间使用垂花柱,即有别于《法原》中关于花篮厅的描述,但苏州片区传统民居厅堂有类似情形存在(见

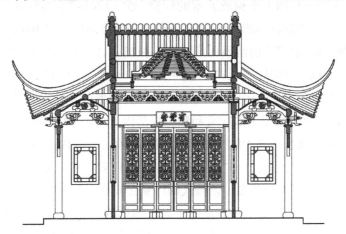

图 4-13　曲水园有觉堂带有藻井的贴式

[图片来源:根据《上栋下宇——历史建筑测绘五校联展》
(天津大学出版社,2006)中第 214 页的图重绘]

图 4-14　豫园和煦堂两轩之间的垂花柱

图 4-14)。根据各个园林厅堂贴式类型图,可看出不同园林对厅堂类型具有一定的倾向性,如豫园与曲水园以扁作厅为主,秋霞圃与颐园以圆堂为主,檀园与醉白池厅堂类型丰富。这与各个园林的发展历史和功能定位密切相关,如豫园以景观营造为主,因此更加倾向于雕梁画栋的扁作厅;而秋霞圃作为城隍庙的附属庙园,其厅堂以实用性目的为主,故圆堂居多。

　　上海片区古典园林中以内四界为主体空间的厅堂正贴,全部为抬梁式结构,边贴则可为抬梁式或穿斗式。在所调研厅堂中,既有三开间及以上的厅堂(43座),也有单开间厅堂(2座)。对于三开间及以上的厅堂,正贴或边贴均为抬梁式的厅堂有 8 座;正贴为抬梁式、边贴为穿斗式的厅堂有 28 座;无法判定正贴、边贴形式的厅堂有 7 座。另外,上海片区古典园林中还有单开间的厅堂 2 座,贴式皆为穿斗式。虽然特例较多,但总体来说上海片区古典园林中的贴式以抬梁、穿斗混合式为主。

　　上海片区古典园林厅堂贴式主要构成元素,包括廊、轩、内四界(五界回顶或六界)及双步(三步)等,可分为三种贴式模式。第一种模式,以内四界为主体空间,其前后不加或只加 1 个构成元素的厅堂,如"内四界"或"廊/轩＋内四界"。此种模式多用于体量较小的厅堂,相较于景观功能更倾向于实用功能,多分布于独立院落处,如曲水园中的清籁山房。第二种模式,以内四界为主体空间,其前后各加 1 个构成元素的厅堂,如"廊/轩＋内四界＋廊/轩/后双步"。这种模式在上海古典园林厅堂中最为多见,其灵活的贴式类型满足多样化的景观布局要求和功能需求,主要适用于亲水厅堂和独立院落内厅堂中,如豫园中的萃秀堂、醉白池中的雪海堂及秋霞圃中的扶疏堂等。第三种模式,以内四界为主体空间,其前后可加 3～4 个构成元素,如"前廊＋双步＋内四界＋后三步"和"前廊＋轩＋内四界＋轩＋后廊"两种类型。该模式的厅堂在园林中占主导地位,通常为主要的生活用房或园林主厅。其中,"前廊＋轩＋内四界＋轩＋后廊"模式多为雕梁画栋的扁作厅,常见于主入口处的主厅,如曲水园中的凝和堂。上海片区古典园林厅堂贴式以第二种模式为主,主要用于亲水厅堂和独立院落处的厅堂中。上海片区古典园林厅堂多倾向于中轴对称的贴式类型。在调研的 45 座厅堂中,30

座厅堂的贴式类型呈中轴对称,如"内四界""廊/轩＋内四界＋廊/轩""廊＋轩＋内四界＋轩＋廊"的贴式类型,占到了总厅堂数的三分之二。厅堂建筑贴式构成元素中常见的双步(三步),在上海片区古典园林中只出现于 3 座厅堂中,这些厅堂皆为园主起居主厅。

上海片区古典园林厅堂对称性贴式类型较多的原因有:一方面可能与造园者和园主的个人偏好,或厅堂营造者的技术擅长有关;另一方面与上海片区古典园林空间布局的灵活性有密切关系,相较于形成单一或明确的游园路线,上海片区古典园林多倾向于自由式游园体验。在厅堂与游园路线的关系中,相较于厅堂作为路线中的"到达点",更多的是"穿过"关系。因此,会模糊厅堂的主次入口,在贴式类型中倾向于选择对称型。另外,在景点营造中,为了在有限的空间内呈现多种景观空间,单座厅堂会同时参与不同的景点塑造过程,对称性贴式有助于模糊主次立面,这也是部分单座厅堂兼具两种位置特征的原因。

廊作为连接室内外的主要过渡空间,常用于厅堂外部。上海片区古典园林中厅堂的廊较为多见,常出现在厅堂正面、前后、三面甚或四周,且多采用极富雕饰感的廊轩。轩不仅可加大厅堂进深,同时其精雕细刻的装饰也为厅堂建筑增添蓬勃生机。上海片区古典园林中厅堂的轩与廊样式及做法无较大区别,多为扁方料轩梁上架椽,其上装饰构件及雕饰也大多相同。上海片区古典园林中将近五分之四的厅堂有廊轩,一半以上的厅堂有内轩,其轩种类较全。廊轩以一支香轩为最多,茶壶档轩和船篷轩次之,鹤胫轩和菱角轩较少见;内轩中船篷轩最多,一支香轩次之,鹤胫轩和菱角轩较少见,内轩中无茶壶档轩样式。

4.3.2.3　贴式组合的多样性

上海片区古典园林厅堂贴式构成模式以主体空间(三界回顶、内四界、五界回顶或内六界)为主导,在其前后加轩、单步、双步或三步等元素形成不同的组合模式(见图 4-15)。

按照构成元素的数量可分为五种构成模式。模式一(1 个元素):上海片区古典园林厅堂大木构架贴式中,主体空间包括三界回顶、内四界、五界回顶及内六界。其中,只有内四界可单独作为厅堂大木构架贴式存在,如曲水园中的清籁山房。模式二(2 个元素):即在主体空间前加轩,贴式构成模式为"轩＋内四界"及"轩＋五界回顶",代表性案例为秋霞圃屏山堂和醉白池乐天轩。模式三(3 个元素):如古漪园的君子堂,贴式构成模式为"轩＋三界回顶＋轩",醉白池雪海堂则为"轩＋内四界＋双步",豫园玉华堂为"轩＋内四界＋轩",秋霞圃数雨斋为

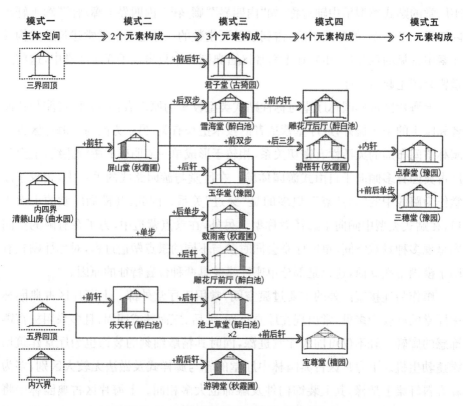

图 4-15　上海古典园林厅堂贴式构成模式

(注：⬜内构架可独立成为建筑；⬛内构架仅为主体空间)

"廊＋单步＋内四界"，醉白池雕花厅前厅为"轩＋内四界＋轩"，醉白池池上草堂为"轩＋五界回顶＋轩"，以及秋霞圃游骋堂为"轩＋内六界＋轩"，这七类贴式的组合模式是上海片区古典园林中最为常见的，占比 69%。模式四（4 个元素）：组合模式有"外轩＋单步＋内四界＋后双步"，如醉白池雕花厅后厅，秋霞圃碧梧轩的贴式组合模式为"轩＋双步＋内四界＋后三步"，檀园宝尊堂则为"轩＋五界回顶＋五界回顶＋轩"。模式五（5 个元素）：仅有两类，其一为"轩＋轩＋内四界＋轩＋轩"，如豫园点春堂，其二为"轩＋单步＋内四界＋单步＋轩"，如豫园三穗堂。此外，还有 3 种非彻上明造的特殊厅堂。

通过对上海片区古典园林中厅堂的位置及功能、大木构架样式进行分析，探究了上海片区古典园林厅堂类型及大木构架的地域性特征（见表 4-5）。厅堂在上海片区古典园林中的位置分布较为灵活多样，主要分布于主入口处、亲水、独立院落和特殊功能区内。并且通常其位置选择有一定的目的性，如控制整个园

表 4-5 上海片区古典园林厅堂信息表

园林	厅堂名称	屋顶样式	位置	贴式类型	边贴	贴式构成模式	开间	进深	廊	界
豫园（明）	三穗堂（清）	悬山式	特殊功能	扁作厅	抬梁式	轩＋单步＋内四界＋单步＋轩	五	五	四面	八界
	萃秀堂（清）	悬山式	独立院落	扁作厅	穿斗式	轩＋内四界＋轩	五	三	—	七界
	点春堂（清）	悬山式	临水厅堂 特殊功能	扁作厅	穿斗式	轩＋轩＋内四界＋轩＋轩	七	六	三面	八界
	和煦堂（清）	歇山式	近水厅堂 特殊功能	花篮厅	抬梁式	轩＋轩＋内四界＋轩	三	三	—	八界
	玉华堂（明）	歇山式	临水厅堂 独立院落	扁作厅	抬梁式	轩＋内四界＋轩	三	三	—	六界
	静观大厅（清）	歇山式	独立院落	扁作厅	穿斗式	轩＋内四界＋轩	五	四	三面	六界
	九狮轩	歇山式	近水厅堂	扁作厅	穿斗式	轩＋内四界＋轩	五	三	四面	六界
	可以观（清）	歇山式	独立院落	扁作厅	抬梁式	轩＋内四界＋轩	三	三	—	六界
	凝和堂（清）	歇山式	主入口处	扁作厅	穿斗式	轩＋轩＋内四界＋轩＋轩	七	五	四面	八界
曲水园（清）	竹榭（清）	歇山式	近水厅堂 独立院落	扁作厅	穿斗式	轩＋内四界＋轩	五	三	四面	六界
	清籁山房	硬山式	近水厅堂	扁作厅	穿斗式	内四界	三	一	—	四界
	静心庐（清）	歇山式	临水厅堂 独立院落	扁作厅	抬梁式	轩＋内四界＋轩	五	三	四面	六界
	花神堂（清）	歇山式	近水厅堂 独立院落	圆堂	穿斗式	轩＋内四界＋轩	五	三	四面	六界
	有觉堂（清）	歇山式	独立院落	藻井	—	轩＋藻井＋轩	三	三	四面	—

（续表）

园林	厅堂名称	屋顶样式	位置	贴式类型	边贴	贴式构成横式	开间	进深	廊	界
秋霞圃（明）	三隐堂	硬山式	近水厅堂	扁作厅	穿斗式	轩＋内四界＋轩	三	三	一面	六界
	碧梧轩	歇山式	近水厅堂	圆堂	穿斗式	轩＋双步＋内四界＋后三步	五	五	四面	十一
	扶疏堂（明）	硬山式	独立院落	圆堂	穿斗式	轩＋内四界＋轩	三	三	一面	六界
	聊淹堂（明）	硬山式	独立院落	圆堂	穿斗式	轩＋内六界	三	三	一面	七界
	游骋堂（明）	硬山式	独立院落	圆堂	穿斗式	轩＋内六界＋轩	三	三	一面	七界
	晚香居	硬山式	独立院落	圆堂	穿斗式	轩＋内四界＋轩	三	三	两面	六界
	池上草堂（清）	硬山式	临水厅堂	圆堂	穿斗式	轩＋内四界＋轩	五	三	三面	六界
	屏山堂（民）	歇山式	独立院落	圆堂	穿斗式	轩＋内四界	四	二	两面	五界
	凝霞阁（清）	硬山式	独立院落	圆堂	抬梁式	轩＋内四界＋轩	四	三	三面	六界
	环翠轩（清）	硬山式	独立院落	扁作厅	穿斗式	轩＋内四界＋轩	五	三	四面	六界
	丛桂轩（清）	歇山式	近水厅堂	菱井	—	轩＋菱井＋轩	三	三	—	—
	数雨斋（清）	硬山式	独立院落	圆堂	穿斗式	廊＋单步＋内四界	一	三	一面	七界
	闲妍斋（明）	硬山式	独立院落	圆堂	穿斗式	廊＋内四界	一	三	一面	七界
古猗园（明）	逸野堂（清）	歇山式	主入口处	菱井	—	轩＋菱井＋轩	五	四	四面	—
	梅花厅（清）	歇山式	独立院落	菱井	—	轩＋菱井＋轩	五	二	一面	—
	君子堂	歇山式	独立院落	扁作厅	抬梁式	轩＋内三界＋轩	五	五	四面	八界
	南厅	歇山式	独立院落	圆堂	穿斗式	廊＋内四界＋轩	三	三	一面	五界
	花神殿（清）	歇山式	独立院落	扁作厅	穿斗式	廊＋内四界	三	二	一面	五界

（续表）

园林	厅堂名称	屋顶样式	位置	贴式类型	边贴	贴式构成横式	开间	进深	廊	界
醉白池（清）	雪海堂（清）	硬山式	独立院落	圆堂	穿斗式	轩＋内四界＋双步	五	三	一	七界
	池上草堂（清）	歇山式	临水厅堂	五界回顶	抬梁式	轩＋五界回顶＋轩	五	三	四面	七界
	柱颊山房（明）	歇山式	近水厅堂	圆堂	抬梁式	轩＋内四界＋轩	五	三	四面	六界
	乐天轩（宋）	歇山式	独立院落	贡式厅	抬梁式	轩＋五界回顶	五	二	三面	六界
	轿厅（清）	硬山式	独立院落特殊功能	圆堂	穿斗式	轩＋内四界＋轩	五	三	—	六界
	雕花厅（清）前厅	硬山式	—	扁作厅	穿斗式	轩＋内四界＋轩	五	三	一面	六界
	东厢房	硬山式	—	扁作厅	穿斗式	廊＋内四界＋轩	三	三	一面	六界
	西厢房	硬山式	—	扁作厅	穿斗式	廊＋内四界＋轩	三	三	一面	六界
	后厅	硬山式	—	扁作厅	穿斗式	轩＋单步＋内四界＋内四界＋双步	五	三	一面	八界
檀园（明）	宝尊堂	歇山式	近水厅堂独立院落	鸳鸯厅	穿斗式	轩＋五界回顶＋五界回顶＋轩	七	四	四面	十界
	次醉厅	歇山式	近水厅堂独立院落	贡式厅	抬梁式	轩＋五界回顶＋轩	七	五	四面	九界
颐园（明）	日泽居	硬山式	临水厅堂	圆堂	穿斗式	内四界	三	一	—	四界
	鸳隐书屋	硬山式	近水厅堂	圆堂	穿斗式	轩＋内四界＋轩	三	三	—	六界

区、功能需求、以更好的景观成景或与周边景观融合等。其中,因上海片区地理环境、造园立意偏好及古典园林理水手法倾向,形成了上海片区古典园林水系的分散状态,促使园林厅堂多分布于亲水处和独立院落处。上海片区古典园林厅堂类型与苏州明清私家园林相比较,种类虽基本一致,但以扁作厅和圆堂为主,鲜有船厅(卷篷)、花篮厅、贡式厅及鸳鸯厅,略显单调与庄重。上海片区古典园林中厅堂大木构架样式可分为 3 种模式,即均以内四界为主体空间,其一为内四界前后只加 1 个构成元素的厅堂,其二为内四界前后加 2 个构成元素的厅堂,其三为内四界前后加 3~4 个构成元素的厅堂。上海片区古典园林中第二种模式的厅堂较多且对称性贴式厅堂较多,与造园者偏好、厅堂在景点中的作用、厅堂与路线关系处理密不可分。轩在厅堂中较为常见,且以一枝香轩为最多。上海片区古典园林中的厅堂正贴与边贴以抬梁、穿斗混合式为主,但亦有因其他因素而无法判定贴式组合样式的案例。由此可见,上海片区古典园林中的厅堂既充分蕴含了江南地区传统建筑文化的内涵,又可映射出上海的海派文化和地域特征。

注 释 ······

[1] 在松江城厢,分"本帮"和"香山帮"(苏州人)……各帮都有营造作坊,由工头承接建筑业务,结算工帐和分发工钱。引自上海市松江县地方史志编纂委员会.松江县志[M].上海:上海人民出版社,1991:562.

[2] 熊月之,熊秉真.明清以来江南社会与文化论集[M].上海:上海社会科学院出版社,2004:3.

[3] 上海通志编纂委员会.上海通志[M].上海:上海人民出版社,2014:662.

[4] 明清时期江南地区是全国的经济文化中心,而苏州又是江南地区最发达的城市,可见苏州当时的经济文化水平居全国前列。从此称谓来看,明清时期的上海与苏州仍有一定差距。

[5] 朱栋霖.明清苏州艺术论[J].艺术百家,2015,31(1):122-130.

[6] 同时涌入上海的外地匠帮还包括宁绍帮、徽州帮、东阳帮等。其中,宁绍帮借此时机发生了重大转型,主要赴上海等沿海城市参与西式建筑的营造活动,对我国特别是上海近现代建筑业做出了巨大贡献,营造了许多闻名于世的建筑。如代表性宁绍帮营造厂之一的魏清记营造厂施工建造的上海太古洋行(1906 年始建)、汉协盛营造厂施工建造的上海沙逊大厦(1929 年始建,现为和平饭店)等。

[7] 刘士林.江南与江南文化的界定及当代形态[J].江苏社会科学,2009(5):229.所谓八府一州,是指明清时期的苏州、松江、常州、镇江、应天(江宁)、杭州、嘉兴、湖州八府及从苏

州府辖区划出来的太仓州。

[8] "一条鞭法"为明朝实行的徭役制度,主要作用是使长期以来因徭役制度对农民形成的人身奴役关系有所削弱。农民获得更多的人身自由,有更多的行业选择,为城市手工业的发展提供了相当数量的劳动力,从而许多农民转而成为工匠,刺激了建筑行业的发展。

[9] 何良俊.四友斋丛说[M].北京:中华书局,1959:323.

[10] 顾凯.明代江南园林研究[M].南京:东南大学出版社,2010:82.

[11] 上海鲁班庙既保留了信仰祭拜活动的传统,也发挥着经营行业活动等作用。由于鲁班在建筑营造领域的巨大贡献,被建筑工匠们誉为先师,修建鲁班殿祭祀鲁班先师亦是建筑工匠的传统。同时,鲁班殿也成为建筑工匠们聚集议事之地。清道光二十三年(1843),在今上海城隍庙旁硝皮弄(位于福佑路)建造鲁班殿,此为旅沪江浙匠人赵茂源等之举,后逐渐成为上海水木业活动中心,此为上海片区第一处鲁班殿。陈云霞.近代上海城市鲁班庙分布及功能研究[J].历史地理,2013(1):261-275.

[12] 王弗.鲁班志[M].北京:中国科学技术出版社,1994:118.

[13] 张仲礼.近代上海城市研究[M].上海:上海文艺出版社,2008:510-515.

[14] 上海建筑施工志编纂委员会.上海建筑施工志[M].上海:上海社会科学院出版社,1997:78-80.

[15] 20世纪30年代以前,川沙属于江苏省辖区。川沙籍建筑工匠即为江苏籍工匠,当时的上海市辖区仅为如今上海市区范围。20世纪30年代以后,江苏省陆续将川沙、南汇、奉贤、宝山、嘉定、松江、青浦、崇明等地区划归上海管辖。

[16] 马学新,曹均伟,薛理勇,等.上海文化源流辞典[M].上海:上海社会科学院出版社,1992:503.

[17] 在参考借鉴大量文献资料并进行详细的实地调研的基础上,本章节选取具有重要研究价值的上海片区明清民居中25座扁作厅为主要研究对象。主要参考借鉴的文献包括:上海市文物保管委员会公布的《上海现存古老住宅简表》、各级文物保护单位和已登记的不可移动文物名单,以及部分相关论述中所提及的厅堂。

[18] 上海市城市建设档案馆.上海传统民居[M].上海:上海人民美术出版社,2005:9.

[19] 姚承祖.营造法原[M].第二版.北京:中国建筑工业出版社,1986:29.

[20] 从用料、做法、功能等角度看,扁作厅相对于圆堂在厅堂类型中均占据重要地位。尚且存在一定比例的正贴或边贴均为穿斗式构架样式,由此说明干栏式对上海片区传统木构建筑的深远影响。

[21] 除此之外,个别厅堂的次贴、边贴尚存不同。如南春华堂的次贴、边贴构成模式虽大致相同,但次贴梁架用方料,边贴梁架用圆料。

[22] 月梁是经过艺术加工的一种梁的形式。其特征是梁的两端向下弯,梁面弧起,形如月牙。王效青.中国古建筑术语辞典[M].太原:山西人民出版社,1996:68.根据月梁形状、比例及装饰的不同,又可分为法式月梁、苏式月梁、冬瓜梁等。上海片区月梁接近苏式

月梁。

[23] 有些建筑正贴的构成元素还包括三步,如袁昶宅大厅。

[24] 由于历代战事及政治变迁,上海古典园林几经荒芜、大多湮没,唯明清时期始建的豫园、醉白池、古猗园、秋霞圃、曲水园及颐园尚存。1843 年上海开埠后,西方造园思想逐渐涌入,出现大量中西合璧的园林,故 1843 年后营建的园林不作为本章节的研究对象。但现当代恢复性重建且遵从中国传统造园技艺兴建的园林,如檀园(始建于明代)则在本研究范围之内。

[25] 程绪珂.上海园林志[M].上海:上海社会科学院出版社,2000:2-3.

[26] 张繁文.清末上海经营性私园的特点及其兴建原因探析[J].装饰,2011(4):80-81.

[27] 对上海古典园林历史沿革、形成及现状叙述的代表性成果为:程绪珂.上海园林志[M].上海社会科学院出版社,2000;朱宇晖.上海传统园林研究[D].上海:同济大学,2003;陈从周.说园(四)[J].同济大学学报(社会科学版),1982(1):33-36;刘新静.上海地区明代私家园林[D].上海:上海师范大学,2003;周向频,陈喆华.上海古典私家花园的近代嬗变——以晚清经营性私家花园为例[J].城市规划学刊,2007(2):87-92 等。有关上海古典园林中厅堂的代表性研究成果为:张凡,沙左幗.江南古典园林厅堂建筑的空间设计[J].华中建筑,2003,21(3):84-85,91;戴秋思,杨玲.古典园林建筑设计[M].重庆:重庆大学出版社,2014;王东昱.上海与苏州古典园林的比较分析[J].中国园林,2011,27(4):78-82 等。目前已有相关研究成果中,有论及上海片区古典园林中厅堂的大木构架特点,但关于厅堂木作营造技艺方面的研究并不多见。

[28] 鉴于园林建筑命名较为自由随意,且随着园林建筑的发展,部分馆、轩、斋、室等建筑形制已趋同于厅堂。故该章节中厅堂的选取不仅仅限于厅、堂,而是根据园林中建筑的位置、功能、形制,特别是大木构架特色等来选定。本章节研究对象选取原则为结构完整,保存良好,始建年代为明清时期(包括现当代重建或修缮的厅堂),以内四界为主体空间,具有居住、休憩、会客等功能的上海片区古典园林中的厅堂。

[29] 考虑到部分上海片区古典园林在发展过程中几经荒废、重建与扩建,只考虑现今的位置不易得出其蕴含的造园思想与手法。因此,在总结厅堂位置特征时,将尽量以园林明清时期的格局作为参考。例如,现处于豫园主入口处的三穗堂,是在原豫园中心位置的乐寿堂原址上重建。因此,会将其作为主厅而非入口处厅堂考虑;同样,在总结醉白池厅堂位置特征时,不考虑后迁入的雕花厅建筑群。

[30] 除此之外,有时还结合入口处门厅设置轿厅和大厅。其中,门厅可作为简单的前后贯穿的过渡空间或休憩空间,如檀园的门厅,厅中置一影壁隔开园内外视野,增强了园林的空间层次,更展示了古代江南私家园林的含蓄特色;轿厅为主入口处放置轿子的厅堂,绝大多数与门厅合而为一。但在上海片区古典园林中只有一座轿厅,位于醉白池宅园部分,该轿厅高大宽敞,清代道光至咸丰年间(1821—1861)作为征租厅使用。

[31] 程绪珂.上海园林志[M].上海:上海社会科学院出版社,2000:277.

[32] 现在的静心庐西面采用实墙,观池景只能在西侧外廊观看,室内看不到睡莲池。疑现当代为满足其展览功能要求,而将其填充为实墙。

[33] 古猗园中的水木明瑟厅堂虽为满轩构架样式,但其建于当代。因此,未列入本章节研究对象之中。

[34] 清代顺治十八年(1661),清廷监押和罢黜了江南"四府一县"(苏州、松江、常州、镇江和溧阳)在清代顺治十七年(1660)存在欠粮情况的绅衿,不论欠额多寡,一律革黜功名。如明代松江府有一府五学生员三千多人,仅上海一处就有生员六七百人。顺治十八年黜革之后,每学最多不过保留六七十人,少的只有二三十人。更为严重的是,奏销案之后大大减少了各处的录取生员名额。伍丹戈.论清初奏销案的历史意义[J].中国经济问题,1981(1):58-65.

[35] 朱宇晖.上海传统园林研究[D].上海:同济大学,2003:182-183.

第 5 章

无锡、常州片区与香山帮的关联
及其木作营造技艺

　　无锡、常州片区基本相当于明清时期的常州府，下辖武进县、无锡县、宜兴县、江阴县，与现今的常州市市辖五区（武进区、新北、钟楼区、天宁区、金坛区）及无锡市市辖五区、宜兴市、江阴市吻合。无锡、常州片区属于北亚热带海洋性气候，常年气候温和，雨量充沛。春末夏初时多有梅雨发生，夏季炎热多雨，冬季空气湿润、气候阴冷。地形以平原为主，零散分布着低山和矮丘，河网密布，长江、京杭大运河、太湖等或环绕、或贯穿、或围合于此。明清时期的无锡、常州片区的历史文化在诸多领域得到了体现，文学、艺术等都有了较快且多元化的发展，如无锡、常州片区的五大学派，即常州学派（今文经学派）、阳湖文派、常州词派、常州画派、孟河医派。艺术方面，嘉道年间"常州滩簧"在民间流行，后发展成"常州帮""无锡帮"两种形态，是常锡剧的前身。无锡、常州片区自古就隶属于吴地，特别是明清时期，由于经济、政治等多因素影响，使得一些香山帮匠人离开苏州谋生，而无锡、常州片区与苏州毗邻，且隔太湖相望，两地交通便捷。因此，不少香山帮匠人选择前往无锡、常州片区开展营造活动。

5.1　地域特征

　　无锡、常州片区地理位置优越，位于长江三角洲的中心。北倚长江、东临苏州、南抱太湖、西靠南京，内有京杭大运河贯穿其中，水路交通十分便捷。该片区主要为北亚热带湿润季风气候，全年季节分明，日照充沛，年平均气温约为16.5℃。雨量集中于每年的5～9月，年降水量约为1 100毫米，且雨热同期。冬夏季长、春秋季短，7、8月气温最高，1月气温最低。常州与无锡、苏州联结成太湖流域，在元代与苏州、上海、杭州、嘉兴、湖州等一并成为江南的核心区域，明代常州已成为全国十三个较大的商业城市之一。[1]迄今为止，无锡、常州片区发现最古老的新石器时代文化遗址为宜兴的骆驼墩遗址,距今约有7 000年的历史。说明7 000多年前便有人类在无锡、常州片区活动,并逐渐发展壮大。商朝时期泰伯、仲雍南奔至太湖流域后,在无锡梅里(今梅村)建立了勾吴国。泰伯死后葬于无锡梅里,今还存有泰伯庙等历史遗迹。[2]无锡、常州片区最早属吴地,春秋时期季札封地取名为延陵,位于"三吴襟带之邦,百越舟车之会"的交通便利处。如今在无锡发掘的阖闾城遗址已初步推定为春秋时期吴王阖闾的都城。这说明无锡、常州片区在春秋时期的政治、经济、文化地位很高,发展迅猛(见图5-1)。西汉高祖五年(公元前202年)改延陵为毗陵(今常州),并置毗陵县;西汉末年王莽当政时改毗陵为毗坛,东汉建武元年(25)又复称毗陵。西晋惠帝永兴元年(304)为避东海王越世子毗讳,改毗陵为晋陵;元朝将其更为常州路,至明清时期才改"路"为"府",并属南直隶管辖,常州府的命名由此而来。[3]

骆驼墩遗址(新石器时代)　　　　　　　　阖闾城遗址(春秋时期)

图5-1　无锡、常州片区古老文化遗址

5.2　无锡、常州片区与香山帮的关联

吴地文化的繁荣和吴匠的存在,与香山帮的孕育有着密不可分的联系。商末泰伯建立"勾吴"而大兴土木,在吴地建造大量宫殿、坛庙等。到了春秋时期,吴王阖闾定都姑苏,使当地建筑活动兴盛,并促进了营造技术的不断成熟和发展,如无锡、常州片区嘉贤坊便是这一时期为纪念吴王寿梦之子季札而建造的。[4]宋元时期,已有吴匠在各地进行营造活动的记载,如《宋史》中记载:"丁谓,字谓之,苏州长洲人……建玉清昭应宫于南薰门外……"《乾隆江南通志》(卷百十三)中提道:"张显祖,泰定元年(1324)为吴江州判官,重建长桥,以石易木……"

说明此时吴匠在吴地已进行了大量的营造活动且技艺水平高超。[5]由于吴地不乏能工巧匠,历代帝王在造宫殿时常会征召吴匠为其建造宫廷庙宇。北宋末年,宋徽宗赵佶在苏州设应奉局,征调吴匠为其营造苑囿,其中就有不少来自无锡、常州片区的吴匠。无锡、常州片区与苏州片区在文化、交通、地域等方面均有许多相通互融之处。如从泰伯建"勾吴"开始,无锡、常州片区和苏州府便共同受到吴文化的熏陶,使用相同的方言(吴语区的太湖片)。两地毗邻太湖,依托京杭大运河,水路发达,交通便利。且明清时期同属南直隶[6],两地在建造制度和律法上也有相通之处,这些均为香山帮匠人到无锡、常州片区进行营造活动提供了可能性和支撑。

5.2.1 香山帮与无锡、常州片区的渊源

香山帮匠人在无锡、常州片区的活动有着浓厚的历史渊源。首先,春秋吴地文化的繁荣和吴匠的出现为香山帮的萌芽提供了文化和技艺上的基础;其次,明初苛捐杂税、清末太平天国运动等原因,以及无锡、常州片区与苏州毗邻的地理位置,促使了香山帮向外发展,并来到无锡、常州片区进行营造活动。经过百年来的发展,香山帮匠人在无锡、常州片区的活动从零散到有组织性,一步步发展成熟。组织形式从个人的单打独斗,到私营作坊、同业团体,再到更具规模的古建公司,逐步形成具有现代化管理体制的企业。

5.2.2 香山帮在无锡、常州片区的发展分期

明朝以来,香山帮在无锡、常州片区进行营造活动的相关记载逐渐有所增加。因此,本章节仅讨论明清以来香山帮在无锡、常州片区的活动发展分期。大致可分为三个时期:一为萌芽期,明洪武元年至清咸丰元年(1368—1851);二为发展期,清咸丰元年至新中国成立(1851—1949);三为成熟期,新中国成立至今(1949—)。

5.2.2.1 萌芽期

这一历史时期,受经济、时政等因素影响,不少香山帮匠人流离他乡进行营造活动。此时香山帮匠人在无锡、常州片区的营造活动零散,尚未具有组织性。明洪武元年(1368),朱元璋恼于先前张士诚对苏州的割据,将苏州府的赋税进行了大幅度增加。根据《大学衍义补》记载:洪武二十六年(1393),苏州府垦田面积 96 506 顷,征税 2 859 000 余石,其垦田面积仅为全国的 1%,而赋税几乎占全

国征税的 10%。同时期的无锡、常州片区垦田面积与苏州府相差无几,但其赋税是苏州府的 1/4,相对于苏州府而言税务要轻松得多,苏州严重的赋税,使得很多香山帮匠人不得不外出寻求出路。[7]正值此时期,杰出香山匠人的出现更刺激了香山帮这一匠帮组织的形成和发展。香山帮匠人蒯祥进京参建紫禁城,受封工部左侍郎,并有"蒯鲁班"的美称。蒯祥的名声在民间广为流传,越来越多的香山人愿意参与建筑营造活动。萌芽期,随着香山帮声名远扬,香山帮匠人数量增多,再加上当时苏州苛捐杂税严重,使得不少香山帮匠人离开苏州,赴无锡、常州片区及江南其他地区进行建筑营造活动。但此时期史料中的相关记载仍非常少见,偶能查到无锡、常州片区的著名匠人。如叠山高手戈裕良(1764—1830),常州人,字立三,主要活动于苏州、常州、扬州、南京等地,其作品以苏州环秀山庄、扬州小盘谷中的假山最为著名,还有苏州虎丘的一榭园、南京的五松园、仪征的朴园、常熟的燕园等。据称戈裕良堆砌的假山"能融泰、华、衡、雁诸峰于胸中,所谓假山,使人恍若登泰岱、履华岳,入山洞疑置身粤桂"。萌芽时期,香山帮创办的营造作坊、营造厂等还未在无锡、常州片区出现,此时,香山帮匠人在无锡、常州片区的营造活动尚主要以个体为单位进行。

5.2.2.2　发展期

吴地山水秀美、土地肥沃、经济繁华。清咸丰元年(1851),太平天国运动兴起,因此,吴地也成为太平军的觊觎之地。太平军定都南京后,在吴地兴建大量的公共建筑,有大批香山帮匠人被征调,并在苏州营造太平军的亭台楼阁、庙宇官邸。太平天国运动失败后,香山帮匠人因"附逆发匪"而受到牵连。为了避免追查被捕,香山帮匠人纷纷逃往异地他乡谋生。由于无锡、常州片区的无锡、宜兴与苏州香山毗邻,无锡和宜兴便成为香山帮匠人的主要落脚点,有许多香山帮匠人在无锡、常州片区定居、扎根。这一历史时期,香山帮匠人在无锡、常州片区的营造活动相比萌芽期有了明显的史料记载痕迹,并且有不少香山帮匠人在定居无锡、常州片区后,开始设立了自家的营造作坊,如在宜兴城中,有朱、周、范、郁几家作坊,作坊主及大师傅均为香山人。[8]民国元年(1912)之后,无锡、常州片区已有不少建筑由香山帮营造作坊负责承包。随着香山帮营造作坊的开设和运营,香山帮匠人在无锡、常州片区的营造活动开始具有了一定的组织性和规模化,香山帮木作营造技艺在无锡、常州片区也得以广泛流传与蔓延。

5.2.2.3　成熟期

新中国成立后,我国越来越注重传统建筑的保护和传承。1949 年前,香山帮已在无锡、常州片区营建不少传统建筑，且香山帮营造技艺在江南地区日趋受到广泛认可。无锡、常州片区具有地理、文化、交通等多方优势，均为香山帮匠人在无锡、常州片区形成主导化、规模化、体系化的建筑营造奠定了基础。这一时期，无锡、常州片区不少重要传统建筑营建和修缮项目是由香山帮匠人负责的，如传统营造技艺国家级代表性传承人陆耀祖主持了常州文笔塔的复建。常州文笔塔始建于南北朝时期，民国十九年（1930）毁于日军炮火下。苏州古建园林公司受邀，由陆耀祖的父亲陆文安担当顾问，圆满地完成了该建筑的修复。该建筑中保留许多香山帮木作营造技艺特点，如一斗六升牌科[9]的运用等。另外，如常州双庙营建、江阴徐霞客草堂修复、无锡泰伯庙墓博物馆、无锡南禅寺等，这些项目对匠人的营造经验和施工技术要求较高，已成为香山帮在无锡、常州片区的代表作。而香山帮匠人得益于深厚的经验积累和精湛的技艺传承，有更多机会参与和负责无锡、常州片区重要传统建筑的营建和修缮项目，在无锡、常州片区进行营造活动的香山帮匠人已形成较大规模。如常州市江南古建筑工艺传习所有限公司，由五代以上传承谱系的大木作师傅担纲领衔，其他木作师傅进行配合，各类木作师傅长期聚集在一起形成一个完整的匠人群体，其中包括大木作、小木作、水作、石作等种类，分工明确、活动有序。可以看出，新中国成立后香山帮匠人在无锡、常州片区的组织形式发生转变，营造团体更具组织性，活动体系更为完备。

5.2.3　营造活动及特点

香山帮与无锡、常州片区的渊源与其营造活动是密不可分的。有明以来，香山帮在无锡、常州片区的营建活动，遍布于园林、官邸、庙宇、祠堂、宅院中，还有很多传统建筑的修缮和重建也由香山帮匠人经手。目前，我们很难找到清朝以前香山帮匠人在无锡、常州片区进行营造活动的准确史料记载，但有一些关于吴匠的记述。如明朝，无锡人陆贤及其弟陆祥应召入朝修建宫殿，陆贤担任营缮所丞，管理都史、营造、柜、砖木、杂、夫匠六科及其他营造单位；陆祥则于宣德四年选授工副、改工部营缮所丞，历任营缮清吏司员外郎，统筹国家的土木、水利工程等。[10]苏州吴江人计成不仅完成了《园冶》，且在常州受邀为吴又予营造了代表性吴地园林——东第园，此乃计成的成名作。东第园原是元朝温相的旧园，面积有 15 亩，造园之初，吴又予要求计成"斯十亩为宅，余五亩，可效司马温公'独乐'制"。由此可见，吴又予已将园林大致的功能分区、风格定了下来。古代造园，主人与工匠之间关系密切，并且园主所处地位之重要由此可见。正如计成在卷一"兴造论"开篇便说："世之兴造，专主鸠匠，独不闻三分匠、七分主人之谚乎？非主人也,能主之人也"。

　　清朝始,开始陆陆续续有香山帮匠人在无锡、常州片区进行营造活动的记载。如清朝末年,李山、邱阿二及施迎春父子,受到"附逆"牵连而前往无锡、常州片区谋生。李山所修复的宜兴圣庙,参照苏州府孔庙款式,工艺水平很高,在宜兴的传统建筑中极具代表性。邱阿二与施迎春为叔侄关系,先后来到宜兴进行建筑营造活动。此外,施迎春父子受雇于张姓作坊,参与在无锡、常州片区的营建,并成为当手[11]。民国元年(1912)之后,无锡、常州片区不少大宅、祠堂等都出自香山帮匠人之手,如周生发、朱焕林、范松茂等,他们主要承包了宜兴陈、任二公祠的营建,当手师傅周生发被称为宜兴"木匠状元"。新中国成立以来,香山帮传统建筑营造技艺国家级代表性传承人薛福鑫在无锡、常州片区主持了许多传统建筑项目,如无锡前洲锦绣园、无锡荡口华蘅芳故居等。著名园林学家陈从周对薛福鑫的褒奖为"钟情山水,知己泉水",以赞扬其在我国传统建筑和苏州园林方面的造诣和贡献。

　　香山帮匠人的群体性概念很强,自明清始,香山帮在无锡、常州片区的组织性开始逐渐展现出来,他们开始通过相关的组织形式来进行营造活动。行业工会是同业团体自发形成的组织形式,明清时期无锡、常州片区有不少同乡同业团体,香山帮匠人造不起大会馆、同乡会,便在当地许多大庙宇之侧造一个一、二间屋的鲁仙宫或鲁班殿,用于祭祀公输般并定期聚会纪念。[12]明清时期,香山帮在无锡、常州片区多以父子、师徒关系为基础,建立营造作坊并进行相关的营造活动。其中,朱、周、范、郁几家香山帮匠人先后定居宜兴,并在此设立以自己姓氏命名的营造作坊,他们大多以承包项目的方式进行建筑营造。新中国成立后,无锡、常州片区有不少香山帮匠人创建的建筑公司相继成立,如过汉泉成立的常州江南古建筑工艺传习所有限公司便是其中之一。该公司是我国目前为数不多的江南古建筑技艺传习基地,2014 年被常州市政府批准为非物质文化遗产项目——"江南古建筑技艺"传承单位。过汉泉曾主持修建了常州文笔塔及丁甘仁故居等知名建筑。[13]

　　香山帮在无锡、常州片区的建筑营造特点,主要表现在以下三个方面:一为涉及领域广泛,二为延续香山帮营造传统,三为体现地域特征。

　　明清时期,"造园"之风盛行,无锡、常州片区的文人雅士、地方官僚对于园林和官邸建造的需求开始增多,如明晚期的东第园。清乾嘉年间(1736—1820)的溧阳清朝大臣史贻直府第,为香山帮匠人施姓师傅经手建造,并在落成后受赠"规矩准绳"等匾额,可见其营造技艺已达到很高水平。[14]受苏式传统园林和建筑营造特点的影响,我们今天看到的无锡、常州片区不少园林和官邸亦有香山帮营造技艺的体现。香山帮在无锡、常州片区还参与建造了不少庙宇、祠堂、宅院等建筑,如李山建造的宜兴城隍庙,其中的东西辕门、吹鼓亭、头门、仪门颇为壮观肃穆,但因战争损毁过半,仅存大殿及戏楼;施迎春建造了丁山白宕关帝殿,且督造了香亭、采亭各一座,造诣精巧,别具匠心,如今殿内仅存戏楼及明礼部尚书孙慎行撰书的巨碑。此外,还有周生发、朱焕林等负责建造的宜兴陈公祠和任公祠,以及民国元年之后香山帮匠人所建吴姓、任姓、顾姓大宅和花园,极为可惜的是,这些宅园均在战乱中被毁。

由于中国传统建筑多用木材作为架构进行支撑,而木材极易受到人为破坏或自然灾害侵袭,所以建筑修缮也是历代工匠的主要营造活动之一。早在清同治、光绪年间(1862—1908),即有香山帮匠人在无锡、常州片区进行相关的修缮活动,如李山修建的宜兴圣庙,施迎春负责修建的宜兴东坡书院、三姑夫人庙等。而近年来,香山帮匠人仍活跃在无锡、常州片区传统建筑的修缮活动中,如常州文笔塔修复工程、无锡锦绣园、镜花缘缘中园建造工程等,都由香山帮匠人负责修建。

香山帮在无锡、常州片区营造建筑,很多营造技艺及表现特征均延续了其在苏州的传统做法,与苏式建筑颇为相似。如常见的扁作厅中,山界梁上施山雾云及抱梁云,且在大梁梁下设置棹木以提升大木构架的装饰性。扁作船篷轩或鹤胫轩一般在轩梁下施梁垫与蒲鞋头作为支撑,轩梁上则架设荷包梁起到装饰和连接作用。另外,香山帮在无锡、常州片区所营建的殿庭,屋脊装饰通常采用鱼龙吻脊,这也是苏州香山帮的常见做法,《法原》中的鱼龙吻脊与宜兴城隍庙中的鱼龙吻脊极为相似。宜兴城隍庙大殿的整体面貌和大木构架虽然和苏州城隍庙相比要简朴许多,但总体做法还是能反映出香山帮营造技艺的若干痕迹(见图5-2)。

在所调研的无锡、常州片区建筑中,还有尚未确定是否为香山帮匠人所营造的建筑物,但从建筑细部构造上可以看到苏式建筑的影子。如唐襄文公祠中的大木构架构成与样式,特别是轩中荷包梁、轩梁等做法与苏州香山帮建筑相近,其山墙的形状及屋脊所运用的纹头脊,在苏州香山帮厅堂建筑中也较常见(见图5-3)。香山帮在苏州营造的祠堂类建筑中会运用扁作做法,而无锡、常州片区的祠堂则更多地采用圆料。有些匠师会将扁作与圆堂作为建筑营造年代的判断依据之一。[15]由此,可以初步判断香山帮在无锡、常州片区营造的祠堂主要为清代以后。香山帮在无锡、常州片区祠堂普遍拥有朴素、低调的特点,即使雕梁画栋,也只是稍加点缀而已。另外,无锡、常州片区中颇受青睐的一枝香轩,在梁轩上多有未施抱梁云的现象,与香山帮的传统做法还是有所差异的(见图5-4)。

宜兴城隍庙大殿外观　　　　　　　　　苏州城隍庙大殿外观

宜兴城隍庙大殿构架　　　　　　　　　苏州城隍庙大殿构架

图 5-2　宜兴城隍庙与苏州城隍庙的比较

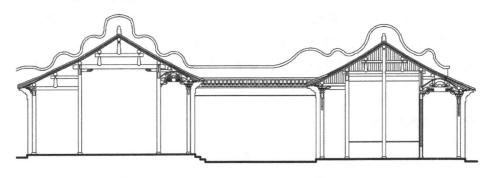

图 5-3　无锡唐襄文公祠总剖面图

（图片来源：根据《无锡惠山古镇保护发展图册》改绘）

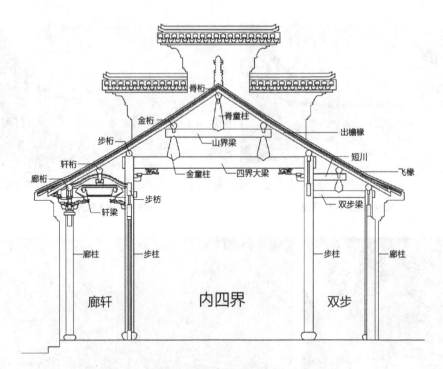

图5-4 无锡薛三义祠二进房未施抱梁云的一枝香轩

（图片来源：根据《无锡惠山古镇保护发展图册》改绘）

5.3 无锡、常州片区木作营造技艺

传统民居是我国传统建筑的重要类型之一，包含民宅、祠堂、会馆、书院等，[16]且以民宅、祠堂建筑数量最多。尽管民宅与祠堂均归属于民宅范畴中，但其在平面形制、大木构架样式、构成及模数关系上，还是存在着一定的差异。因此，本节以无锡、常州片区民宅中的祠堂及厅堂为例进行分述，探讨无锡、常州片区木作营造技艺。

5.3.1 祠堂中的厅堂

祠堂也可称为宗庙，泛指除宗教寺观以外的祭祀场所，即用于祭祀祖宗、先贤或神灵的建筑。根据祭祀对象的不同，可以将祠堂分为三类：一为神祇祠堂，用于祭拜自然和神灵，如山川、天地、日神、月神、城隍神等；二为圣贤先哲祠堂，用于祭拜有特殊贡献的人，如帝王、孔子等；三为宗祠祖庙，是帝王、平民用于祭祀祖先的场所。[17]祠堂中的厅堂主要为享堂和寝堂,一般为祠堂中的二、三进建筑,是举行祭祖仪式、宗族议事和安寝神灵的主要场所。其作为祠堂中最具仪式感的建筑,具有地位高、空间大、装饰性强、陈设考究的特点。本节以明清时期无锡、常州片区祠堂中的厅堂(35 座)为研究对象,对祠堂总体布局和厅堂平面形状、构成、柱网分布、尺度进行分析,探析祠堂中厅堂的平面形制特征、大木构架构成、样式、构件细部。

5.3.1.1　总体布局

　　无锡、常州片区明清祠堂通常由祠门、享堂、寝堂等主体建筑,以及厢房、廊庑等辅助用房组合而成。无锡、常州片区明清祠堂建筑总体平面布局,大致可分为以下五类:一为单栋式祠堂,如建于清代的宜兴陈氏宗祠。此类祠堂基本仅设享堂,总体布局单一。单栋式祠堂数量较少,在调研案例中仅占 7%。二为一进式祠堂,如常州恽氏宗祠。该祠原位于常州市戚墅堰丁堰梅港上陈村,2017年迁于戚墅堰运河公园,主要建筑为享堂,配以祠门以围合成一个院落空间,整体布局相对紧凑。一进式祠堂在调研案例中占比 29%。三为二进式祠堂,由祠门、享堂及寝堂组成,侧翼可能设有供祠丁起居用的附房、别院等,如建于清代的江阴沈氏宗祠,该祠堂为硬山顶砖木结构。二进式祠堂最为常见,将祠堂中的主要功能空间全部涵盖。在调研案例中占比 43%。四为多路多进式祠堂,如无锡王恩绶祠,该祠建于清同治十三年(1874),由洪钧奏请敕建,冯桂芬题写碑记和祠额。此类祠堂建筑群体量较大,一般而言,中路为三进或四进院落空间,左右分两路或一路,呈一进或二进式院落,甚或与中路呈一定角度布局,相对比较灵活。多路多进式祠堂布局秩序优美,尤为别致。在调研案例中,多路多进式祠堂占比 14%。五为灵活布局式祠堂,如无锡杨四褒祠。该祠原为建于清光绪八年(1882)的杨氏别墅花园,光绪二十年(1894)由杨艺芳改别墅为祠堂,纪念其父母、叔婶,故称杨四褒祠。灵活布局式祠堂一般由多路或零散建筑自由组合而成,布局讲究灵活多变,多将祠堂与园林巧妙结合。此类祠堂在调研案例中占比7%(见表 5-1)。

　　可见,总体布局为一进式或二进式祠堂在无锡、常州片区最为普遍。两种布局形式都包含了祠堂的主要功能建筑,是较为常规的祠堂布局类型,合计占到调研案例的 72%。单栋式与灵活布局式祠堂最为少见,均占比 7%。单栋式过于简朴,不能充分展示出祠堂的气势。而建造的如此大规模的灵活布局式祠堂占地较大,且需建造者具有更强的经济实力。多路多进式则居于中间地位,占比

表 5-1　无锡、常州片区明清祠堂总体布局一览表

类型	单栋式	一进式	二进式	多路多进式	灵活布局式
简图					
实例	宜兴 陈氏宗祠	常州 恽氏宗祠	江阴 沈氏宗祠	无锡 王恩绶祠	无锡 杨四褒祠

14%。另外,无锡、常州片区明清祠堂布局以对称的中、小型居多,且不论何种布局类型,其院落及建筑都围绕中轴线进行规划和组织,强调主次关系,遵循中国传统思想中"长幼尊卑""宗归族训"的礼制观念[18]。

5.3.1.2 厅堂平面形状

祠堂中厅堂的平面形状直接影响其面阔、进深、柱网排布、梁架结构等,对厅堂室内整体空间布局和功能分区亦具有非常重要的作用。调研的无锡、常州片区明清祠堂厅堂案例中,以矩形平面为主。少数由于所处环境的限制、造型的需求或其他原因,尚有呈现平行四边形、凹字形、工字形及矩形挖角等的异形平面。通过分析,均可将这些异形平面归结为由"矩形"这一基本形状衍变而成(见图5-5)。

矩形平面规整、方正、朴实,此类平面形状的祠堂厅堂在无锡、常州片区占主导地位,亦可视为其他平面形状的基本形。位于今梅村镇的无锡泰伯庙享堂即为规整的矩形平面,享堂建于清嘉庆二十三年(1818),面阔5间、进深6界。无锡、常州片区明清时期祠堂厅堂平面,由基本形"矩形"衍变出以下四种不同的平面类型,即平行四边形、凹字形、工字形及矩形挖角。"平行四边形"的平面形状较为少见,无锡蒋中丞祠各厅堂平面为本节调研案例中仅有的平行四边形。该祠堂的区位图显示其用地即为平行四边形,显然,设计者为与用地相呼应,对于祠堂中各厅堂(祠门、享堂、寝堂)的平面形状,乃至院落的形状,均巧妙地采用平

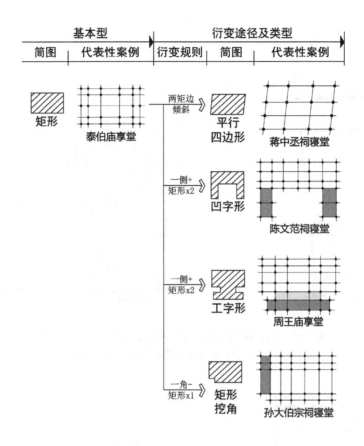

图 5-5　无锡、常州片区明清祠堂厅堂平面衍变模式

行四边形,与基地高度协调,又巧妙地融入环境,与周边地形非常协调(见图 5-6);"凹字形"由"矩形"平面边间同侧延伸出两个矩形空间而形成,如无锡陈文范祠寝堂。延伸出的两个矩形空间类似于"厢房",但内部与主体建筑相通,且共同围合出一个相对封闭的院落,并在入口处设阶梯以提升其仪式感(见图 5-7);"工字形"则是在"矩形"平面一侧中间部位加两个大小不等的矩形空间,如宜兴周王庙享堂,采用"工字形"的平面形状[19](见图 5-8)。周王庙(也称英烈庙、周孝侯庙)位于宜兴市宜城镇东庙寺,为祭祀晋平西将军周处[20]而建,建于晋元康九年(299)。此外,还可通过将"矩形"平面的一角挖去,形成"矩形挖角"的平面形状,如无锡孙大伯宗祠寝堂。该建筑为两层,主体空间的左边辅加了一个小的矩形空间作为上下楼的楼梯井,从而形成"矩形挖角"平面形状(见图 5-9),这样既保证了祠堂主体空间的完整性和通透性,也解决了垂直交通问题。

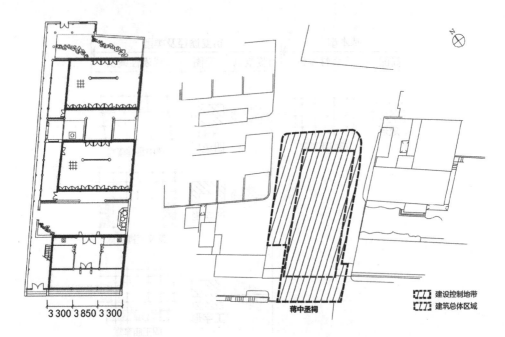

图 5-6　无锡蒋中丞祠各厅堂"平行四边形"平面及区位图
（图片来源：根据无锡市园林设计院有限公司提供的图纸描绘）

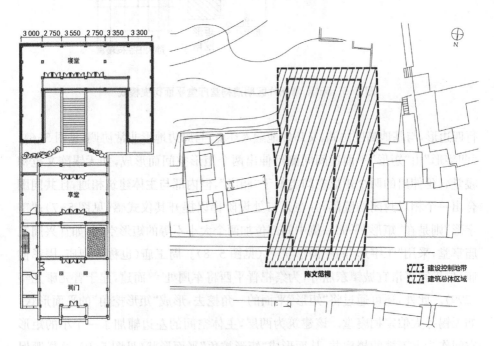

图 5-7　无锡陈文范祠寝堂"凹字形"平面及区位图
（图片来源：根据无锡市园林设计院有限公司提供的图纸描绘）

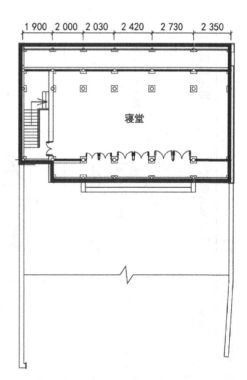

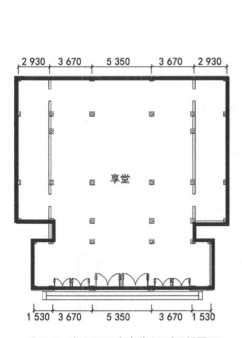

图 5-8　宜兴周王庙享堂"工字形"平面　　　图 5-9　无锡孙大伯宗祠寝堂"矩形挖角"平面
（图片来源：根据无锡市园林设计院
有限公司提供的图纸描绘）

5.3.1.3　平面尺度

首先,对无锡、常州片区明清祠堂中厅堂的开间数进行分析。在所选定的 35 座祠堂的厅堂案例中,开间数从三开间到六开间不等。其中,三开间的为 21 座、五开间的为 11 座、四开间的为 1 座、六开间的为 2 座。特别值得注意的是,35 座祠堂厅堂中存在 3 座偶数开间。进深方向的柱网排布,主要由厅堂的正贴和边贴柱列所决定,所调研厅堂的正贴均为抬梁式,边贴则为穿斗式(见表 5-2)。

无锡、常州片区明清祠堂中厅堂面阔的开间数量以奇数为主,也有少数为偶数,开间数有三开间、四开间、五开间及六开间,其中,三开间最多。面阔三开间厅堂呈完全对称式,正间大于边间,且左边间与右边间相等。如宜兴城隍庙享堂,其各开间比值为 0.89∶1∶0.89。五开间厅堂中,虽正间仍为最大,但次间和边间尺度则比较灵活,可为完全对称式或非对称式。首先,完全对称式的五开间厅堂,正间大于次间,次间大于边间,且左次间等于右次间、左边间等于右边间。

表 5-2　无锡、常州片区明清祠堂中厅堂的平面构成分类表

开间数	开间大小	案例	平面简图	开间比值	正贴构架模式	进深比值
三开间	正间>边间	城隍庙享堂		0.89：1：0.89		0.76：1：0.46：0.38
五开间	正间>次间 次间>边间	周王庙享堂		0.55：0.69：1：0.69：0.55		0.74：0.65：1：0.34：0.5
	正间>右边间 右边间>次间 次间>左边间	唐襄文祠享堂		0.76：0.89：1：0.89：0.90		0.38：1：0.58

（续表）

开间数	开间大小	案例	平面简图	开间比值	正贴构架模式	进深比值
四开间	右正间>左正间 左正间=右边间 右边间>左边间	倪云林先生祠寝堂		0.76∶0.92∶1∶0.92		0.34∶0.5∶1∶0.34
六开间	右次间>右正间 右正间>左正间 左正间>左次间 左次间>左边间	孙大伯宗祠寝堂		0.79∶0.83∶0.84∶1∶1.13∶0.97		0.3∶0.26∶1∶0.26

如宜兴周王庙享堂面阔为五开间,各开间比值为 0.55:0.69:1:0.69:0.55;也有较少数厅堂为非对称式,如正间大于右边间、右边间大于次间、次间大于左边间,如无锡唐襄文祠享堂。该建筑虽为五开间,但两边间不等,各开间比值为 0.76:0.89:1:0.89:0.90。无锡、常州片区祠堂中,面阔为四开间(或六开间)的厅堂虽较为少见,但确实存在。这与中国古代对偶数开间的排斥似不相符,特别是对于强调纪念性、庄严性的祠堂厅堂来说更是不可思议。更加令人费解的是,无锡倪云林先生祠堂中寝堂既为四开间,又为非对称式,即右正间大于左正间、左正间等于右边间、右边间大于左边间,其各开间比值为 0.76:0.92:1:0.92。而无锡孙大伯宗祠寝堂为六开间厅堂,各开间尺度完全无规律性可寻,其比值为 0.79:0.83:0.84:1:1.13:0.97。

无锡、常州片区明清祠堂中厅堂的进深方向构架样式较为丰富。一般地,正贴为抬梁式,边贴为穿斗式,现仅以正贴为例来说明。正贴构架模式以"廊/轩/双步 + 主体空间 + 廊/轩/双步"为基础。如无锡唐襄文祠享堂,其正贴构架模式为"轩 + 内四界 + 后双步",进深方向柱间比值为 0.38:1:0.58。在此基础上,前或后再加双步(或廊、轩),如无锡倪云林先生寝堂正贴构架模式为"廊轩 + 内轩 + 内四界 + 后廊",其比值为 0.34:0.5:1:0.34;宜兴城隍庙享堂正贴构架模式则为"轩 + 内四界 + 双步 + 后双步",进深方向柱间比值为 0.76:1:

图5-10 宜兴周王庙享堂正贴"抌金"样式

0.46:0.38。此外,主体空间为内四界的厅堂中,还有较为特殊的"抌金"样式。在调研的 35 个案例中仅有一例,为宜兴周王庙享堂,且其正贴砌墙(见图5-10)。[21] 由此,将主体空间内四界分解为"三界"加"一界",其正贴构架模式为"廊轩 + 内轩 + 内四界(三界 + 一界)+ 后双步",其进深方向柱间比值为 0.74:0.65:1:0.34:0.5,基本呈不规则状态。

5.3.1.4 大木构架构成

无锡、常州片区明清祠堂中厅堂正贴构架样式均可归结为由主体空间、轩、廊、单步（双步）构成。主体空间则为内四界、五界回顶或六界。其中，主体空间为内四界的厅堂比例最多。根据主体空间大梁截面形状的不同，又可分为梁截面为扁方料的扁作厅、梁截面为圆形的圆堂。在调研案例中，内四界既有扁作厅又有圆堂，而五界回顶只有扁作厅，六界则只有圆堂。轩具有很强的装饰作用，在无锡、常州片区祠堂厅堂中亦极为常见。轩的造型丰富，种类繁多，且配有一定的雕刻装饰。轩进深为一界或二界，如重复筑轩，外部的称为"廊轩"，内部的则为"内轩"。除《法原》、苏州片区、上海片区所展示的常见轩外，无锡、常州片区明清祠堂中厅堂还存在人字轩，与《园冶》中的三架人字架比较相似。此外，《法原》中根据轩梁与内界大梁底的高低位置关系，又将轩分为磕头轩、半磕头轩及抬头轩。如轩梁与大梁底不在同一水平线上，为磕头轩和半磕头轩，两者的区别在于半磕头轩需安放草架、架重椽；轩梁与大梁底在同一水平线上则为抬头轩，其特点同半磕头轩。调研的无锡、常州片区明清祠堂厅堂，全部含有轩或廊，且轩的比重多达 80%。其中，磕头轩运用最多（53%）、抬头轩次之（35%）、半磕头轩最少（仅为 12%）。除轩之外，廊、双步亦是衔接室内外的主要过渡空间，但其装饰性与轩相比要弱很多。廊通常设于厅堂的前部，双步则多位于厅堂后部，故又称之为后双步。廊进深为一界，通过廊川连接步柱和廊柱。双步则进深两界，做法与廊类似。

5.3.1.5　大木构架样式

无锡、常州片区祠堂厅堂以内四界、五界回顶、内六界为主体空间，通过与其他空间元素（轩、廊、双步等）进行组合，形成多种大木构架模式。首先为有 2 个构成元素的模式，分为两种组合样式：一是内四界前加廊或轩，形成"前廊/轩＋内四界"的模式，此模式一般运用于小型厅堂，建筑规模相对较小，如无锡陈文范祠寝堂；二是内六界前加轩，形成"轩＋内六界"的模式，如无锡范文正公祠享堂。其次为有 3 个构成元素的模式，可分为三种组合样式：一是内四界前、后各加廊、轩或双步，形成"前廊/轩/双步＋内四界＋后廊/轩/双步"的模式，此模式最为常见，如无锡薛三义祠享堂等；二是五界回顶前、后各加轩，形成"轩＋五界回顶＋轩"的模式，因五界回顶也可看作类似于轩，所以此类大木构架模式又可称为"满轩"，如无锡杨四褒祠潜庐；三是内六界前、后各加廊、轩或双步，形成"前廊/轩/双步＋内六界＋后廊/轩/双步"模式，此类建筑体量更大，空间感也更强，如无锡孙大宗伯祠享堂。最后为有 4 个构成元素的模式。在有 3 个构成元素的模式的基础上，内四界前或后再加入内轩，形成"前廊/轩/双步＋内轩＋内四界＋后廊/轩/双步"或"前廊/轩/双步＋内四界＋内轩＋后廊/轩/双步"模式。
该模式运用于建筑体量较大的厅堂,如无锡倪云林先生祠寝堂。内四界后加两
个双步,形成"轩＋内四界＋双步×2"的模式,其进深较长,空间感更强,更能营
造祠堂厅堂庄严、肃穆的氛围,如宜兴城隍庙享堂。此外,还可以在内四界及后
轩之间加入人字轩,形成"廊轩＋内四界＋人字轩＋廊轩"模式,使建筑内部空间
更加丰富,如无锡范文正公祠寝堂(见图5-11)。

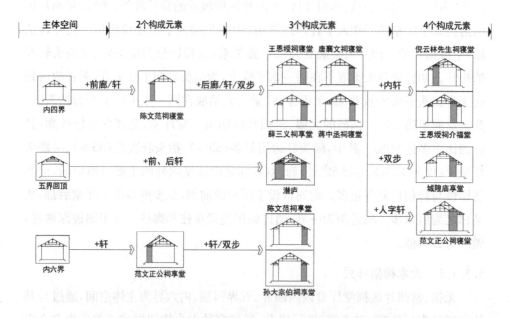

图5-11 无锡、常州明清祠堂厅堂大木构架模式衍化示意图

5.3.1.6 构件细部

无锡、常州片区祠堂厅堂大木构架同样由柱、梁、桁、枋、机、椽、牌科等构
件组成。根据柱在厅堂平面位置的不同,可将其分为廊柱、轩步柱、步柱、脊
柱、童柱等。但童柱只作为圆堂中主体空间的梁与梁之间的承接,扁作厅则用
牌科,与《法原》相同。圆堂中童柱与梁的咬合方式则有鹦鹉嘴、蛤蟆嘴两种样
式,使用鹦鹉嘴的厅堂多为清代所建,而蛤蟆嘴的厅堂多为明代所造建筑,这
正吻合了香山帮匠师认为童柱与梁的不同咬合方式代表着营造技艺历时性的
特点。

根据梁所处位置不同,梁可分为:大梁(○界梁)、山界梁、轩梁、荷包梁、双
步梁和川等。根据梁截面形状的不同,梁截面近似于矩形的称为月梁,梁截面接

近于圆形的称为直梁，实际上更确切地判断其为月梁或直梁，还要看大木构架进深方向梁的形状，两端呈弧形则称之为月梁，而呈直线形的则称其为直梁。无锡、常州片区明清时期祠堂中厅堂内四界既有月梁又有直梁，而五界回顶中只用月梁，六界则只用直梁。月梁之间用牌科承托，而直梁则用童柱代替牌科。无锡、常州片区明清部分规格较

图 5-12 无锡华孝子祠孝祖享堂大木构架的直梁月梁造型

高的祠堂，如宜兴的至德祠、泰伯庙，厅堂主体空间及轩、廊及双步都用月梁，且会在梁下设蒲鞋头、棹木等构件进行装饰。[22] 还有将直梁做成仿月梁的做法，如无锡华孝子祠孝祖享堂大木构架的内四界梁及山界梁，均为在直梁的基础上，将梁的两端略微做出弯曲状，神似月梁（见图 5-12）。华孝子祠位于无锡惠山东路，为祭祀东晋时的无锡孝子华宝而建，孝祖享堂为该祠的主体建筑。更有甚者，如宜兴周王庙享堂，为香山帮匠人所建。其主体空间的正贴大梁为直梁，山界梁却为简化的月梁。月梁、直梁在同一梁架上混用，显得更加混杂与突兀。可以看出，香山帮木作营造技艺在无锡、常州片区已经变得不那么严谨（见图 5-13）。关于无锡、常州片区明清祠堂中厅堂梁的附属构件，如梁垫、蒲鞋头等的应用趋少，仅占所调研厅堂的 52%，其形状大小与《法原》类似。但枫拱、棹木的运用并不多见，调研厅堂（35 座）中仅发现 2 例。这愈发使得无锡、常州片区明清祠堂厅堂大木构架较苏州片区、上海片区显得简洁、质朴。

图 5-13 宜兴周王庙享堂正贴山界梁的仿月梁式

无锡、常州片区明清祠堂厅堂中,根据桁的位置不同,可将其分为:脊桁、金桁、轩桁、廊桁及轩桁等。桁的截面一般为圆形。通常桁条下会附一长木条,称为"机",主要用于提高桁条的承载能力。根据机的附属位置及其长度、作用等的区别,可将其分为连机和短机。连机通常施于廊桁、步桁之下,长度与桁条相同,无雕饰,主要起到辅助桁条增加承载能力的作用;而短机通常置于脊桁、金桁及轩桁之下,有一定的雕饰,主要作为装饰构件。脊桁下脊柱两侧设"抱梁云""山雾云"的做法较为少见,仅占调研案例的12%,抱梁云、山雾云的形状虽与《法原》类似,但尺寸趋小,且雕饰较少,雕刻工艺更为简化。

根据枋的位置不同,可将其分为廊枋、轩枋、步枋等几种类型。此外,在大梁、双步梁、廊川下,通常也能见到枋用于连接和加固两柱,相当于北方的随梁枋。《法原》中将其称为"夹底",无锡、常州片区明清祠堂厅堂大梁下施夹底的做法亦常见。对于大型祠堂乃至民宅或园林中的厅堂,梁、枋之间架设隔架科(一般多用一斗三升或一斗六升),起到一定的承重及很好的装饰作用(见图5-14)。更有甚者,无锡寄畅园某厅堂室内山界梁与四界梁之间架设一斗六升,并且大梁与之下具有精美雕饰的随梁枋紧贴,此时,枋的地位、作用大大加强,有些喧宾夺主之感(见图5-15)。

图5-14　无锡顾可久祠享堂室内所用的一斗六升　　图5-15　无锡寄畅园某厅堂室内所用的一斗六升

5.3.2　民宅中的厅堂

本小节以常州民宅中的厅堂(共14处民宅、45座厅堂)为主要研究对象,探讨常州明清民宅中厅堂平面模式。常州市辖5个市辖区,即天宁区、钟楼区、新北区、武进区、金坛区,以及代管1个县级市,即溧阳市。常州民宅的群体组合分为两种情况：一为位于常州市区（天宁区和钟楼区），民宅多沿河分布。元朝定都北京后，为使原有的运河能南北相连，新开凿的运河流经常州，大量的货船来往刺激了沿河经济，沿河街巷内一时商贾云集，商铺遍布。商人为生活便利，在店铺后建造自家住宅，形成了常州早期的居民聚居地。二为位于常州郊区，人们以农耕为生，所以更愿意傍山依水而居。同时，在农业社会中，宗族思想根深蒂固，聚族而居是封建家族观念最主要的体现形式，同宗族的人们选择抱团居住，因此，此类地区的民宅多以片状形式在山间田野中散落分布。常州明清民宅基本构成单位为"院落＋厅堂"，由高墙围合，构成私密的空间。在大户人家中门厅是停轿备茶的场所，而平常百姓家的门厅可作为厨房或是堆放杂物的地方。天井的围合形式有两种，一种是由两面相对的厅堂及院廊围合而成；另一种是由两面相对的厅堂及厢房组成。明清时期，中型和大型民宅多由数个天井院落相联而成。根据院落的规模和组成数量的不同，常州明清民宅可分为三种类型：单座庭院式、一落多进式和多落多进式（见表 5-3）。

表 5-3　常州明清民宅类型

类型	单座庭院式	一落多进式	多落多进式
简图			

　　单座庭院式多见于小型民宅中，庭院布置在厅堂之前，组成了简洁的"院落→厅堂"平面形式。从民宅空间形体考量，庭院也为入口区域提供了过渡空间。明代以后，常州更多的文人雅士将意趣情怀融注于住宅的营造中，因此即便无法构建苏州园林式住宅，他们也乐于在自家住宅前围合庭院，并添置盆栽陶冶

情趣,同时也顺应了"体天察道"的玄学思想。[23]一落多进式民宅是由数个天井院纵向排列成南北狭长的居住空间,在中轴线上布置三至四个厅堂,形成"厅堂→院落→厅堂"的"日"或"目"字的平面形式。如三进式民宅第一进为茶厅(也称轿厅),主要用于停轿备茶,在民宅使用空间局促的情况下,也用作厨房。然后是大厅,处于民宅中的核心位置,建筑规格也是厅堂中之最,是用来宴客和举办婚丧仪式的地方。女厅则位于民宅的后部,与院落、厢房构成了较为私密的空间,是眷属应酬与起居的场所。四进式民宅较三进式民宅而言,则是在轿厅前增加一进用于安置门厅。多落多进式民宅多见于大户人家,正落与边落之间用墙分割或者以"弄"相连,墙上开门便于通行。多落多进式是一落多进式的横向叠加,有两到三条平行的轴线。厅堂在正落上的位置与一落多进式民宅相似,门厅、轿厅、大厅、女厅依次布置。在边落上,书厅、花厅等的位置没有严格的次序,依主人喜好和实际使用需求放置,但是厅堂的规模依旧有严格的秩序,即正落的厅堂规模大于边落,前面的厅堂不得高于后面的厅堂。

厅堂柱网布局不仅涉及面阔、进深,还反映开间比例、屋架结构等信息,因此柱网布局是决定建筑规模和空间形态的重要因素。常州明清民宅厅堂的平面类型不多,但出现了有别于江南其他片区传统民宅基本平面特征的形式。平面形状不仅仅拘泥于规则的四边形,还在少数建筑中出现了偶数开间。常州明清民宅厅堂根据贴式的不同,可分为扁作厅、圆堂、船厅回顶和扁作圆厅混合式四种类型,在所调研的14处民宅(共有厅堂45座)中,有扁作厅3座、圆堂39座、船厅回顶1座、扁作圆堂混合式[24]2座。扁作厅在常州明清民宅中较为少见,等级较高、建造考究,常在梁架上绘彩画或作雕刻,一般作为民宅中的大厅和女厅使用;圆堂是常州明清民宅中数量最多的厅堂类型,造型简洁,室内空间及功能灵活多变,可用作会客、居住、读书等场所,是民宅中门厅、大厅和女厅最常见的厅堂类型;船厅回顶在"顶界"架置弯椽,增加了室内空间的艺术效果,在常州明清民宅中罕见,调研的厅堂中仅有盛宣怀故居花厅1处孤例,是屋主平时读书起居的地方。扁作圆堂混合式在调研中发现2处,分别代表着两种不同的混合方式:一是建于清代、位于和平南路北段的中国法学家史良故居,在同一内四界中使用了扁料和圆料;二是位于前北岸1号的清著名史学家、诗人赵翼故居的著书处"湛贻堂",其为两个厅堂的组合,屋顶构架在两个屋顶之下,前堂的后廊与后堂的单步衔接,从而形成在同一建筑中贯通的两个室内空间,该厅堂的扁料和圆料用于两个不同的内四界中(见表5-4)。

表 5-4　常州明清民宅中主要厅堂类型及其功能对应表

类型	功能					
	门厅	茶厅	大厅	女厅	书厅	花厅
扁作厅	—	—	●	—	—	—
圆堂	●	●	●	●	—	—
船厅回顶	—	—	—	—	—	●
扁作圆堂混合式	—	—	●	—	—	—

注：1. "●"为厅堂在常州明清民宅中具有的功能。
　　2. "—"为厅堂在常州明清民宅中不具有的功能。

常州明清民宅厅堂的平面形状一般以矩形最为普遍。依据厅堂长边与民宅轴线的关系，可以分为横长方形与纵长方形。横长方形平面的厅堂长边与民宅轴线垂直，此类厅堂在调研对象中共有 35 座。其中，扁作厅 2 座，圆堂 31 座，船厅回顶 1 座，扁作圆堂混合式 1 座；纵长方形平面的厅堂长边与民宅轴线平行，此类厅堂在调研对象中共有 2 座，扁作厅与圆堂各 1 座。除长方形平面以外，调研中梯形平面的厅堂有 2 座，皆为圆堂；凸字形平面厅堂 1 座，即管干贞故居锡福堂，亦为圆堂；凹字形平面厅堂 1 座，即赵翼故居湛贻堂，为扁作圆堂混合式（见表 5-5）。

表 5-5　常州明清民宅厅堂异形平面柱网布局

类别	凸字形	凹字形	梯形
柱网布局			
案例	管干贞故居锡福堂	赵翼故居湛贻堂	礼和堂女厅

常州明清民宅中扁作厅常用于大厅，其作为处理对外接待事宜的场所，需要显得规整、庄重，因此，扁作厅多选用横长方形的平面。而当扁作厅由于用地受限，面阔无法伸展时，只能增加纵向空间，从而出现了纵长方形平面。圆堂平面形状较为多样，当其作为大厅使用时，平面形状为横长方形，而当其用作门厅、茶厅或女厅时，平面形状则灵活随意。研究案例中，盛宣怀故居花厅为船厅回顶，

其平面形状为横长方形,与传统建筑主流平面形状一致。扁作圆堂混合式厅堂都用作大厅,平面形状虽分为横长方形和凹字形两种,但为增加建筑的体量感,凸显大厅在民宅中的地位,均增大了纵向尺寸,所以扁作圆堂式厅堂平面形状更接近于方形。梯形平面的厅堂都出自礼和堂建筑群,产生这一平面形状的主要原因应该是受用地的限制。礼和堂建成于明代,在清代经历数次改建,因此,各单体建筑形制不再严格统一。在改建过程中,为使礼和堂女厅最大限度地利用土地,增加使用面积,屋主见缝插针地扩建房屋,一侧柱网斜向延伸,所以出现了梯形平面。凸字形和凹字形平面厅堂的出现,可能是受到了苏州香山帮营造技艺的影响。苏州仓米巷史宅和钮家巷太平天国英王府中,凸字形和凹字形平面厅堂已见端倪。

常州明清民宅厅堂的开间以奇数为主,可分为三开间、五开间和七开间。三开间扁作厅中,正间面阔均大于次间面阔,两者比值介于 1.32~1.36;三开间圆堂面阔尺寸选取比较灵活随意,正间面阔可以大于、等于或者小于次间面阔;三开间的扁作圆堂混合式厅堂中,次间面阔小于正间面阔,但两次间面阔可以不同。在常州明清民宅五开间厅堂中,正间、次间和边间的面阔大小关系变化多样,如正间面阔大于次间,次间面阔等于边间等。此外,同一厅堂中同种类的开间面阔不必相同。调研中的七开间厅堂,仅松健堂女厅一例,其正间面阔大于次间,次间面阔大于梢间,梢间面阔大于边间。常州明清民宅厅堂不仅有奇数开间,也存在偶数开间,虽然数量不多,但确可在常州明清民宅厅堂中所见。常州明清民宅厅堂偶数开间可分为二开间、四开间和六开间,不同位置的开间名称也有相应的变化(见图5-16)。二开间的厅堂既有扁作厅也有圆堂,四开间和六开间的厅堂则以圆堂为主。在偶数开间的厅堂中,开间尺寸比较随意,不完全遵循正间大于次间、边间的规律,如正1间面阔小于正2间,正2间面阔大于次2间等现象时有发生。

图5-16 常州明清民宅厅堂偶数开间名称图

常州明清民宅厅堂内部空间丰富,进深方向界数在5至12界。廊、轩、双步等沿进深方向与内四界组成了以下四种不同的空间构成模式(见表5-6):一是"廊/轩/双步＋内四界＋廊/轩/双步",此模式的厅堂由3个元素构成,如礼和堂门厅。由于空间简单,易于建造,所以运用较为广泛。门厅、大厅、女厅、书厅等都可以使用此模式,且此类厅堂的内四界用材既可以是圆料,也可以是方料,甚至是圆料与方料混合。二是"廊 + 双步/三步 + 内四界 + 双步",此类厅堂多用于大厅和女厅。4 种元素的组合增大了进深,且增强了秩序感,廊是内外空间的过渡,内四界前后的双步和三步扩大了厅堂内部空间,如史良故居。三是"轩 + 双步 + 内四界 + 双步 + 廊",此模式由 5 个元素构成,进深较大,用作大厅居多,如盛宣怀故居大厅。在这种模式中,轩、双步、廊的作用相近,但轩做工考究且用于室内与室外的联系。四是"轩/廊 + 内四界 + 廊 + 内四界 + 廊",此模式也由 5 个元素构成,为双内四界模式,如吕思勉故居大厅。其与模式三截然不同,不仅进深更大,而且有两个完整的屋架。因此,模式四的厅堂有两个内四界,可将其看作两模式一厅堂的叠加组合。此类方式可以在保证木材用料可能的情况下,实现内部空间的扩展。

表 5-6 常州明清民宅中厅堂沿进深方向的空间构成模式

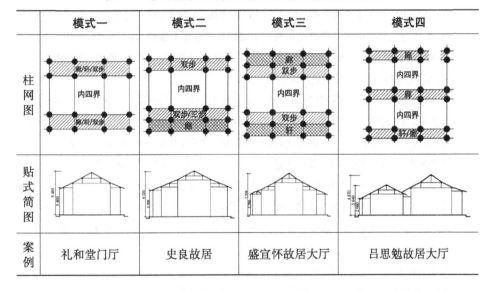

	模式一	模式二	模式三	模式四
柱网图				
贴式简图				
案例	礼和堂门厅	史良故居	盛宣怀故居大厅	吕思勉故居大厅

总之,明清时期的常州民宅厅堂可分为扁作厅、圆堂、船厅和扁作圆堂混合这四种类型,不同类型的厅堂在民宅中的位置不同,作用亦不相同。其中,圆堂在民宅中的作用最为灵活,可以作为门厅、茶厅、大厅、女厅等。同时,厅堂的平面模式富有变化,平面形状分为长方形、梯形、凸字形和凹字形,开间可为奇数也可为偶数,厅堂进深方向的构架构成可归纳为四种模式。其中,最具有特点的为有别于江南其他地区厅堂的双内四界模式。由此可见,常州明清民宅厅堂的平

面模式,既具有江南地区民宅的一些共性,又具有自己的特性,充分反映了中国传统建筑的地域性特点。

注 释 ··

[1] 常州市经济委员会,上海市经济学会.上海经济区工业概貌:常州市卷[M].上海:学林出版社,1986:5.

[2] 泰伯庙始建年代不详,弘治十年(1497)知县姜文魁"即梅里故墟创建殿、寝、门、堂,规制有加于昔"(万历《无锡县志》)。清咸丰十年(1860)庙遭战火,仅留下正殿、棂星门、照池及池上石桥。1983年予以整修,其中正殿"至德殿"木构架仍基本保持弘治重建时面貌。参照潘谷西.中国古代建筑史 第四卷:元明建筑[M].北京:中国建筑工业出版社,2001:178。

[3] 顾炎武.肇域志[M].上海:上海古籍出版社,2004.

[4] 崔晋余.苏州香山帮建筑[M].北京:中国建筑工业出版社,2004:14-22.

[5] 宋官宦丁谓,宋乾德四年(966)生,卒于宋景祐四年(1037)。曾任宰相、工部尚书。建玉清昭应宫时,共三千六百余楹,本应二十五年完成,在他主持下,七年提前竣工,"丁谓造宫"也成为工程理论的一个典型案例。丁谓曾任平江军节度使、苏州刺史,还曾任苏州管内观察处置堤堰桥道等使,对苏州的市政建设做出过贡献。参考魏嘉瓒.苏州古典园林史[M].上海:上海三联书店,2005:24-28。

[6] "南直隶"是中国明朝时期最为重要的一个一级行政区。明朝称直接隶属于京师的地区为直隶,直隶于北京的地区为北直隶,简称"北直";直隶于南京的地区被称为南直隶,简称"南直"。参考张明庚.中国历代行政区划[M].北京:中国华侨出版社,1996。

[7] 考洪武中,天下夏税秋粮。以石计者,总二千九百四十三万余……苏州府二百八十万九千余。松江府一百二十万九千余。常州府五十五二千余……苏州一府七县,其垦田九万六千五百六顷,而居天下八百四十九万六千余顷田数之中,而出二百八十九万九千石税粮,于天下二千九百四十余万石岁额之内,其科征之重,民力之竭,可知也已。参考丘浚.大学衍义补[M].北京:京华出版社,1999:236-237。

[8] 现在居住在宜兴城里的香山帮子孙,有朱、周、郁、范几家。参考施雄度.吴县香山帮泥水木匠在宜兴[C]//中国人民政治协商会议江苏省吴县委员会文史资料委员会.吴县文史资料(第7辑),1984(7):168-169。

[9] 一斗六升是《法原》中记述的一种牌科类型,在江南地区也比较常见,指在一斗三升之上再加拱和三升。

[10] 杨永生.哲匠录[M].北京:中国建筑工业出版社,2005:136-137.

[11] "当手"即为经理人、把作师傅。在本章节中主要指在建筑营造过程中起主导、领头作用的工匠负责人。

[12] 施雄度.吴县香山帮泥水木匠在宜兴[C]//中国人民政治协商会议江苏省吴县委员会文史资料委员会.吴县文史资料(第 7 辑),1984(7):168-169.

[13] 过汉泉.江南古建筑木作工艺[M].北京:中国建筑工业出版社,2015:3-5.

[14] "规矩准绳"是指我国古代建筑中所遵循的建筑规范和设计准则。所营造的建筑获得此褒奖,是一件非常了不起的事情。

[15] 在匠师访谈中,香山帮师傅顾阿虎曾提道:通过观察香山帮建筑大木构架是采用扁作还是圆料,基本可以判断其建造年代为清以前或清以后。甚至,短柱与梁咬接的两种主要方式——蛤蟆嘴、雷公尖嘴(鹦鹉嘴),尽管具有极强的地域性,但香山帮匠师也称"方圆卷杀唐宋造,卷杀蛤蟆明代作,雷公尖嘴(鹦鹉嘴)清统式"。即认为蛤蟆嘴的方式为明代造型,雷公嘴的方式为清式风格。参考过汉泉.江南古建筑木作工艺[M].北京:中国建筑工业出版社,2015:33。

[16] 陆元鼎.从传统民宅建筑形成的规律探索民宅研究的方法[J].建筑师,2005(3):5-7.

[17] 王鹤鸣.中国祠堂通论[M].上海:上海古籍出版社,2013:252.

[18] 王鹤鸣.中国祠堂通论[M].上海:上海古籍出版社,2013:131.

[19] "工字形"平面在建筑史料中亦有所记载。如《则例》中的卷 13"五檩川堂大木"中的"川堂"即指"工字形"平面的中间连接部分,与它前后相连的建筑可称为前后房。"工字形"平面在我国古典建筑中仍可见到实例,如苏州城隍庙工字殿。宜兴周王庙享堂平面形状虽也可称为工字形,但与以上两例存在较大区别。其在主体建筑前部增加两个面阔不同的廊,但并非用"川堂"。其目的可设想为创造层次分明的过渡空间,增加祠堂建筑的进深感。显然,周王庙享堂平面的"工字形"已经被弱化了。

[20] 周处,字子隐,生于吴赤乌五年(242),死于西晋元康六年(296)。少年时横行乡里,后幡然悔悟,励志图强,战死沙场,被追封为平西将军。

[21] 此做法相当于《园冶》中的"小五架梁式",该史料在拼金处明确标示"此童柱换长柱便装屏门",但周王庙拼金显然无此作用,且正贴砌墙,推断应为近现代所砌,可能主要用于分割空间。

[22] 蒲鞋头又称梁托、插棋,是位于梁垫下面的斗栱状垫木,用来增强梁端搁置的稳固性。有时开口前后架置棹木,形状像枫拱,用来作为装饰。参考祝纪楠.《营造法原》诠释[M].北京:中国建筑工业出版社,2012:85。

[23] 王毅.中国园林文化史[M].上海:上海人民出版社,2004.

[24] 厅堂内四界构件材料既有扁方料又有圆料,则称为扁作圆堂混合式厅堂。

第 *6* 章

宁镇扬片区与香山帮的关联及其木作营造技艺

宁镇扬片区内有南京、镇江、扬州 3 个地级市（17 个市辖区），高邮、仪征、丹阳、扬中、句容 5 个县级市及宝应 1 个县。南京是我国四大古都之一，有着"六朝古都"之称，历史上曾有过几次城市建设高潮。扬州、南京作为南宋临时都城，尽管都城建设及使用时间较临安要短很多，但势必会由此增加城市建设力度，因此，南宋时期扬州与南京的城市发展还是比较迅猛的。特别是明太祖建都南京，更使南京城市建设发生了一次大的飞跃。有史料记载，从全国各地抽调大量匠人参与都城营建，技艺卓越的香山帮匠人亦在其中。明清时期宁镇扬片区经济不断繁荣，促进了城市的快速发展。建筑市场需求激增，从苏州等地聘请优秀工匠来进行城市建设是必然趋势。从地理位置上来讲，南京、镇江、扬州与苏州地缘比较接近，水系纵横，又有京杭大运河和长江作为纽带，便利的交通为香山帮匠人赴该片区进行营造活动提供了更大的可能性。

6.1 地域特征

南京位于宁镇扬片区的丘陵地带，以低山缓岗为主，属北亚热带季风气候，四季分明，雨水充沛。南京与吴文化的溯源，可追溯到公元前 333 年。楚威王熊商灭掉越国，在石头山上（今清凉山）筑金陵邑，日后成为东吴孙权时期所筑石头城的基础。春秋时期，吴国铸剑工艺发达，南京城西的冶城山上，也有类似的冶炼作坊。今天出土的两千多年前锻造的吴王宝剑仍然锋刃有余，可见吴国当年铸造工艺的发达（见图 6-1）。[1] 现在，冶城的遗址已无处寻觅，但它无疑是南京土地上最早的一组生产性建筑群，只是并非正式的城池罢了。[2] 南京是我国历史上北方人口数次南迁的重要落脚点，这些都会导致此地的建筑具有南北交融的特点。特别地，南京作为六朝都城，必然成为江南地区的政治、文化及经济中心，又会使得建筑呈现大气、精细、沉稳的特征。

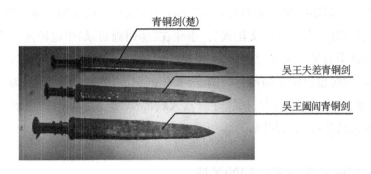

图 6-1 吴王青铜剑
（图片来源：底图来源于国家博物馆，作者加工）

镇江位于江苏省西南部，三面环山、一面临水，以低山丘陵为主。西至南京、东南临常州、北与扬州隔长江相望，是江苏连接南北的重要城市，同样具有南北杂糅的文化特质。镇江方言属于北方方言的江淮次方言，与南京方言、扬州方言很接近。镇江比南京集中了数量更多的历次移民，北方的文化、习俗，乃至大量的木作营造技艺也随之而来。镇江地区发现了大量与春秋时期吴国王室有关的墓葬和器物，可以肯定，镇江即为春秋时吴国的朱方。镇江拥有闻名天下的山光水色，长江、运河在此地握手交汇，宁镇山脉、茅山山脉的余脉延伸至市区，由此吸引历代文人墨客前来游玩观赏，如李白、苏东坡、米芾、陆游等，沈括晚年更是筑有梦溪园，写下了闻名遐迩的《梦溪笔谈》。明清时期的镇江贸易发达、经济繁荣。清咸丰十一年（1861），镇江开埠成为长江下游第一个通商口岸和由海入江的商埠。由于开埠所带来的西方建筑文化与技术，西式、仿西式建筑成为镇江的一大特色。因此，镇江除了保存原有的中国固有的传统建筑形式外，还增加了新的建筑类型与样式。与南京相比，镇江的建筑环境中少了些都市风范和主流性；与扬州相比，镇江的建筑形式又多了一层西方建筑风格的影响。[3]

扬州地处江淮平原，位于淮河之南、长江下游之北、长江与京杭大运河及海运的交汇之处，被称为"淮左名都"。整体地势则为西高东低，北部多丘陵，沿江则呈平原。扬州气候温和，属于亚热带季风性气候。扬州与镇江隔江相望，同属早期湖熟文化范围之内。因此，两地的文化发展存在许多相似之处。扬州建筑风格亦是介于北方"官式"建筑与江浙"民间"建筑之间的一个载体，形成"南秀北雄"的特色。明始又成为江淮盐运的集中地，设有盐运使御署，因而成为江淮间最大的工商都会和集散中心。[4]特别是清康熙、乾隆两帝六次南巡，使得扬州经济及文化进一步繁荣起来，成为闻名于世的大都会。徐谦芳在《扬州风土记略》

中记载了春秋时期扬州与吴的关系，从而对扬州文化所产生的积极影响为"吾邦自吴王城邗而后，交通便而文化兴"。李斗在《扬州画舫录》中也记述了邗沟大王庙中正位供奉着吴王夫差像，副位为汉吴王濞像，[5]这表明了扬州人对这两位吴王的感情，同时也说明了扬州与吴国、吴文化的渊源。特别还记载了扬州的天宁寺、重宁寺、法净寺、慧因寺、福缘寺等八大刹佛作"媲美苏州"，也可说明扬州与香山帮木作营造技艺的渊源。

6.2　宁镇扬片区与香山帮的关联

香山帮工匠与宁镇扬片区有着深远的历史渊源。首先，明太祖在南京建都，南京城的修建需要从全国各地抽调大量匠人，手艺卓越的香山帮匠人自然会被大量调遣到南京参与修建工程。其次，明清时期扬州、镇江的繁荣带动城市的快速发展，使得建筑市场需求激增。扬州一些极为富有的盐商为建造规模庞大的宅邸，也需要从苏州等地聘请优秀的工匠。再次，从地理位置上分析，南京、扬州、镇江与苏州地缘比较接近，还有京杭大运河与长江作为纽带，便利的交通为香山帮匠人赴宁镇扬片区做工创造了条件。最后，从文化角度上来看，自古以来苏州、扬州、镇江、南京同属于江南地域范畴，建筑文化上有很多相似之处。清朝时康熙、乾隆皇帝下江南也多次驻跸苏州、扬州、镇江、南京等地。各地官员为迎合皇帝喜好，都建造了一些既具本地风貌又有北方特色的传统建筑。因此，扬州、镇江、南京等地与香山帮之间存在着千丝万缕的联系。

6.2.1　香山帮与宁镇扬片区渊源

南京作为六朝古都，不仅享有"吴头楚尾、连接南北"的地势之利，其政治、经济、文化发展水平长期以来也居全国前列。长期积淀的城市发展，尤其是大规模的都城建设，使南京对于能工巧匠有着大量且长期的需求。明代从事宫廷建筑的劳动力有工匠（匠户）、军士、民丁（民夫）和囚犯等。《明史·食货志二》记载：匠户二等，曰住坐，曰轮班。住坐隶内官监，轮班隶工部。轮班匠散居于原籍，分批定期服役，洪武时期服役集中于南京。[6]显然，香山帮工匠来南京做工大多属于轮班匠。南京建都之时尽管在全国范围内征调轮班匠，但香山帮匠人因其地理位置的优势及闻名于世的声望，势必以此为契机来到南京，施展技艺参加营造活动。以宫城、府城、寺庙、陵墓等大规模皇家工程建设为主，较大程度地促进了香山帮与南京传统建筑营造技艺的融合。

历史上,南京与苏州同属吴文化区[7]。但由于北方移民的数度迁入,南京地区传统的吴文化不断受到北方中原文化的影响,并与之融合发展。东晋之前,南京地区方言为吴语。永嘉之乱后,来自苏北、山东的大批移民进入南京,官话逐渐取代吴语,成为南京地区的主要语言。[8]无论吴语还是具有政治优势的官话,对于香山帮匠人来讲,在沟通上都不存在很大问题。语言文化的相近为香山帮工匠在南京进行营造活动时的沟通与交流扫清了障碍。城市建设的需求、地缘的接近、文化的同源,为香山帮能工巧匠进入南京营造业市场铺平了道路,促进了南京地区传统建筑技艺与香山帮营造技艺的融合。

明代历史上最重要的两次大规模的工匠征调事件:一为元至正二十六年(1366)开始的南京城及宫殿建造活动;[9]二为明永乐四年(1406)以南京故宫为蓝本建造北京故宫。香山帮匠人作为江苏一支规模庞大、技艺高强、影响深远的工匠团体,与这两次的工匠征调关联颇深。被奉为香山帮祖师爷的蒯祥之父蒯福即主持了南京宫殿的木作工程,蒯祥后随父亦参与了相关营造活动,明永乐十五年(1417)应征参加北京紫禁城的营建;沈德符的《万历野获编》中记录了嘉靖年间(1522—1566)来自扬州、明代以技术入仕取得最高职位的著名木匠徐杲因参加北京前三殿和永寿宫的重建有功,得到明世宗的赏识而提升成为工部尚书(二品官员)。

在《南京通史(明代卷)》中有如下记载:明洪武二年(1369),朱元璋决定在临濠(今凤阳)兴建中都城池,南京新城的建造并入与临濠中都城池并建的时期。在用工量急剧增加的情况下,明洪武三年(1370)七月,朱元璋才同意征调均工夫赴役,由直隶、应天等十八府州和江西九江、饶州、南康三府的均工夫、人夫赴京供役。在《明太祖实录》各卷中也有相关信息,如记载有"命军发卫所,民归有司,匠隶工部(洪武三年七月)"(卷五十四);"命赐在京工匠钱凡八千三百余人(洪武八年二月)"(卷九十七);"诏计均工夫役。初,中书省议民田每顷出一丁为夫,名曰均工夫役,民咸便之。至是上复命户部计田多寡之数,工部定其役,每岁冬农隙至京应役,一月遣归。于是检核直隶应天等一十七府,江西所属一十三府,为田五十四万五百二十三顷,出夫五十四万五百二十三人(洪武八年三月)"(卷九十八);"命工部凡在京工匠赴工者,月给薪米盐蔬。休工者停给,听其营生勿拘。时在京工匠凡五千余人,皆便之(洪武十一年四月)"(卷一百十八);"上以工匠之役于京者,多艰于衣食。命工部月给米赡之。有妻子者一石,无者六斗。其魇魅获罪、免死罚输作者,不在是例。凡给粮工匠四千七百一十三人,不给者一百四十九人(洪武十二年十二月)"(卷一百二十八)。由此可见,明洪武年间(1368—

1398)为匠人大显身手提供了用武之地,故可以推测各帮派匠人,包括香山帮匠人可能随着明代这次征调,大量去往应天府(南京),或者途经镇江进行营造活动。

明清时期镇江经济不断繁荣,建筑市场需求激增,从苏州等地聘请优秀的工匠来进行城市建设亦是必然。扬州由于水路交通便利及经济鼎盛,吸引了大量徽商不断涌来,自然带来了徽州传统建筑文化甚或徽州帮匠师,今天在扬州仍可见徽州建筑技艺融合在扬州传统建筑中的艺术瑰宝。而由长江、京杭大运河两条水运纽带相连的扬州与苏州,舟运通畅,香山帮匠师源源不断来到扬州进行营造活动也是完全可以实现的。因此,宁镇扬片区建筑特征不仅体现了我国南北方建筑文化的交融,还有东西方文化的碰撞及各匠帮技艺的叠合。

6.2.2　香山帮在宁镇扬片区的发展分期

关于香山帮工匠在南京进行早期营造活动很有可能始于明代以前。自春秋时期建城以来,南京的城市建设经历了数度繁荣。西晋"永嘉之乱"后,北方士族避乱南迁,以建康为中心的丹阳郡是当时重要的迁居区。当时南京的繁华程度有唐代诗人李白《金陵三首》为证:"晋家南渡日,此地旧长安。地即帝王宅,山为龙虎盘。……当时百万户,夹道起朱楼。"其后,南朝宋、齐、梁、陈建都南京,兴造城市。据考证,六朝时建康城面积已达20多万平方公里,人口最多时达50余万人。[10]《景定建康志》(马光祖修、周应合纂,南宋南京方志)也记载了许多六朝时营建的宫殿。如此大规模的兴造,仅依靠南京当地的工匠是无法实现的。历代的都城建设,皆在邻近地区征役匠人。据此推测,此时南京的都城建设应该也曾借助政权的力量,在周边地区征役吴匠。以"工巧"著称的香山帮匠人很有可能就在这支吴匠的队伍中,参与了南京的都城建设。另外,无锡工匠陆贤和陆祥,其先人是负责元朝修缮工程的官员,朱元璋建造南京宫殿时,两人应诏入京参加营建活动,这期间应与香山帮营造技艺有过很多交融。

关于香山帮工匠在宁镇扬片区进行营造活动的文字记载,最早始于明代,并延续至今。结合历史发展与时代变迁,可将香山帮工匠在宁镇扬片区的建筑营造活动,分为以下五个发展阶段:①大肆修建政权建筑[明洪武八年至建文四年(1375—1402)];②重要宫殿类建筑遭到严重破坏,但私家园林盛行[明建文四年至清康熙二十三年(1402—1684)];③修建大量行宫及园林建筑[清康熙二十三年至乾隆四十九年(1684—1784)];④营造活动趋于平缓[清乾隆四十九年至新中国成立(1784—1949)];⑤历史街区与传统建筑的修复与重建工作逐渐展开

［新中国成立至现在(1949—)］(见表 6-1)。

表 6-1　香山帮工匠在宁镇扬片区营造活动的分期表

历史分期	营造缘由及特点	代表性人物	代表性案例	
明洪武八年(1375)至明建文四年(1402)	大肆修建政权建筑。以南京城及宫殿为代表,展开超大规模的都城营造活动及宫殿建设	张宁(总负责)、蒯福(著名木匠)等香山帮匠人和陆贤(营缮所丞)、陆祥(工部侍郎)等吴匠	明都城	
明建文四年(1402)至清康熙二十三年(1684)	永乐帝移都北京,以南京为代表的宁镇扬片区建筑营造活动逐渐减少,重要宫殿类建筑遭到严重破坏,但私家园林盛行	计成(吴江人)著《园冶》[明崇祯四年(1631)]	—　　　　南京俶园	—　　　　扬州影园
清康熙二十三年(1684)至清乾隆四十九年(1784)	以康熙、乾隆两帝分别六次南巡为主要缘由,修建大量行宫及园林建筑	姚蔚池、谷丽成(苏州人,乾隆年间,善图样)《扬州画舫录》载	江宁(南京)行宫	镇江金山行宫
清乾隆四十九年(1784)至新中国成立(1949)	清朝逐渐走向衰落、西方建筑文化来袭及战事频发,营造活动趋于平缓	—	—	

（续表）

历史分期	营造缘由及特点	代表性人物	代表性案例	
新中国成立至今（1949—）	日益重视对传统建筑和营造技艺的保护,历史街区与传统建筑的修复与重建工作逐渐展开	陆文安、杨根兴、顾建明等当代香山帮匠人	瞻园	夫子庙
			煦园	南捕厅
			鸡鸣寺宝塔	朝天宫

6.2.2.1　大肆修建政权建筑

明初朱元璋定都南京,历时二十多年。终于建成了占地面积230平方公里,含宫城、皇城、都城、外郭城的完善城市体系[11]（见图6-2）。南京城宏大的规模,连意大利传教士利玛窦都为之赞叹:"……在中国人看来,论秀丽和雄壮,这座城市超过世上所有其他的城市;而且在这方面,确实或许很少有其他城市可以与它匹敌或胜过它。……"[12]明洪武年间（1368—1398）,朱元璋曾在全国范围内,尤其是江南一带,征调工匠建设京城。据《明太祖实录》《大明会典》等文献记载,苏、松、嘉、湖等府均有匠人入京参与建设。虽说中国历来有"匠不入史"的习俗,大部分匠人对营造明南京城的贡献无从知悉,但仍有一些匠官被录入史册。明洪武初年任营缮所丞的苏州吴县人张宁就是其代表人物。[13]此外,著名的蒯氏家族,也曾为明代两京建设创下不可磨灭的功绩。据学者考证,蒯家四代（蒯明思、蒯福、蒯祥、蒯刚）均从事木工,参与南京宫城营造的是蒯福。蒯福在永乐年间征调南京，组织匠人营造宫殿。[14]除苏州香山帮工匠外，无锡陆贤、陆祥兄弟也参与了明代南京重大工程的营造。二人与香山帮匠人同为吴匠，在工程中有着密切的交流与合作。由此可见，以香山帮匠人为主的吴匠对明代的南京城建设做出了重要贡献。

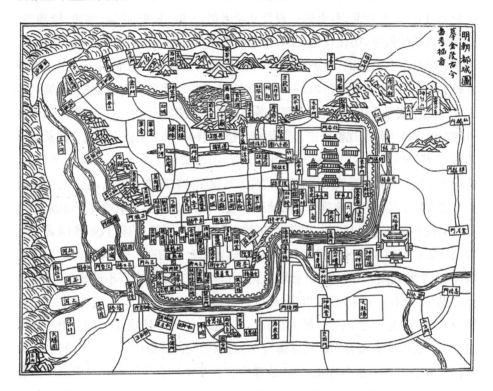

图 6-2 明都城图

（图片来源：朱炳贵.老地图·南京旧影[M].南京：南京出版社，2014：59）

6.2.2.2 重要宫殿类建筑遭到严重破坏，但私家园林盛行

明建文四年（1402），永乐帝攻入南京城，建文帝焚宫出逃。朱棣即位后仍居于南京，但已开始着手营建北京城，直到永乐十八年（1420）朱棣移都北京。这一时期全国最优秀的匠师大多征调北京，进行北京城的建设及宫殿营造。万历《武进县志》（卷七）、《常州府志》（卷二十）中记载：明洪武至洪熙年间（1368—1425），南直隶阳湖木工蔡信参与北京城、宣宗景陵、北京九门城楼之营建，水利方面亦有贡献。蔡信在洪武年间（1368—1398）被授为营缮所正，永乐中任工部营缮司郎中，永乐十九年（1421）升工部右侍郎，洪熙元年（1425）正月授缮工官副。《古今图书集成·考工典》（卷五）、康熙《松江府志》（卷四十六）中记载：南

直隶金山卫瓦工杨青于永乐至正统年间(1403—1449),参加营建北京城三殿及二宫,永乐年间(1403—1424)任营缮所丞,历任营缮所副、太仆寺少卿,正统六年(1441)升工部右侍郎。崇祯《吴县志》(卷五十三)、《古今图书集成·考工典》(卷五)及《罪惟录》(卷二十七)中记载:江苏吴县木工蒯祥,永乐至成化年间(1403—1487),营建北京,重修三殿及文武诸司,长陵、景陵、裕陵、寿陵、隆福寺、南宫和西苑的殿宇,历任营缮所丞、营缮清吏司员外郎,景泰四年升太仆寺少卿,景泰七年升工部右侍郎,旋进左侍郎。《江南通志》(卷一百七十)中记载:上海华亭画工朱孔阳,永乐年间(1403—1424)为紫禁城内宫作画。谢肇淛《五杂俎》(卷五)中记载:吴县香山木工蒯义、蒯刚参与紫禁城营建。可见,这一时期永乐帝不可能对南京城进行大规模修建。明崇祯十七年(1644)福王朱由崧在南京武英殿即位,由于此时的南京宫殿建筑大多坍塌无存,因而修建了奉天门、慈禧殿等建筑。清顺治二年(1645)清军破南京城,皇宫改为八旗军的驻防城。因此,这一时期以南京为代表的宁镇扬片区建筑营造活动逐渐减少,重要宫殿类建筑遭到严重破坏。

但这一时期香山帮匠人在宁镇扬片区营造私家园林很盛行,如我国著名造园家计成在宁镇扬片区营建了大量园林,最具代表性的有:扬州的影园、仪征的寤园、南京的倦园。郑元勋在《影园自记》中写道:"大抵地方广不过数亩,而无易尽之患,山径不上下穿,而可坦步,然皆自然幽折,不见人工。一花、一木、一石,皆适其宜。审度再三,不宜,虽美必弃"。这充分体现了计成在《园冶》中所强调的"虽由人作,宛自天开"及"精在体宜"的造园精髓。计成中年后定居镇江,此时正是计成造园技艺登峰造极之时,故理应有其营造的大作存在。尽管这些园林今已不存,但从《园冶》所记载的建筑中,能想象出其所造园林中应不乏优秀的园林建筑案例。李斗在《扬州画舫录》卷八"城西录"中,专门对影园所在位置、造园缘由、总体布局及建筑单体进行了详细记载。如"玉勾草堂""半浮阁"、园舟"泳庵"、"淡烟疏雨"门内曲廊及"室三楹、庭三楹,即公读书处","郭翠亭""湄荣亭""室三楹、庭三楹,即徐硕庵教学处'一字斋'"、半剑环的"台"、半阁"媚幽阁"等。尽管文中多描绘的是建筑之间的关联及景观,但从丰富多彩的建筑种类及优雅的命名看,该园中的建筑定为轻盈、多姿,与园林景观巧为一体。[15]虽然我们不能判断出这些建筑是否全部为明代时所建,但可以肯定的是,影园直至清代仍保存完好。

6.2.2.3 修建大量行宫及园林建筑

清康熙三十八年(1699),康熙帝下发了"拆金陵旧殿以赐"的圣旨,取明故宫石料雕件修建普陀山法雨寺,明故宫进一步受到破坏。康熙南巡多次以江宁织造府作为行宫,乾隆则将其专门改造为江宁行宫。其前身为江宁织造府(始建年代已不可考,但应不晚于清初)。据考,样式雷家族可能参与了江宁行宫的改造设计,并且有两个可能修造的时间段:一为修建康熙行宫时,二为修建乾隆行宫时。[16]除此之外,该阶段修造的行宫还有乾隆二十一年(1756)营建的扬州天宁寺行宫,康熙四十二年(1703)之前建成、乾隆南巡重新修葺的扬州高旻寺行宫,康熙南巡初期始建、康熙四十三年(1704)建成的镇江万寿行宫,乾隆十六年(1751)在江天寺之右建乾隆行宫"镇江金山行宫",乾隆二十五年(1760)地方官员修建的镇江钱家港行宫,乾隆二十二年(1757)建的江宁栖霞行宫等(见图6-3、图6-4)。显然,行宫成为南巡之后皇权在地方景观中的重要代表。南巡行宫的建造以扬州为界,扬州以南多倚官署和名胜而建,主要就织造府署和各地代表性名胜而建。[17]

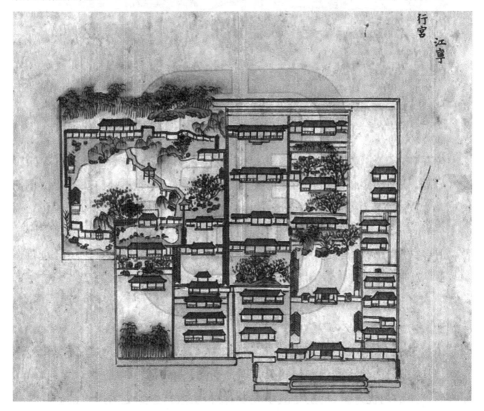

图 6-3　江宁行宫
(图片来源:《江南省行宫座落并各名胜图》清代彩绘本,中国国家图书馆藏)

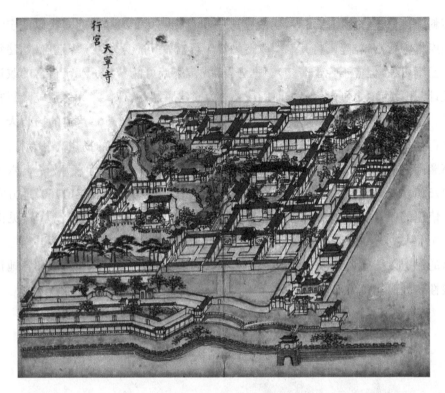

图 6-4 天宁寺行宫

（图片来源：《江南省行宫座落并各名胜图》清代彩绘本，中国国家图书馆藏）

李斗在《扬州画舫录》中写道"杭州以湖山胜，苏州以市肆胜，扬州以园亭胜"，可见，扬州的园林建筑在明清时期是享有盛名的。《扬州画舫录》卷二"草河录下"载：姚蔚池（清乾隆年间苏州人）有异才，善图样，平地顽石，构制天然。另卷十二"桥东录"载：谷丽成（苏州人），精宫室之制。凡内府装修。出两淮制造者，图样尺寸皆出其手。[18]姚蔚池以园林叠山著名，而谷丽成则更擅长宫室营造及装修。[19]可以推断，姚蔚池、谷丽成应有过寓居扬州的经历或与之具有一定的关联。由此，也可以联想苏州香山帮匠人此时在扬州应参与过重要营造活动。

6.2.2.4　营造活动趋于平缓

清乾隆四十九年（1784）后，清朝逐渐走向衰落。特别是西方建筑文化逐渐来袭，导致宁镇扬片区的中国传统建筑营造活动趋于平缓。康乾盛世之后，清朝面临着严重的内忧外患，特别是战事频发，使得明故宫遭到更为严重的破坏。如清咸丰三年（1853）太平天国攻陷南京，拆除明故宫大量石料和砖用于营建新宫；民国十八年（1929）为迎接孙中山灵柩，从明故宫遗址中穿过，修建中山东路等，使得原本已经岌岌可危的明故宫进一步败落；20 世纪 30 年代，又在明故宫北部修建若干新建筑，致使明故宫面目全非。除南京明故宫受到严重破坏之外，这一时期宁镇扬片区受到西方建筑文化的影响日益加重。特别地，镇江、扬州处于我国南北交界、海上交通枢纽这一重要地理位置，相较其他江南地区，宁镇扬片区营建西式、仿西式建筑的步伐迈得更大，中国传统式建筑日渐减少。一些传统匠人开始接触建筑营造新理念、新技术、新材料，转而参与营造新式建筑，这也导致宁镇扬片区的传统建筑营造活动趋于平缓。

6.2.2.5　历史街区与传统建筑的修复与重建工作逐渐展开

新中国成立后，南京的城市建设逐渐走向繁荣，经济文化全面复兴，对历史文化的传承及对传统建筑的保护意识逐步增强。在这一背景下，许多古建筑得以妥善保护或重建。以明故宫遗址为例，1956 年被公布为江苏省重点文物保护单位、1991 年正式对外开放、2000 年遗址内的江苏省大剧院改址另建、2005 年内部区域进行环境整治、2006 年成为全国文物保护单位。

香山帮作为一个历史悠久的建筑匠帮，在新中国成立后主要以古建园林公司的形式开展营造活动，积极参与了南京许多古建筑的修复与重建工作。以此为契机，大力传承了香山帮的传统营造技术，也促进了香山帮木作营造技艺与南京传统建筑营造技艺的融合。自 1958 年起，刘敦桢带队对瞻园进行修缮，以香山帮匠人陆文安为代表的苏州园林管理处古典园林修建队承接工程。1986 年及 2007 年，叶菊华又带队进行了两期修缮及扩建，分别由吴县古代建筑工艺公司、苏州香山古建园林工程有限公司承建，代表匠人有钟熊纯、杨根兴、唐金生等。瞻园内主体建筑原仅存静妙堂一处，后扩建出门厅、花篮厅、环碧山房、移山草堂、迎宾轩等建筑。古建筑的翼角飞檐、雕梁画栋，融入了园林的山明水秀、诗情画意，让瞻园沉寂多年之后重放光彩。1979—1980 年，香山帮匠人顾建明曾参与煦园大修工程。煦园一旁的南京总统府中，太平天国天朝宫殿的彩绘也曾由香山帮匠人顾德均修复。1983—2016 年间，潘谷西、钟训正、叶菊华等主持夫子庙建筑群的重修设计，重建大成殿、聚星亭、魁光阁等主体建筑。苏州蒯祥古建有限公司（1983 年更名为"吴县古代建筑工艺公司"）参与了此次营造活动，代表匠人有杨根兴、蒋水易、沈春法、谭才宝、杨连男、李金明、唐勤华、邓菊生、吴连根、吴小飞等。值得一提的是，杨根兴带领苏州蒯祥古建有限公司，历年来曾从事多项宁镇扬片区古建筑的修复重建项目，如朝天宫修复及重建工程、南捕厅历史街区修缮工程、鸡鸣寺宝塔工程及扬州凤凰岛胡光寺等。2011 年，香山帮匠人过汉泉带领苏州中外园林建设有限公司工匠再次完成南京总统府中天朝宫殿荣光大殿、又正月宫和机密房的彩绘复原工程,贴金雕龙,修复了以和玺彩画为主的近 200 平方米彩绘。[20]香山帮匠人薛福鑫主持了南京宏觉寺、南京钟山宾馆悦园、镇江栗子塔陵设计;顾阿虎主持了南京鸡鸣寺宝塔设计。

6.2.3　营造活动及特点

香山帮在宁镇扬片区进行的建筑营造活动,当以明代参加的南京明故宫修建及新中国成立后的一系列重要工程的营建为代表。其中,香山帮工匠在新中国成立后主持或参与了非常多的重要传统建筑、园林等的重建、扩建及修复等工程,如瞻园、煦园、夫子庙古建筑群、朝天宫、鸡鸣寺宝塔及配套用房、南捕厅历史街区、南京总统府天朝宫殿等,显示出香山帮所特有的精湛营造技艺,为南京城市建设做出了重要贡献[21](见表6-2)。香山帮工匠与宁镇扬片区有着深厚的历史渊源,相对于南京而言,香山帮在镇江及扬州参加建筑营造活动相对要少很多,但也曾以不同形式参与到不同时期的城市建设中,主要缘由是南京都城营造对匠师的需求量要远远超过镇江与扬州的城市建设。但香山帮在南京的营造活动一度沉寂于战火硝烟中,却在当今民族文化复兴之际与其再度结缘,为南京传统建筑的营造与修复注入新的活力。

表6-2　香山帮在南京的主要营造活动

时间	建筑实例	营造类型	营造单位	香山帮代表匠人
1958—2009	瞻园	修复、扩建	苏州园林管理处古典园林修建队、吴县古代建筑工艺公司、苏州香山古建园林工程有限公司	陆文安、钟熊纯、杨根兴、蒋水易、沈春法、杨连男、谭才宝、唐金生等
1979—1980	煦园	修复	苏州艺苑古建有限公司	顾建明等
1983—2016	夫子庙古建筑群	重建	吴县古代建筑工艺公司、苏州蒯祥古建有限公司	杨根兴、蒋水易、沈春法、谭才宝、杨连男、李金明、唐勤华、邓菊生、吴连根、吴小飞等
1985—1987	朝天宫	修复、重建	吴县古代建筑工艺公司	杨根兴、蒋水易、谭才宝、杨连男等

（续表）

时间	建筑实例	营造类型	营造单位	香山帮代表匠人
1987—2006	鸡鸣寺宝塔及配套用房	修复、重建	吴县古代建筑工艺公司、苏州蒯祥古建有限公司	杨根兴、潘伯荣、吴炳荣、邓菊生、李金明等
2003—2005	南捕厅历史街区	修复	苏州蒯祥古建有限公司	杨根兴、杨连男、邓菊生等
2011	南京总统府天朝宫殿	彩绘修复	苏州中外园林建设有限公司	过汉泉、史延林等

6.3 宁镇扬片区木作营造技艺

如前所述,香山帮与宁镇扬片区自古就有着很深的渊源,特别是明朝南京建都更使大量香山帮匠人将精湛的技艺展现出来,营造出不朽的作品。同时,南京还是徽派建筑流传扬州、镇江的中转站,由此也使宁、镇、扬三地古民居呈现大致相同的风格,木作营造技艺如出一辙。镇江传统木构建筑保留了中国古典样式特征,同时又兼容了北方建筑的雄厚和南方建筑的精巧。香山帮匠人汇聚宁镇扬片区,徽州的建筑匠师亦随徽商而来,使苏、徽等地的建筑手法融会在宁镇扬片区建筑之中。[22]

6.3.1 殿庭

提到宁镇扬片区的殿堂,就必须论及南京明故宫。尽管明故宫如今已经荡然无存,但从《洪武京城图志》所载"南京皇城图"中,依稀可见气势磅礴的中轴线、对称严整的布局、巍峨耸立的宫殿,则展现出当年明故宫的恢宏。明故宫代表了明初宁镇扬片区乃至全国最高水平的木作营造技艺(见图 6-5)。

南京明故宫是明朝洪武、建文、永乐三朝的皇宫,也是北京故宫的蓝本,因此,在我国宫殿建筑中占有极其重要的地位。元朝末年,朱元璋取得集庆(南京)后,命刘基卜地建皇宫,选中了这块"钟阜龙蟠""帝王之宅"的风水宝地。元至正二十六年(1366),朱元璋征调军民工匠二十多万人营建皇宫,历时一年建成。两年后朱元璋在此登基称帝,号洪武。明皇宫南北长 2.5 公里,东西宽 2 公里,周长 9 公里,由皇城和宫城组成,宫城位于皇城的中心。在皇城的形制上,朱元璋极力推崇礼制,设三朝五门,三朝为奉天殿、华盖殿、谨身殿,五门即洪武门、承天

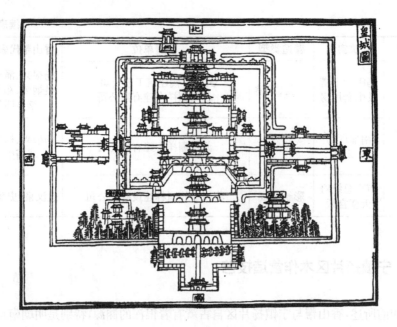

图 6-5　南京皇城图
(图片来源：王俊华纂修，《洪武京城图志》)

门、端门、午门及奉天门。在洪武门至承天门的御道东侧布置有吏部、户部、礼部、兵部和工部等中央行政机构，西侧为五军都督府，乃最高军事机构。永乐十九年(1421)朱棣迁都北京，南京故宫作为留都宫殿，委派皇族和内臣管理。此后的南京皇宫日渐衰落，正统十四年(1449)夏降雷雨，华盖殿和谨身殿等被雷电击中起火。崇祯十七年(1644)，李自成率农民起义军攻入北京，崇祯皇帝的弟弟朱由崧逃到南京，在此建立南明政权，此时明故宫的大部分宫殿已塌毁。20世纪80年代中期，在原三大殿和后宫的遗址上建立了明故宫遗址公园(见图 6-6)，由遗留下来的宫殿的硕大柱础，可以想象出当年宫殿的雄伟与壮观。

现存的南京朝天宫建于清同治年间(1862—1874)，1956年被列为江苏省文物保护单位，1978年成为南京市博物馆，现已成为全国重点文物保护单位。

图 6-6　明故宫遗址公园

朝天宫主体建筑大成殿总面阔七间（加廊，46.3米）、进深十界（未加轩廊，18.76米），属于宋《法式》中的"双槽副阶周匝"平面形式。并且，正间与次间尺寸相等，且均有7攒斗拱，比较独特，在我国古典建筑中并不多见。[23]从主体大木构架来看，为典型的插梁式结构，虽然插梁式看似与抬梁式比较接近，但从梁柱之间构造上看，插梁式又接近于穿斗式，因此可以看作为抬梁式与穿斗式结合的构架样式。朝天宫正立面檐柱之间架设大额枋、由额垫板、小额枋，小额枋下施雀替，特别是平板枋之上放置七踩斗拱的做法，则与明清北方官式殿堂建筑极为相似。朝天宫的周围廊采用轻巧、大气的扁作船篷轩，尽管与香山帮传统建筑中的扁作船篷轩相比有些简化，但也反映了江南建筑的地域特点。同时，在殿堂类建筑中运用轩，亦是江南地区殿堂厅堂化的一个重要标志。朝天宫大成殿利用地势高差，两侧巧妙围合游廊，整体布局恢宏、壮观，增加了建筑的整体围合感和雄伟气势。屋顶采用重檐歇山顶，翼角轻盈起翘，又使建筑在庄严的氛围中透出活泼、轻巧的江南建筑风格（见图6-7至图6-11）。

图6-7 南京朝天宫大成殿主立面

图6-8 南京朝天宫大成殿主立面细部

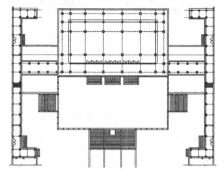

图6-9 南京朝天宫大成殿平面图

（图片来源：根据《朝天宫古建筑群修缮报告》重绘）

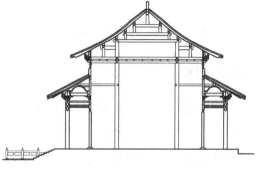

图6-10 南京朝天宫大成殿正贴

（图片来源：根据《朝天宫古建筑群修缮报告》重绘）

图 6-11 南京朝天宫大成殿周围廊的扁作船篷轩

南京夫子庙始建于北宋景祐元年（1034），1937 年毁于日军战火中，1986 年完成保护、更新、改造和重建，成为由棂星门、大成门、文星阁、聚星亭、明德堂、尊经阁、青云楼、崇圣祠及东西商业楼房组成的崭新仿古建筑群。实际营造过程中，力图使风格、结构及整个梁架形式与性质全部按照传统来做，但也根据现代需求做一些改变，比如防火和持久性方面。过去的夫子庙已经夷为平地，重建时，包括斗拱等还是采用了木材，但使用了钢筋混凝土做柱子和梁。[24]夫子庙大成殿是该建筑群中的标志性建筑，面积为 570.57 平方米，高 18 米，重檐歇山顶如图 6-12 所示。大成殿外檐斗拱中有类似于《法原》中记载的风头昂，呈现南北方营造技艺融合的特点，同时，这也是江南地区殿堂厅堂化的一个重要表现（见图 6-13）。

图 6-12 南京夫子庙大成殿

图 6-13 南京夫子庙大成殿外檐斗拱

6.3.2 厅堂

宁镇扬片区厅堂建筑与苏州片区相比，具有相对沉稳、简洁、素雅及淡朴的特点。宁镇扬片区厅堂大木构架多为抬梁穿斗混合式。正贴以插梁式为主，边贴以穿斗式或穿斗减柱式为主，回顶建筑多为抬梁式。大木构架样式丰富，以内四界为主体空间的厅堂居多，还有三界回顶、五界回顶等。形式较为特殊的还有花篮厅、鸳鸯厅等。平面形状以矩形为主，还有凹字形、凸字形等。以三间、五间的奇数开间厅堂为主，边间常以对称形式出现，进深在 4～9 界之间。扁作厅雕饰较多，但整体来看要远少于苏州香山帮建筑雕饰。

　　南京瞻园在朱元璋称帝前属于吴王府，称帝后赐予明中山王徐达，现在留存的主要为王府的西花园。太平天国定都南京后，先后为东王杨秀清建王府，后毁于兵火，1960 年委托刘敦桢进行修复。其中，建于清代的静妙堂[25]平面近于方形，面阔三间、进深六间，南侧加一扁作船篷轩廊（被称为水榭），体态优美。从建筑贴式来看，尽管设有草架，但草架并未使水榭与主体空间南侧屋顶顺延，而是水榭屋顶低于主体空间，更加使静妙堂显得主次分明、活泼俏丽。主体空间及水榭的梁架明显简化，主体空间梁架山尖处山雾云形状如同倒置打开的扇子，与苏州香山帮所做山雾云差异较大。内四界大梁之上用硕大的坐斗承载山界梁，并且坐斗两旁辅以驼峰[26]，这是宁镇扬片区重要厅堂大木构架细部的特点（见图 6-14 至图 6-16）。

图 6-14　南京瞻园静妙堂外观

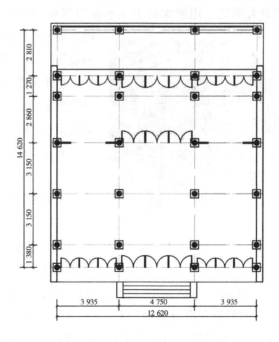

图 6-15　南京瞻园静妙堂平面图

［图片来源：根据潘谷西《江南理景艺术》（东南大学出版社，2001）第 140 页改绘］

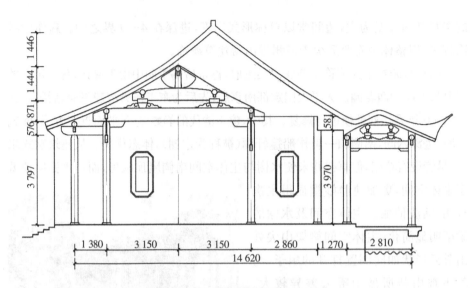

图 6-16　南京瞻园静妙堂贴式简图

[图片来源：根据潘谷西《江南理景艺术》(东南大学出版社，2001)第 141 页改绘]

南京晚清著名府邸之一的甘熙宅第位于秦淮区南捕厅，是多落多进式大宅院。其中的友恭堂是重要的厅堂。平面为三开间，构架样式为"扁作船篷轩＋内四界＋廊"。内四界大梁之上用硕大的坐斗承载山界梁，并且坐斗两旁辅以驼

图 6-17　南京甘熙宅第友恭堂大木构架

峰。梁的截面尽管呈矩形，被称为扁作厅，但与苏州香山帮的扁作厅相距甚远，如梁身两端弧形曲线优美，梁端下方配有雕刻精美的梁垫，梁垫下方常做蒲鞋头等。友恭堂内四界的梁简洁、明快，缺少一系列的装饰构件或雕饰图案，但在梁下施雀替，替代梁垫(见图 6-17 至图 6-19)。

由于开埠带来的西式东渐，镇江地区的仿西式建筑是镇江建筑文化的一大特色，但被认为具有"宋元遗制"的明代建筑五柳堂楠木厅却值得一书。虽然该建筑的营造者没有明确记载，不知道是否与苏州香山帮有所关联，但其大木构架及构件细部展示出了一定的香山帮木作营造技术特点。五柳堂平面为三开间，构架样式为"廊＋内四界＋廊"，进深约 8 米。其体量并不算

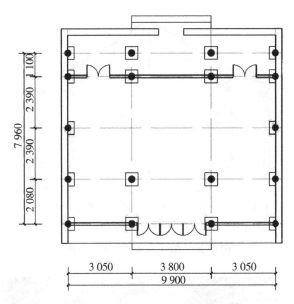

图 6-18 南京甘熙宅第友恭堂平面图

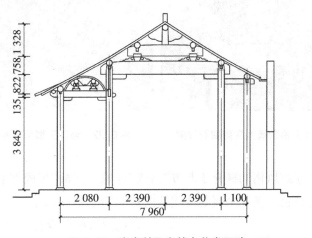

图 6-19 南京甘熙宅第友恭堂正贴

大,亦较为简洁,但由于前后廊的设置,建筑等级有所提高。但南廊短梁样式同主体空间内四界大梁,北廊短梁则相对简朴得多,也使建筑前面空间有所突出。建筑用料采用珍贵楠木,极为考究,内四界大梁构件尺度夸张。梁的形状及其简单装饰与苏州香山帮木作营造技艺极为相似。并且梁架山尖处的抱梁云、山雾云,以及梁端处的棹木与香山帮运用了同样的建筑语言,但形状较收敛。山雾云、抱梁云有雕花,但明显进行了简化处理,形象有些内敛(见图 6-20 至图 6-22)。

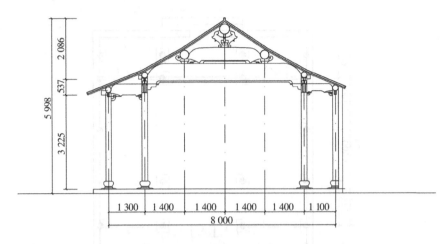

图6-20 镇江五柳堂楠木厅正贴

图6-21 镇江五柳堂楠木厅内四界梁架

图6-22 镇江五柳堂楠木厅中的棹木

扬州传统建筑风格同样介于北方"官式"建筑与江浙"民间"建筑之间,形成"南秀北雄"的特色。扬州个园是清代盐商黄至筠于嘉庆二十三年(1818)所建,是扬州目前保存最完整、造园艺术价值最高的古典园林之一。宜雨轩位于个园中心位置,与主门遥相呼应,显示出其所具有的主导地位,是典型的四面厅样式。宜雨轩面阔三间、进深三间,构架样式为"圆料船篷轩 + 五界回顶 + 圆料船篷轩",无论主体空间还是轩均表现为简洁朴素的特点(见图6-23至图6-25)。个园住宅

图6-23 扬州个园宜雨轩大木构架

部分的正厅汉学堂面阔五间、进深八架。步柱上架四界大梁,似为简化的月梁。但大梁与其上短柱交接处的处理十分特别,既有直接搁置的架势,又有鹰嘴咬接的痕迹,类似月梁及直梁与其上短柱(牌科)交接的混合(见图 6-26)。

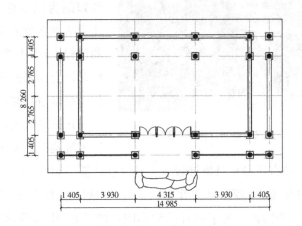

图 6-24　扬州个园宜雨轩平面图

[图片来源:根据潘谷西《江南理景艺术》(东南大学出版社,2001)第 151 页改绘]

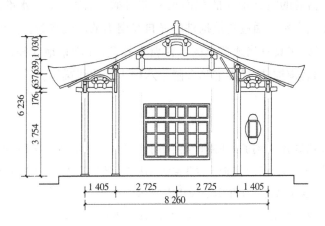

图 6-25　扬州个园宜雨轩正贴

[图片来源:根据潘谷西《江南理景艺术》(东南大学出版社,2001)第 152 页改绘]

总之,宁镇扬片区与《法原》中记录的苏州香山帮木作营造技艺相比较,还具有以下特点:一为轩椽曲度较为平缓,梁柱等结构部件较为粗大,构件简化、雕饰较少;二为斗作为梁架间支撑构件,尺寸较大,且斗下多设置荷叶墩状"驼峰";三为山雾云装饰较少、构件简化,南京地区出现倒扇形山雾云,而镇江、扬州地区

图 6-26　个园汉学堂正厅大木构架

山雾云形状变小，装饰内敛；四为南京、镇江地区古建筑中偶尔会出现斜撑构件。通过分析，大致归纳为以下原因：香山帮木作营造技艺在向江南地区传播的过程中，由于受到其他地区自然及社会因素的影响，甚至与其他匠帮营造技艺的碰撞，技艺有所弱化甚至丢失，导致宁镇扬片区传统建筑中的构件与香山帮构件有些相似，却有所简化且雕饰较少。并且在传播过程中，香山帮技艺工艺水准有所下降，导致梁、斗等结构构件粗壮化，荷叶墩等原本装饰性较强的构件转变为结构性较强的构件。为了弥补结构牢固性的不足，南京等地的建筑还引入了斜撑作为辅助结构支撑构件，但斜撑的装饰作用很弱，与传统建筑的整体感觉不协调。所以我们推测斜撑应该是因工艺水准不高而添加的单纯结构构件。同时，扬州一些富商的宅邸中梁的截面尺寸非常硕大，除了工艺水准较弱的原因外，推测还和主人希望通过建筑构件彰显自身财力的原因有关。此外，在宁镇扬片区还发现了许多具有当地特色的木作营造技艺，如南京地区经常出现斗两侧设置祥云状的装饰构件、甘熙宅第金陵十八坊中的曲线梁等。

注　释

[1] 笔者在国家博物馆见到了吴王阖闾宝剑（山西原平 1964 年出土）、吴王夫差宝剑（河南辉县 1976 年出土）。尽管不能断定这些宝剑与南京冶城是否存在某种关联，但至少可以说明春秋时期的吴国已经具有相当成熟的冶炼技术。

[2] 吴恩培.吴文化概论[M].南京：东南大学出版社，2006：49-53.

[3] 吴良镛.发达地区城市化进程中建筑环境的保护与发展[M].北京：中国建筑工业出版社，1979：79.

[4] 潘谷西.中国古代建筑史　第四卷：元明建筑[M].北京：中国建筑工业出版社，2001：54.

[5] 李斗.扬州画舫录[M].北京：中华书局，2007：8-10.

[6] 孟凡人.明代宫廷建筑史[M].北京：紫禁城出版社，2010：64.

[7] 江苏省地方志编纂委员会.江苏吴文化志[M].南京：江苏科学技术出版社，2013：2.

[8] 周振鹤,游汝杰.方言与中国文化[M].上海:上海人民出版社,2006:16-17.

[9] 陈星丞.明故宫大事记[J].东方养生,2012(9):47.

[10] 卢海鸣.六朝都城[M].南京:南京出版社,2007:197.

[11] 南京市地方志编纂委员会办公室.南京通史:明代卷[M].南京:南京出版社,2012:85.

[12] 利玛窦,金尼阁.利玛窦中国札记[M].北京:中华书局,1983:286-288.

[13] 宁长于土工。张氏于元末游金陵,与后来在朱元璋手下负责营造事务的大臣李善长为好友。明王朝建国后,李善长作为开国元勋监修京城,乃向明太祖荐举张宁。太祖召见,命宁以白衣领其役。宁设置有方,太祖雅任用之。一日,太祖视察都城建设,见工匠毁弃瓦石之不全者,欲诛之,宁叩首曰:"臣以缺物不宜玷我金城。故特弃置.非群工罪,罪实在臣。"李善长亦为之求情,太祖善其对而释之。喻学才.中国历代名匠志[M].武汉:湖北教育出版社,2006:243.

[14] 叶菊华.南京瞻园[J].南京工学院学报,1980(4):1-22.

[15] 李斗.扬州画舫录[M].北京:中华书局,2007:109-110.

[16] 段智钧,王贵祥.江宁行宫建筑与基址规模略考[C]//王贵祥.中国建筑史论汇刊(第 3 辑).北京:清华大学出版社,2010:347-368.

[17] 何峰.康乾南巡与江浙地区行宫研究[J].社会科学,2018(2):154-162.

[18] 杨永生.哲匠录[M].北京:中国建筑工业出版社,2005:202.

[19]《扬州画舫录》主要记载了清代康乾时期,特别是乾隆年间扬州的社会、经济、文化。其不仅可以使读者了解和熟悉扬州的城市规划、园林布局,又巧妙地将扬州的风土人情穿插其间。李斗.扬州画舫录[M].北京:中华书局,2007:1-3.由此,可断定姚蔚池、谷丽成应有寓居扬州的经历或曾参与过扬州重要营造业活动。

[20] 沈黎.香山帮匠作系统研究[M].上海:同济大学出版社,2011:30-31.

[21] 新中国成立后,香山帮古建园林公司及其代表人物曾参与的工程项目的相关资料,主要来源于文献记载和匠师访谈。主要文献有:①冯晓东.承香录[M].北京:中国建筑工业出版社,2012;②叶菊华.南京瞻园[J].南京工学院学报,1980(4):1-22;③高琛.传统建筑施工案例研究:南捕厅修缮工程施工工艺剖析[D].南京:东南大学,2008;④李洲芳.苏派建筑香山帮[M].北京:中国诗词楹联出版社,2014.匠师访谈主要人物有程茂澄、杨根兴、顾建明等。

[22] 张理晖.广陵家筑:扬州传统建筑艺术[M].北京:中国轻工业出版社,2013:12.

[23] 不论是我国宋代朝廷颁布的建筑技术书《法式》,还是清代的《则例》,以及江南地区明清时期民间凝聚着香山帮营造智慧的《法原》,其中都不乏关于殿堂(殿庭)类建筑平面柱网尺寸限定的记载,且均表现为当心间(此为《法式》中的称谓,《则例》中称为明间,《法原》中称为正间)与次间尺寸不等,当心间最大、次间次之。如为有斗拱的殿堂建筑,《法式》中当心间为三朵铺作,次间为两朵铺作,即当心间与次间之比为 3:2;《则例》中明间为 7 攒斗拱,次间为 6 攒斗拱,明间与次间之比则为 7:6;《法原》中没有明确记载是否有牌科

（斗拱），但直接规定了正间与次间之比为10∶8。

[24] 叶菊华.传统技艺传承要体现当代性[C]//江苏省住房和城乡建设厅,江苏省城乡发展研究中心,江苏传统建筑研究中心.江苏传统营造大师谈[M].北京：中国建筑工业出版社,2019：24-26.叶菊华为江苏省首批设计大师,南京华科建筑设计顾问有限公司技术顾问,曾任南京市建委总工程师。

[25] 许多文献中均提到静妙堂为鸳鸯厅。按照鸳鸯厅的概念,其贴式一定是对称的,并且应是"扁作厅＋圆堂"形式,但目前已经完全看不到如此构架样式,想必经过修缮,结构改动应该非常之大。

[26] "驼峰"为宋式大木作构件名称。它是梁栿结点的重要支撑构件,不仅能够适当地分散结点的荷载,又能美化梁栿构架大势。元代以前,"驼峰"大体有鹰嘴驼峰、梯形驼峰、掐瓣驼峰、毡笠驼峰等,明清时期多云卷头、荷叶墩、雕花驼峰等。王效清.中国古建筑术语词典[M].北京：文物出版社,2007：275.南京地区传统建筑中的"驼峰"与《则例》中的角背比较接近,但角背位于短柱两旁,而此处的"驼峰"位于坐斗两旁。

第7章

杭嘉湖片区与香山帮的关联及其木作营造技艺

·地处浙北的杭嘉湖片区地域文化较为复杂,包括嘉兴、湖州两市全域及杭州的部分区域。本章中所讨论的杭州,仅限于杭州的上城区、下城区、西湖区、江干区、拱墅区、余杭区、临安区、富阳区。杭州历史悠久,既为五代十国时期吴越国建都之地,又是南宋都城,较多地受到北方官式建筑木作营造技艺的影响。杭州的余杭区与湖州接壤,属于良渚文化遗址的中心地带,受香山帮木作营造技艺的影响有可能会多于杭州其他地区。杭州城区西部的富阳区、临安区为多山区域,对外交流不便,故受外来建筑文化影响相对较少,更多地保留着自身的地域文化特征。嘉兴地处京杭大运河南端,位于吴越交界处,其木作营造技艺主要受到吴文化乃至香山帮的影响,也受到越文化乃至宁绍帮的影响。从建筑调研结果来看,受宁绍帮的影响甚至远远高于香山帮。湖州与苏州共临太湖,香山帮匠人来此务工较为方便。同时,在湖州经商的徽州人较多,徽州帮木作营造技艺势必也会影响湖州传统建筑营造。另外,随着东阳帮的崛起及其所处地理位置的优越,东阳帮对杭嘉湖片区的影响亦不能忽视。因此,杭嘉湖片区木作营造技艺很大程度上与北方官式、江南地区主要建筑帮派(如香山帮、宁绍帮、徽州帮、东阳帮,以及杭州本帮)具有不同程度的关联。相对于江南其他片区而言,香山帮木作营造技艺对杭嘉湖片区的影响已逐渐趋于弱化,更多地呈现出多匠帮木作营造技艺互相渗透、共同影响的态势。

7.1 地域特征

杭州位于长江三角洲及京杭大运河南端,介于太湖平原与东南丘陵之间,具有亚热带季风气候特点,四季分明、雨量充沛。西汉时期杭州的西湖仍为海湾,杭州尚未成陆。到了东汉,西湖与海隔绝成为内湖,表明杭州地区成陆的开始。隋唐以后,杭州陆地面积继续向外扩展。五代十国时期吴越在杭州定都后,特别是宋室南迁之后,杭州城市发展达到繁盛的最高峰。同时,城市人口迅速发展,工商业繁荣,市肆店铺林立。元初,马可·波罗曾到杭州游历,称其为"世界最富丽名贵之城"。[1]宋室南迁后,东阳亦农亦工的老司、乡民被征召至临安参加京城建设,当时的建设队伍中主要有东阳、宁波和苏南香山(吴县)的工匠。南宋以后,东阳帮开始了走南闯北,徽州屯溪(今黄山市)、含今桐庐、建德、淳安、昌化(今临安)、富阳、湖州、绍兴、嵊县等地都有东阳帮的联络集散落脚点。[2]故此可以推测,对杭州传统木作营造技艺影响较大的帮派,当属东阳帮、宁绍帮及香山帮。

嘉兴同样地处京杭大运河南端,且位于吴越交界地及杭嘉湖平原的心腹地带。北临苏州、上海片区,南与宁波、绍兴隔江相望,更是新石器时代马家浜文化的主要发祥地。宋元时,嘉兴经济繁荣,被称为"百工技艺与苏杭等"。特别是丝织业和农业较发达,往来人口密集,各种文化交流频繁,使嘉兴有了"吴根越角"和"丝绸之府"的美誉。更是由于地处交通要道,南北文化不仅在此驻留,甚至与地方文化相融合。多元文化交流促成嘉兴传统建筑风格的独特性,用"越韵吴风"形容其传统建筑特色似更为贴切。从实际调研建筑来看,其木作营造技艺受宁绍帮的影响较多。

湖州地处太湖南滨,东部平原地区河湖港汊、纵横密布,水质清洁、土质丰腴,适宜养桑蚕,与嘉兴同被誉为"丝绸之府"。同时,湖州商人还热衷于房地产行业,不仅在湖州本地大兴土木,还喜欢在上海等地置办房产。较早致富的陈熙元是上海早期著名的地产商,清同治元年(1862)拥有租界一半以上的房地产。南浔张家、刘家、邢家、庞家到上海租界后虽继续从事丝茶贸易,但最大的投资是购置房地产,都成为上海最著名的地产业主。湖州环境相对闭塞,且民性温和、文雅华丽、安稳有余。自古以来,湖州文风特盛,传统文化给湖州以深刻的影响。富裕的生活、灿烂的文化、闭塞的环境,在湖州人的心中积淀了安逸满足感。[3]另外,徽州人较喜赴湖州经商,且逐渐形成了专门的经营区和居住区,如湖州菱湖镇北栅、泗安镇西门、南浔镇南栅和醋坊桥东,均为徽商的经营区和聚居区。随着徽商的聚集,徽州帮传统建筑木作营造技艺势必对湖州产生影响。清末民初,湖州的南浔经济发达,富商的宅第大都在这一时期建造,融合了江南厅堂宅第建筑的各种形式。[4]由于宅第主人有着较为特殊的历史背景、较开放的文化素养及充实的财力,他们在建造宅第时也会依据个人爱好,选择匠师及建筑风格。因此,其宅第呈现出丰富多彩的建筑样式,体现出不同匠帮独具特色及相互交融的木作营造技艺。

7.2　杭嘉湖片区与香山帮的关联

湖州与苏州共临太湖,地缘上接近,通过水路来往十分便利,因此香山帮工匠到湖州做工的较多。嘉兴地处京杭运河南端,位于吴越交界地,也可看作是香山帮与宁绍帮木作营造技艺交织的一个重要转折地域。杭州则比较复杂,自宋室南迁,更多地接受了北方官式做法。在一段历史时期,汇集了各地的能工巧匠,且其地缘上与浙江金华一带较为接近,所以成为各种建筑风格大汇集地域。因此,杭嘉湖片区木作营造技艺虽与苏州香山帮原生木作营造技艺具有一定的亲缘性,但更多地杂糅着不同匠帮的木作营造技艺。同时,还保留着一些杭州、嘉兴、湖州各地域的特色做法。[5]

7.2.1　与杭嘉湖片区的渊源

杭嘉湖片区水陆交通均十分方便。水路交通方面,由于杭嘉湖地区位于长江沿岸,水系发达,小规模河湖交错纵横,太湖将苏州与湖州相连,人们通过船只可直接到达。隋朝京杭大运河的挖掘与使用,又沟通了江苏与嘉兴、杭州,使得香山帮工匠通过运河可到达嘉兴和杭州,为建筑文化与技艺的交流提供了较为便捷的通道。比如,南宋临安修筑西湖园林,虽然史书上没有明确记载是否征集香山帮工匠参与,但商人与工匠在临安的居民结构构建中占有举足轻重的地位。据记载,商人与工匠人数约占城区居民总数的三成,达到了中国都城发展史上的最高水平,远非唐代长安、北宋东京所能企及。[6]这样浩大的工程,又怎能缺少技艺超群的香山帮匠人!我国宋元间文学家周密(1232—1298),[7]在其所著《吴兴园林记》中载"然工人特出于吴兴,谓之山匠,或亦朱勔之遗风"。吴兴即为现在的湖州,山匠即为工匠,朱勔[8]为苏州人。显然,周密认为湖州造园具有苏州园林的风貌,由此可以推测湖州造园技艺与香山帮势必具有极强的渊源。

从杭嘉湖片区存在的多方言现象及人口迁移规模来看,香山帮木作营造技艺应该对其产生过深远影响。对比苏州和杭州可发现,两地均出现苏音与北音、杭音与北音对立并存现象。经过几百年的发展变化,苏州的北音已经消融,但杭州的北音因为移民占土著人口数量上的绝对优势,故仍然顽强地保留着。[9]杭州主城区方言,属于吴语太湖片杭州小片,即所谓"半官话"区域,显然跟历史上的宋室南迁时的大批北方移民有关。[10]富阳、临安方言属于吴语太湖片临绍小片,余杭与湖州方言属于吴语太湖片苕溪小片。从方言分布来看,杭州的地域文化具有复杂性与层叠性的特点,并可间接映射出北方建筑文化对杭州的影响。嘉兴话俗称"嘉兴闲话",是一种吴语方言,属于吴语太湖片苏沪嘉小片。杭嘉湖片区从古至今在行政地理上的分区,与方言划分具有很强的一致性。同时,行政地理对境内方言起着维护和统一的作用。苏州片区与杭嘉湖片区的语言在吴越时期均属于吴语系。后越国灭国与汉族融合后,逐渐形成了不同的地方方言。相同的吴语派系基础,使得香山帮木作营造技艺从苏州片区传播到杭嘉湖片区变得十分便利。

杭嘉湖片区拥有几次大规模的人口迁移,最为典型的人口大迁移时期为宋室南渡。大量人口(特别是士大夫阶层)、科学技术与文化资源随之南迁,给杭嘉湖片区的崛起和繁荣提供了非常好的契机。此时以"家家懂礼仪,户户知诗书"为典型的民风习俗,对建筑的追求除了要求实用性外,更注重审美性。故而,杭嘉湖片区呈现出丰富多彩的木作营造技艺,亦折射出更为广泛的地域建筑文化特征。

7.2.2 香山帮在杭嘉湖片区的发展分期(宋代至今)

有关早期香山帮在杭嘉湖片区进行建筑营造活动的史料记载较少,我们只能从一些史料中间接获得相关信息。杭嘉湖片区市镇的兴起始于宋代,因此,本章节将香山帮在杭嘉湖片区内的发展分期最早溯源至宋代,大致可分为以下三个时期:一为间接影响期[宋元时期(960—1368)],二为平缓期[明至新中国成立(1368—1949)],三为复兴期[新中国成立后至今(1949—)]。

7.2.2.1 间接影响期

关于杭嘉湖片区与香山帮木作营造技艺的关联,尽管与江南地区其他片区相比较,不易清晰分析出结果,但仍可从匠人和史料两方面入手进行一些探索。首先,从匠人角度来说,不得不提到苏州长洲人丁谓和宋初浙东匠人(都料匠)、曾被欧阳修称为"国朝以来木工一人而已"的喻皓。其次,从史料的角度来说,可从《法式》中间接获得相关信息。北宋大中祥符年间(1008—1016),朝廷用了7年时间在东京城建造了玉清昭应宫。此项工程即由苏州人丁谓担任主匠,造型极其雄伟壮观。显然,香山帮木作营造技艺已对北宋的都城建设产生了非常深厚的影响。另据《哲匠录》载:北宋端拱二年(989)喻皓建开宝寺塔,该塔在东京城诸塔中最高,而制度甚精,喻皓真正做到胸有成竹、技艺精湛。此塔八角形平面、十一层、三十六丈,塔初建时,向西北方向倾斜,喻皓称之为"京师地平无山,而西北风吹之,不百年当正也"。[11]并且,喻皓还著有《木经》三卷,尽管到了北宋末,人们已觉得《木经》不再适用于当时的营造,[12]但《法式》中"看详"的"取正""定平""举折""定功"似全部来自喻皓的《木经》。根据喻皓的营造活动及《木经》的盛名,江南浙东一带建筑技术对京师汴梁以至《法式》的影响,都是可以想象的。[13]

宋代的工匠地位发生了明显变化,前朝的徭役制在政治动乱的年代逐渐被和雇制所替代。官府所需工匠不能再靠征调徭役,必须通过招募、给酬的方式来完成。于是,对雇工制定了"能倍工,即偿之,优给其值"的政策。劳作工匠可依技艺的巧拙、年历的深浅,取得不同的雇值。这样便刺激了劳动者的积极性,工匠世代相传之经验做法不断加以改进,生产技术进一步娴熟。在官手工业得到发展之后,需要有一套新的定额标准来满足工程管理的需要,这种社会需求正是《法式》产生的基础。[14]终于,宋崇宁二年(1103)北宋朝廷颁布了一部为防止官员贪污腐化的关于建筑材料、用工规范的典籍《法式》,主要分为四大部分,即"总释、总例"和"制度""估算""图样"。《法式》是我们今天研究宋代建筑设计理论与规范、建筑样式与技术的最真实、最有参考价值的建筑史料。

随着宋室南迁,《法式》又与江南地区发生了明显的关联,这一事实已经得到多位学者的论证。[15]南宋开国皇帝宋高宗赵构(1107—1187)在应天府南京(今河南商丘)即位(建炎元年,1127)三个多月后,开始了"巡幸东南",即所谓"宋室南渡"。首先在扬州做了一年多的"太平天子",后兜兜转转了三四年于镇江、杭州、南京、绍兴、宁波、温州等江南各地。绍兴二年(1132)重返杭州,并往来于杭州、苏州、南京三地,号称"亲征"。直至绍兴八年(1138)宣布定都临安。[16]平江府得到绍圣《营造法式》旧本及"目录""看详",共 14 册,绍兴十五年(1145)王唤[17]对绍圣《营造法式》进行重刊,俗称"绍兴本",这一版本成为日后所有《法式》版本的底本。《法式》在平江府重刊,必定会与香山帮木作营造技艺互相产生影响。虽然我们找不到宋以前具体的香山帮匠师来杭嘉湖片区进行营造活动的史料记载,但可以肯定的是,该片区已经潜移默化地受到香山帮木作营造技艺的影响了。

7.2.2.2　平缓期

明末清初造园家张涟(1587—1671),字南垣,松江人,后迁嘉兴,擅长叠山。康熙《嘉兴县志》记载张涟善叠假山,"旧以高架叠缀为工,不喜见土,涟一变旧模,穿深复冈,因形布置,土石相间,颇得真趣"。古时曾称叠山师为造园家,造园中的一大要素为建筑。显然,张涟为闻名于世的造园家,定精通建筑营造技艺。目前所知张涟的主要造园成就,有著名的无锡寄畅园、松江李逢申横云山庄(位于松江天马乡横云山麓,原为明代工部李逢申的菜园)、嘉兴吴昌时竹亭湖墅和朱茂时鹤洲草堂等。另外,张涟的四个儿子也子承父业,特别是其子张然在朝廷供职多年,主要作品很多,遍布江南。民国期间,香山帮工匠到嘉兴开设水木作坊的也不少,如陆耀祖的高祖父木作名师姚三星,即在嘉兴开设营造作坊。顾祥甫曾久客湖州南浔,他所营建的庞氏旧宅、南浔宜园(特别是其中的建筑)等闻名于江南。[18]南浔宜园又称庞家花园,始建于清光绪二十五年(1899),后于民国七年(1918)进行了扩建,总面积近 20 亩。童寯在《江南园林志》中,称赞宜园别具一格,为"南浔诸园之首"。此外,这一时期还有一些香山帮匠人在杭嘉湖片区开展营造活动,虽没有明确的史料记载,但从某些建筑遗构所显示的特点,亦能看出香山帮木作营造技艺的传播与影响。

7.2.2.3 复兴期

在 2017 年中国民间文艺家协会、中国建筑与园林艺术委员会和北京圆明园研究会共同主办的公益评选活动中,获得"当代艺匠"称号的香山帮匠师程茂澄主持建造的报本禅寺大雄宝殿,为浙北地区最大、可与灵岩寺大雄宝殿相媲美的建筑(见图 7-1、图 7-2)。该大殿主体采用了钢筋混凝土结构,但椽子、老嫩戗及门窗采用木材,有效地控制了整体造价,又巧妙展示了传统建筑的营造技艺与表现力。香山帮工匠对清代湖州府庙进行了修复,原本木构屋架没有改动,按照传统营造技艺进行修建,手工制作构件,但没进行上梁仪式。在苏州民俗中,有不少关于建造房屋的风俗礼仪,如崇拜习俗、上梁习俗等,成为苏州传统建筑营造过程中的一道独特的风景。随着社会文化的变迁,这些风俗礼仪呈现出逐渐简化甚至消失的趋势,现在香山帮建筑营造是否采用上梁习俗等要看建筑等级及业主的需求。

图 7-1 嘉兴平湖报本禅寺大雄宝殿外观　　图 7-2 嘉兴平湖报本禅寺大雄宝殿内部

苏州蒯祥古建有限公司董事长兼总经理杨根兴擅长水作,主持了南浔张静江旧宅,湖州洪济桥、通津桥、大庆楼老街,台州路桥历史保护区十里长街等工程的测绘、修缮设计。

苏州艺苑古建有限公司顾建明擅长大木作,主持了湖州飞英公园的营建、府庙的修复工程及嘉善吴镇纪念馆等工程。

苏州苏顺园林艺术有限公司总经理陈建刚擅长木工,主持和参与了湖州莲花庄公园、杭州钱王祠牌坊群等工程。

7.2.3 营造活动及特点

通过对香山帮在杭嘉湖片区进行营造活动的资料收集和整理,发现香山帮在此片区内的活动及其特点可以总结为:散点式、间歇式及辅助式。散点式表现为香山帮工匠在杭嘉湖片区的活动没有呈现帮派整体活动迹象,基本为自发的个体行为;间歇式表现为从宋至今香山帮在此片区的活动不连续,比如说元代就没有明显的香山帮匠人或代表性建筑物的记载,甚至于间接影响也寻找不到;辅助式则体现为在杭嘉湖片区,香山帮木作营造技艺的影响更多的是借助于专业史料(如《木经》《法式》),或重大历史事件(如宋室南迁)等。可以断定,香山帮对杭嘉湖片区的影响远逊于其他匠帮。

7.3 杭嘉湖片区木作营造技艺

杭嘉湖片区传统建筑大木构架构成样式与江南其他片区基本一致,主要为抬梁式与穿斗式相结合的组成模式。但是,在建筑构架组合样式、构件细部、做法及装饰等方面存在着很多特性,即使杭嘉湖片区内部也有所不同。如根据大梁截面形状及梁正面形状的不同,同样可以区分为圆作与扁作、曲梁与直梁等。杭嘉湖片区民居厅堂中,圆作直梁用得较多,内四界大梁截面一般为圆形,尺度较小,且细部装饰较少。

7.3.1 殿庭

杭州在吴越国和南宋临安皇宫中营建了大量的殿堂类建筑,但所有宫殿建筑已所剩无几,仅能从史料记载或文人墨客的诗句中略窥一二。史料中记载的吴越王宫内殿庭类建筑,仅有吴越国国王钱镠(851—932)居住的握发殿。其余的建筑均为堂,多数为其子孙所居之地,如功臣堂、佛堂、彩云堂、思政堂、天宠堂

（大庆堂）、西堂、天册堂、都会堂等。[19]南宋临安都城的兴建,使得《法式》在杭州地区广泛流传。临安大内由外朝、内朝、东宫、学士院和宫后苑五部分构成。外朝主要有四组建筑群,大庆殿、垂拱殿、后殿及端诚殿。内朝则有福宁殿、勤政殿、嘉明殿、崇政殿、选德殿等多座殿堂。其中,外朝垂拱殿是史料中记载最为详细的一座殿堂。有学者已完成临安皇城总体平面分布示意图及垂拱殿单体复原想象图(见图7-3至图7-5)。可以推测垂拱殿为一组两进院落,第一进院落中的主要建筑为垂拱殿。据《建炎以来朝野杂记》载:"每殿为屋五间,十二架,修六丈,广八丈四尺,殿南檐屋三间,修一丈五尺,广亦如之,两朵殿各二间。"根据复原想象图可知,垂拱殿平面为典型的双槽布局,大木构架样式为"前乳栿＋内八架椽＋后乳栿"。当心间、次间处外接抱厦,当心间构架为抱厦檐柱与殿身檐柱间架丁栿。[20]

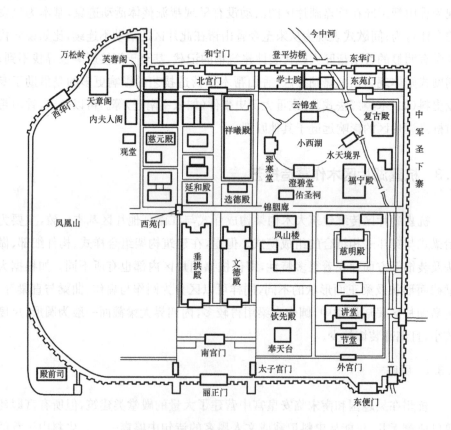

图7-3　南宋皇城总体平面分布示意图

[图片来源:根据袁琳《从吴越国治到北宋州治的布局变迁及制度初探》,载自王贵祥.《中国建筑史论汇刊(第陆辑)》(中国建筑工业出版社,2012)第235页描绘]

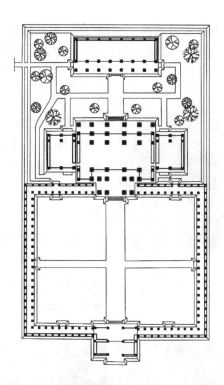

图 7-4　南宋临安大内建筑垂拱殿平面复原想象图

[图片来源：根据郭黛姮《中国古代建筑史(第三卷)》(中国建筑工业出版社,2003)第 114 页描绘]

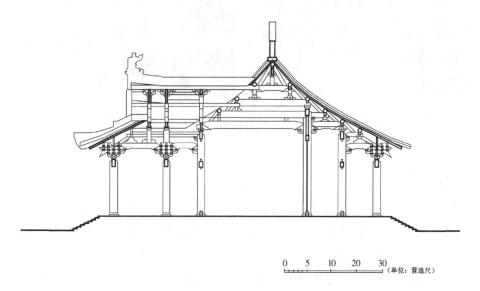

图 7-5　南宋临安大内建筑垂拱殿剖面复原想象图

[图片来源：根据郭黛姮《中国古代建筑史(第三卷)》(中国建筑工业出版社,2003)第 115 页描绘]

宗祠在古建筑中占有重要地位,一般保存也相对较好。岳王庙坐落于杭州西湖北面栖霞岭南麓,始建于南宋嘉定十四年(1221),清康熙五十四年(1715)重建,民国六年(1917)及1979年进行了两次大修,现主要保存有忠烈祠、启忠祠等主体建筑。忠烈祠建筑面积为764.8平方米,面阔、进深各五间,前后廊。通面阔为21.66米、进深为18.34米。屋顶形式为重檐歇山顶,巍峨挺拔、雄伟壮观。大木构架中尚有抱梁云、攀间栱等特色建筑构件,特别是船篷轩廊构件细部处理,与香山帮木作营造技艺存在较大相似之处(见图7-6至图7-8)。

图7-6 杭州岳王庙山门外观

图7-7 岳王庙忠烈祠内部空间

图7-8 岳王庙忠烈祠船篷轩廊

7.3.2 厅堂

本小节选取的建筑案例多为杭州市区现存的历史保护民居和公共建筑群中的厅堂。其中,杭州市区民居中厅堂正贴多为抬梁式,边贴则采用穿斗式构架,结构体系较为清晰,如王文韶大学士府(位于杭州市上城区清吟巷127号)。王文韶是晚清光绪年间杭州唯一的宰相,光绪三十三年(1907)告老还乡之后,大兴土木、扩建宅第。大学士府厅运用了草架和船篷轩,轩梁上置坐斗,矩形截面轩桁周围附设抱梁云,加上扁作梁轩细部雕刻,充分表现出香山帮木作营造技艺的神韵。江南地区传统建筑中短柱与梁的连接方式主要有两种：一为短柱连接，短柱与梁在交界处的形态为鹦鹉嘴（或蛤蟆嘴）；二为坐斗上承托短柱。这两种连接方式在王文韶大学士府厅的内四界及轩廊处均有所体现，与《法原》中所载苏州片区建筑极为相似（见图 7-9、图 7-10）。杭州园林中的大量厅堂同样具有一定的代表性，如郭庄中的两宜轩等（见图 7-11、图 7-12）。郭庄始建于清咸丰年间（1851—1861），亦称汾阳别墅，为丝绸商宋端甫的私人住宅。后庄归汾阳郭氏，遂始称郭庄。郭庄内建筑淳朴优雅，与环境紧密结合，充分体现了江南古典园林自然精美、步移景异的特色。童寯称其为"雅洁有似吴门之网师，为武林池馆中最富古趣者"，由此可见，郭庄与香山帮可能也存在某些渊源。

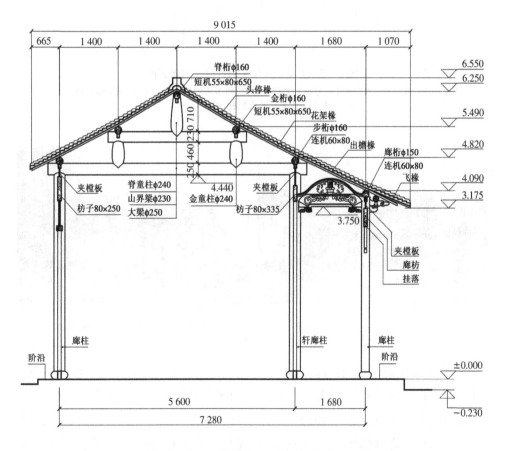

图 7-9　王文绍大学士府厅正贴

[图片来源：杭州市历史建筑保护管理中心.杭州市历史建筑构造实录（民居篇）[M].
杭州：西泠印社出版社,2013：76]

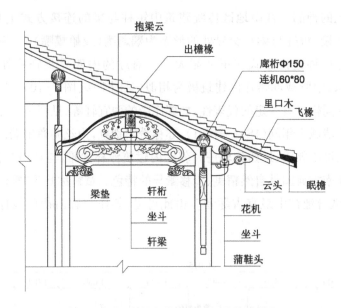

图 7-10 王文绍大学士府厅轩及檐部详图

[图片来源：杭州市历史建筑保护管理中心.杭州市历史建筑构造实录(民居篇)[M].
杭州：西泠印社出版社,2013：77]

图 7-11　杭州郭庄两宜轩远眺　　　　图 7-12　杭州郭庄乘风邀月轩

　　富阳、临安位于杭州西部,属于多山区域。由于古时对外交流不便,导致传统建筑呈现"滞后"现象,保留了较多宝贵的历史建筑信息。杭州富阳龙门镇因东汉名士严子陵畅游龙门山时留下"此地山清水秀,胜似吕梁龙门"的赞誉而得名。几千年来,孙权后裔在此繁衍生息,逐渐发展成为拥有 2 000 多户 7 000 多人的江南第一大古村落,村落内保存着完好的明清古建筑群。龙门镇代表性明代建筑为旧厅(庆善堂),是孙氏家族宗祠之一。旧厅平面近方形,面阔三间、进深八界。木构架正贴为抬梁式，边贴为穿斗式。大木构架正贴构成样式为"单步×2+内四界+单步×2"。旧厅内四界月梁形状与《法式》中月梁很相似，梁身线形舒缓、流畅。同时，明显的梭柱、猫梁剳牵、丁头栱、雕刻精美的坐斗下驼峰设置，以及弧度平缓、追求自然曲度的冬瓜梁式阑额等大木构件，既充分展示了其古朴的地域特性，又让人深刻感受到徽州帮或东阳帮的影响痕迹。梁架山尖处的山雾云等大木构件，又具有典型的香山帮木作营造技艺特色（见图7-13至图7-15）。

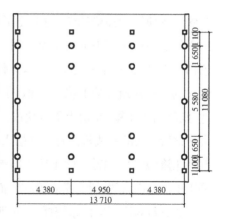

图7-13 杭州富阳龙门镇旧厅柱网布局

图7-14 杭州富阳龙门镇旧厅正贴内四界

图7-15 杭州富阳龙门镇旧厅冬瓜梁式阑额

龙门镇代表性清代建筑百狮厅（慎修堂）俗称前敞厅。百狮厅的雕刻在浙江传统建筑中独具一格，也因其拥有众多狮子雕刻而名副其实。该建筑的檐下构件系统[21]、前廊月梁、明间梁上全部雕上大小各异、千姿百态的狮子，或伏仆或仰跃或倒悬，刀工精湛、技法娴熟。[22]百狮厅大木构架内四界脊短柱，采用了类似于垂花柱构造的"倒挂骑童"，颇具香山帮建筑中垂莲柱的神韵（见图7-16）。特别是"倒挂骑童"

图7-16 杭州富阳龙门镇百狮厅大木构架山尖处"倒挂骑童"

两侧连续使用的猫梁剳牵,更增添了大木构架自身极强的装饰性,但此处构造做法更似宁绍帮建筑中的对子梁。对子梁是宁波地区传统建筑大木构架山尖处特色构件组合,其一半称为大子梁,其作用与位置类似于《法式》中的剳牵;形状与绍兴、金华、衢州等地的猫梁相似,但又有所不同。一对大子梁相对构成一个构件,则称为对子梁,是由上下两块或三块板拼合而成,但视觉上像是由两块相对的大子梁所组成的一块板。将军柱插入对子梁中,用梢子固定,将军柱通过榫卯连接倒吊花篮(见图7-17)。明正统十四年(1449)初建、清末民初重建的承恩堂(工部)采用矩形截面直梁,梁身平直没有琴面,地方特色浓郁。前轩廊附有类似于徽州帮(或东阳帮)的檐下构件系统样式,可明显感到受其影响之深刻(见图7-18)。

图 7-17　宁波闻氏宗祠男祠中的对子梁　　图 7-18　杭州富阳龙门镇承恩堂(工部)构架

湖州地区大木构架梁与短柱主要采用两种交接方式。一为利用坐斗连接,坐斗与下部梁交界处一般均雕刻成莲花状纹饰;二为以短柱连接,其交接部分做尖杀,呈鹰嘴状,是较为典型的香山帮木作营造技艺。湖州地区亦采用枫栱这一极具香山帮木构营造特色的构件,但局部尺度加大,更显夸张。香山帮特色构件山雾云也在许多建筑中出现,雕刻成漩涡状纹饰。建筑廊下亦有檐下构件系统,类似于徽州帮或东阳帮的木作营造技艺特点,湖州地区代表性传统建筑以南浔古镇为代表。南浔建镇于南宋淳祐十一年(1251),儒风昌盛。特别是明清时期,经济繁荣,更使得建筑装饰趋于奢华。如建筑月梁雕刻更加繁杂,多在原木上漆,内四界构架山尖处脊桁与下部坐斗之间的山雾云,雕刻纹饰,与苏州香山帮木作营造技艺有着极强的相似之处。南浔古镇张石铭故居建于清光绪二十五年至三十二年(1899—1906),是江南传统民居和欧洲巴洛克建筑风格结合的园林住宅。张石铭不仅经商出色,还耽于古籍及书画收藏鉴赏,在对其住宅、园林的艺术化经营上,更注重精神文化的追求。故居中的懿德堂平面呈面阔方向窄、进深方向长的矩形。面阔为三开间、进深六间,正贴大木构架构成模式为"轩＋单步＋内四界＋双步＋轩",具有典型的香山帮木作营造技艺风格,但在构件细部处理上呈现出不同于香山帮营造的特点。如具有完整的檐下构件系统,明间特别是梢间山尖处的单步梁均呈斜向放置,极具猫梁劄牵的架势,这些都与徽州帮或东阳帮木作营造技艺具有很强的关联性。而轩梁的弧度与极具装饰性的满雕,又具有强烈的地域色彩(见图 7-19 至图 7-22)。

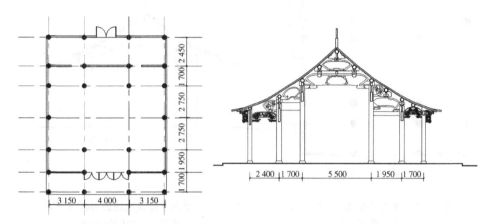

图 7-19 南浔古镇张石铭故居
懿德堂平面图

图 7-20 南浔古镇张石铭故居懿德堂正贴

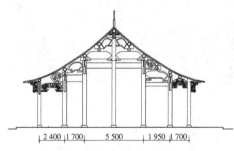

图 7-21 南浔古镇张石铭故居
懿德堂边贴

图 7-22 南浔古镇张石铭故居懿德堂雕刻
精美的轩梁及檐下构件系统

　　嘉兴平湖莫氏庄园建于清光绪二十三年(1897),是清代富商莫兆熊的宅第。占地面积为 4 800 平方米,建筑达 70 余间,建筑面积为 2 600 多平方米,是江南地区典型的封闭式宅第建筑群。春晖堂位于莫氏庄园主轴线上,是重要的厅堂,也称为正厅。春晖堂面阔三开间,明间面阔为 5.2 米。正贴及边贴大木构架构成均为"双步＋单步＋内四界＋单步＋轩",是比较独特的完整抬梁式结构。檐高为4.57米,与明间面阔之比约为0.88：1,基本上与《法原》中所记述的相一致。[23]贴式为典型的香山帮扁作月梁式构架,单步梁亦呈斜向放置,极有猫梁剳牵的架势。莫氏庄园云浦草堂中船篷轩短柱下的柱托,也与徽州帮或东阳帮木作营造技艺特点接近(见图7-23至图7-26)。

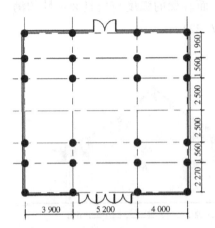

图7-23　嘉兴平湖莫氏庄园
春晖堂平面图

图7-24　嘉兴平湖莫氏庄园春晖堂正贴
（图片来源：根据中央美术学院图纸改绘）

图7-25　嘉兴平湖莫氏庄园
春晖堂室内

图7-26　嘉兴平湖莫氏庄园云浦草堂扁作船篷轩

陈阁老宅位于嘉兴市海宁市盐官镇宰相府第风情街。初建于明代中叶,是清雍正年间太子太傅、文渊阁大学士陈元龙(1652—1736)的府第。陈阁老宅中的爱日堂正贴大木构架构成为"轩廊＋单步＋内四界＋单步",为扁作月梁式抬梁屋架。
但十分有趣的是,次间、边间为圆料直梁式抬梁屋架,亦是典型的抬梁式构架组合。
正贴大木构架梁与梁之间设置坐斗,其上承短柱且有类似反向"驼峰"连接;次间、边
间的圆料直梁式梁间为短柱连接,短柱与梁的交界处为香山帮典型的鹦鹉嘴。前廊
为船篷轩,并由草架将船篷轩与单步及主体空间(内四界)联系起来,形成一个整体。
从内四界月梁形态、梁与短柱的咬接、廊轩样式等方面可以看出,嘉兴地区木作营造
技艺受香山帮木作营造技艺影响较重(见图7-27),但总体来说,受多匠帮的影响,如
乌镇西栅民居入口处的阑额及牛腿,以及乌镇东栅宏源泰染坊优美的斜撑等,均呈现
出多姿多彩的匠帮技艺特点(见图7-28、图7-29)。苏州片区为使出檐深远,常在
支撑梓桁的云头下面加设琵琶撑[24],对挑出的屋檐进行支撑,并配以垂花柱。

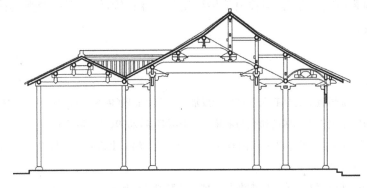

图7-27　陈阁老宅爱日堂正贴
(图片来源:根据浙江省古建筑设计院图纸描绘)

图7-28　乌镇西栅民居入口处的阑额及牛腿　图7-29　乌镇东栅宏源泰染坊优美的斜撑

总体来看,杭嘉湖片区与香山帮原生木作营造技艺具有一定的亲缘性。但同时明显受到徽州帮、东阳帮乃至宁绍帮的影响,且还保留了当地的一些特色做法。杭嘉湖片区中,湖州木作营造技艺与香山帮最为接近,但也存在区别,如南浔古镇传统建筑轩梁构件虽仍采用月梁,但取消了"剥腮"处理,卷杀较大,与传统香山帮木作营造技艺有些不同。杭州受东阳帮、徽州帮影响较多,但仍受香山帮木作营造技艺的影响,如:杭州中部龙门镇木构架梁架截面形式各样,体现出多种风格并存的现象,但有较接近香山帮梁架构造的月梁;旧厅脊桁下尚有山雾云构件,山雾云是较为典型的香山帮木构建筑构件,与香山帮木作营造技艺有相似之处;轩廊多采用冬瓜梁和坐斗的构造方式,与传统香山帮的轩的做法差异较大。嘉兴木作营造技艺与香山帮的关联较为紧密,绝大部分木作营造技艺尤其是大木构架构成等方面,与香山帮传统技艺一脉相传,但亦保留着受其他匠帮影响的迹象。

注 释

[1] 魏嵩山.杭州城市的兴起及其城区的发展[J].历史地理(创刊号),1981:160-168.

[2] 王仲奋.东阳传统民居的研究与展望[J].中国名城,2009(6):54-56.

[3] 熊月之,熊秉真.明清以来江南社会与文化论集[M].上海:上海社会科学院出版社,2004:158-162.

[4] 陈剑峰.地域商人与明清时期浙北区域经济发展[J].浙江社会科学,2006(6):160-162.

[5] 目前仍活跃在杭州富阳等地一些村落中的杭州本帮匠人,其木作营造技艺世代相传,创造了具有十分明显的地域特征的传统建筑。其营造技艺带有南北建筑文化融合的折中主义倾向,如较多采用矩形截面满雕直梁,大木构架亦存在一定的模数关系等特点。

[6] 徐吉军.论南宋都城临安在中国都城史上的地位[J].浙江学刊,2008(3):88-92.

[7] 周密虽为文人,但其论著在我国园林古典文献中亦占有重要地位。如童寯在《江南园林志》(第二版,中国建筑工业出版社,1984)的"文献举略"中,共记述四十部与园林相关的文献。其中,周密的论著就有四部,包括《癸辛杂识》《齐东野语》《湖山胜概》《吴兴园林记》。

[8] 北宋末年,宋徽宗在苏州设立应奉局,征调吴郡工匠赴东京(开封)营造苑囿,其中就有不少香山帮匠人。苏州人朱勔主持在江、浙一带搜求珍奇花木竹石,并专门组成船队负责运输(亦称"花石纲")。崔晋余.苏州香山帮建筑[M].北京:中国建筑工业出版社,2004:22.

[9] 周振鹤.中国历史文化区域研究[M].上海:复旦大学出版社,1997:35.

[10] 周振鹤,游汝杰.方言与中国文化[M].上海:上海人民出版社,1986:19.

[11] 杨永生.哲匠录[M].北京：中国建筑工业出版社,2005：80-83.

[12] 《木经》是我国一部关于房屋建筑方法的著作,也是第一部木结构建筑手册。沈括在《梦溪笔谈》中称"旧《木经》多不用,未有人重为之,亦良工之一业也"。

[13] 张十庆.《营造法式》的技术源流及其与江南建筑的关联探析[J].美术大观,2015(4)：106-109.

[14] 郭黛姮.《营造法式》评价[C].//杨永生,王莉慧.建筑百家谈古论今.北京：中国建筑工业出版社,2008：18-19.

[15] 相关代表性研究成果有：张十庆.《营造法式》的技术源流及其与江南建筑的关联探析[J].建筑史论文集,2003,17(5)：1-11;项隆元.《营造法式》与江南建筑[M].杭州：浙江大学出版社,2009 等。

[16] 傅伯星,胡安森.南宋皇城探秘[M].杭州：杭州出版社,2002：9-22.

[17] 据《宋会要》载：王唤曾于绍兴十三年(1143)任临安知府,绍兴十四年(1144)出任平江知府。

[18] 虽未找到顾祥甫的出生年月记载,但他与贾林祥为师兄弟,贾林祥生于清光绪十七年(1891),且顾祥甫略年长于贾林祥,故推测其在南浔所营建的代表性建筑应早于新中国成立前。高介华.中国历代名匠志[M].武汉：湖北教育出版社,2006：312.

[19] 袁琳.从吴越国治到北宋州治的布局变迁及制度初探[C]//王贵祥.中国建筑史论汇刊(第陆辑).北京：中国建筑工业出版社,2012：233-248.

[20] 郭黛姮.中国古代建筑史(第三卷)[M].北京：中国建筑工业出版社,2003：111-116.

[21] 檐下构件系统在江南地区(特别是在徽州、婺州、东阳一带)传统建筑中占有重要地位,其既具有结构性能,支承屋檐或楼厢出挑,又具有极强的装饰性。檐下构件系统主要由撑拱(或牛腿)、琴枋、刊头、象鼻架(或矩形短梁)、坐斗、斗垫、花拱(或插拱)、枫拱(或雀替)、替木等构件所组成。周国帆,蔡军,刘莹.婺州传统民居中厅堂檐下构件系统研究[J].装饰,2020,324(4)：104-108.

[22] 马时雍.杭州的古建筑[M].杭州：杭州出版社,2004：83.

[23] 《法原》记录了香山帮营造时的檐高取值为"将正八折准檐高",即以正间面阔的八折确定屋檐高度。

[24] 此处的琵琶撑是苏州当地工匠对此类构件约定俗成的称呼,其造型常如鹅颈般弯曲。《法原》中也有琵琶撑一词出现,其定义为"琵琶科后端之拱延长成斜撑部分",可见与本文中的构件虽同名,确有不同的含义,其为牌科中的构件。另外,在《法原》第二章所列的楼房贴式图中,在雀宿檐下也出现类似构件,但与本文中琵琶撑的位置和作用亦有所不同。

第 *8* 章

江南地区中国传统样式清真寺礼拜大殿木作营造技艺

伊斯兰教通过陆路和海路传入中国并兴起。随着伊斯兰教的传入,清真寺建筑也开始在中国出现。清真寺为穆斯林宗教活动中最为重要的建筑,又称礼拜寺,是阿拉伯语"麦斯吉德"(Masjid)的音译,在阿拉伯语中属空间名词,意为"叩拜之处"。从建筑学视角来看,可将我国清真寺分为阿拉伯样式[1]、中阿合璧式及中国传统样式清真寺,后者在建筑布局、结构、装饰等方面均具有明显的中国传统建筑特征(见图 8-1)。清真寺建筑进入中国的早期,受到了汉文化的影响。从唐开始,东南沿海的部分商业城市和西北地区先后出现了阿拉伯样式与中国传统建筑有机结合的清真寺,即中阿合璧的清真寺。但明代由于政治原因,中国伊斯兰教几乎与伊斯兰世界断绝联系,迎来了孤立发展的时期。[2]在这样的政治背景下,国内伊斯兰教却仍在发展,并且中国传统建筑特点在很大程度上融入清真寺建筑中,最终产生了中国传统建筑样式的清真寺。从鸦片战争到新中国成立,国内不少清真寺被破坏。[3]改革开放后,宗教信仰自由政策恢复,大量清真寺得以重建和修缮。

阿拉伯样式(艾提尕尔清真寺)　　中阿合璧式(泉州清净寺)　　中国传统样式(西安化觉巷清真大寺)

图 8-1　从建筑学视角看我国三大主要清真寺样式

通过调研发现,江南地区明清时期营建的清真寺更多地借鉴了中国传统做法与样式,且多数保存完整。[4]一般地,清真寺需设置礼拜大殿、讲堂、阿訇室、待客室、水房等功能用房,礼拜大殿是清真寺中的重要建筑单体,中国传统样式礼拜大殿大木构架样式繁多、营造灵活,既很好地满足了自身的使用功能需求,又充分地融合了江南地区传统木作营造技艺,从而完美地展示了外来建筑文化与江南地区地域特色的有机结合。目前学术界对中国传统样式清真寺的历史文化、总平面、礼拜大殿单体平面和装饰特色等,已展开了较详尽的探讨,但基于江南地区中国传统样式清真寺礼拜大殿大木构架的研究,探讨传统木作营造技艺与伊斯兰建筑文化交融的成果却不多见。[5]本章节选取 15 处江南地区具有代表性的有中国传统样式特点,且为各级文物保护单位的清真寺(见表 8-1),并重点对其中结构保存完整的礼拜大殿大木构架进行研究。本章主要从江南地区中国传统样式清真寺总平面布局、礼拜大殿平面形制、大木构架及其细部出发,分析江南地区中国传统样式清真寺礼拜大殿木作营造技艺,以期探讨中国传统木作营造技艺(特别是香山帮木作营造技艺)与伊斯兰建筑文化的交融。

表 8-1　江南地区代表性中国传统样式清真寺一览表

地区	寺名	营建始末	营造者	保护等级	地址	大殿照片
上海	松江清真寺	元至正年间(1341—1368)始建,明代扩建三次,清代整修四次,1985 年大修	不祥	市级	上海松江区缸甓巷21 号	
	福佑路清真寺	清同治九年(1870)始建,光绪二十五年(1899)、三十一年(1905)扩建,1936 年改建,2016 年大修	不祥	区级	上海福佑路 378 号	
南京	净觉寺	明洪武二十一年(1388)始建,宣德五年(1430)、清光绪三年(1877)、光绪五年(1879)重建	亦布拉金、马可鲁丁(始建)	省级	南京升州路三山街北侧 28 号	
	六合南门清真寺	明永乐二年(1404)始建,2002 年达浦生纪念馆揭幕,2009 年大修	不祥	省级	南京六合区南门	

（续表）

地区	寺名	营建始末	营造者	保护等级	地址	大殿照片
南京	澄清坊清真寺	明永乐二十二年（1424）始建，清同治初年重建，光绪二十五年（1899）、1998年、2009年重修	达善（始建）	市级	南京六合区长江路30号	
	草桥清真寺	清乾隆年间（1736—1795）始建，同治五年（1866）重建，1997年南移40米重建	不祥	市级	南京打钉巷20号	
	湖熟清真寺	始建年代不详，光绪二十二年（1896）重修礼拜大殿，1919年、1984年、1995年、2001年多次修复	不祥	市级	南京湖熟街道水北大街39号	
扬州	仙鹤寺	南宋咸淳年间（1265—1274）始建，明洪武二十三年（1390）重建，嘉靖二年（1523）重修	普哈丁（始建），哈桑（重建）	省级	扬州汶河路南门街111号	
	普哈丁墓清真寺	宋德祐元年（1275）始建，元、明、清代多次整修、重建	不祥	国家级	扬州广陵文昌中路167号	
	菱塘清真寺	元末明初始建，后被洪水冲毁，明中叶迁建，后迁回，清道光十四年（1834）扩建，1924年改建	薛琪（扩建）	省级	高邮菱塘回族乡北	
	高邮清真寺	始建年代不详，清同治三年（1864）重建	马贵、马完兴、刘天兴（重建）	市级	高邮西后街千佛庵巷内	

（续表）

地区	寺名	营建始末	营造者	保护等级	地址	大殿照片
镇江	山巷清真寺	唐贞观二年（628）始建，清康熙年间（1662—1722）扩建，同治十二年（1873）、光绪二十八年（1902）、1982年重修	不祥	市级	镇江城西清镇街94号	
嘉兴	清真寺	明代始建，清乾隆十一至十二年（1746—1747）重修，乾隆三十九至四十年（1774—1775）扩建	沙大成（重修）、郭载汾（扩建）	市级	嘉兴环城东路469号	
宁波	月湖清真寺	宋咸平年间（998—1003）始建，元至元年间（1271—1340）、清康熙三十八年（1699）迁建，同治八年（1869）整修	不祥	省级	宁波月湖西侧后营巷	
杭州	凤凰寺	唐天宝十二年（753）始建，元延祐年间（1314—1320）重建，明、清代整修	阿老丁（重建）	国家级	杭州中山北路227号	

8.1　总平面布局

为了体现伊斯兰教的入世精神和对社会活动积极参与的态度，清真寺一般建于穆斯林人口较多、活动频繁的区域。江南地区水系分布甚广，古时人们将水系作为重要交通渠道。因此，江南地区除将穆斯林人口数量作为清真寺选址的重要因素之外，还通常把清真寺建在水域边缘或近旁，以方便人们的使用，如扬州普哈丁墓清真寺邻近大运河、南京的六合南门清真寺则邻近滁河等（见图8-2、图8-3）。

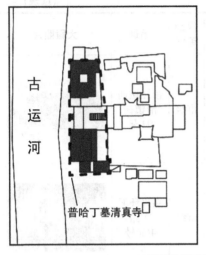

--- 清真寺区域

图 8-2　建于古运河旁的扬州
普哈丁墓清真寺

（图片来源：根据扬州伊斯兰协会提供的资料描绘）

--- 清真寺区域

图 8-3　邻近滁河的南京六合
南门清真寺

（图片来源：根据扬州伊斯兰协会提供的资料描绘）

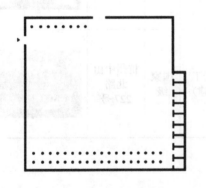

图 8-4　最初清真寺总平面布局示意图

[图片来源：根据张顺尧《甘肃伊斯兰教建筑的
演变》(同济大学,2007)第 12 页描绘]

在伊斯兰教发源地之阿拉伯地区，清真寺建筑初期仅仅是作为礼拜职能的场所。最初是把先知的小屋作为清真寺来使用，主要以椰枣树杆为柱，以树枝为顶，用土坯砌围墙，院内供礼拜，房顶供唤礼[6]。早期清真寺平面格局大体为一个方正的庭院，三面有回廊环绕，另一面则布设柱列（见图 8-4）。随着社会的发展，清真寺除了满足人们礼拜、听取教义、人际交往等最基本需求之外，还作为婚丧嫁娶、早期的穆斯林教育等场所，江南地区的清真寺还具有穆斯林社区服务等功能。由此可以看出，清真寺是宗教、社会及教育相结合的产物。

江南地区中国传统样式清真寺的总平面布局大体分为合院式和满铺式两种布局方式。

8.1.1 合院式

明朝始,由于受到海禁的影响,伊斯兰世界和中国伊斯兰教断绝了联系。从此,清真寺建筑营造技艺有了极大的转变。中国传统木作营造技艺开始大量运用于清真寺中,不仅仅是建筑单体,中国传统样式清真寺建筑总平面布局也发生了很大变化,逐渐出现了三合院或四合院式的总平面布局方式(本章节简称其为合院式)。合院式一般前为大门及左右房,中为二门,内院正中是礼拜大殿及南北厢房(一般为讲堂)。由于伊斯兰教教义规定,信徒礼拜的方向必须朝向圣地麦加的克尔白(天房)。因此,位于麦加东部的我国,所有的礼拜大殿一律坐西朝东,从而使得清真寺建筑群的主轴线多为东西向,寺院的空间序列沿着以礼拜大殿东西向中心线为轴线依次纵向有序展开(见图8-5)。

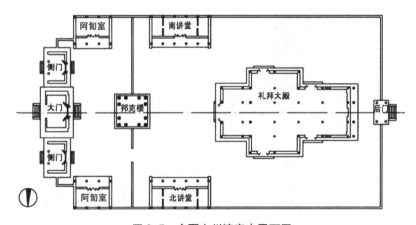

图8-5 宁夏韦州清真寺平面图

[图片来源:根据燕宁娜《宁夏清真寺建筑研究》(西安建筑科技大学,2006)第69页描绘]

江南地区中国传统样式清真寺总体布局在三合院式或四合院式的基础上,又因礼拜大殿是否居中而形成两种布局方式。第一种方式是礼拜大殿居中布局的合院式。以礼拜大殿东西向中心线作为轴线,辅助建筑布置在轴线两侧,形成三合院或四合院式的总平面布局。但江南地区中国传统样式清真寺大门布局非常灵活,大门与礼拜大殿在同一轴线上的情况比较罕见。上海松江清真寺始建于元代,明代扩建三次,清代整修四次,至今仍保留着元、明、清时期的建筑风格。其礼拜大殿居中,南北讲堂以对称的方式布置在大殿两侧,形成明显的三合院式布局。但上海松江清真寺主入口不布置在礼拜大殿中心轴上,而是设置在清真寺北侧的主要道路上,以期交通便利(见图8-6)。宁波月湖清真寺的礼拜大殿与南北厢房其他辅助用房围成典型的四合院式,主入口处设置了大门和二门,为避开视线干扰,特将大门布置与轴线相脱离(见图8-7)。第二种方式是礼拜大殿灵活布局的合院式。清真寺总体布局没有明显的主轴线,礼拜大殿亦不作为总体布局的重要位置,而主要从功能实用和便利性的角度来灵活布置。通常把礼拜大殿布置在一侧,与其他辅助建筑形成合院式空间,如扬州仙鹤寺的总体布局。扬州仙鹤寺始建于南宋咸淳年间(1265—1274),明洪武二十三年(1390)重建,嘉靖二年(1523)重修。从大门进入,通过一个月亮门即到达主庭院。古时,仙鹤寺西部为汶河,用地紧张,因此将礼拜大殿布置在庭院的北面,与会议室、办公室、女寺等围合成院落(见图8-8)。镇江清真寺因基地限制,虽然由礼拜大殿、讲堂、对厅等围合成了院落,但旋转了约45°,形成了不同的空间组合(见图8-9)。

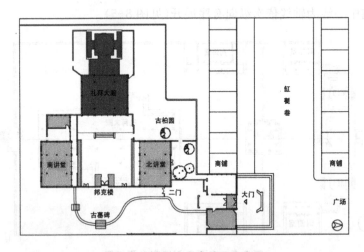

图8-6 松江清真寺总平面布局

[图片来源:根据刘致平《中国伊斯兰教建筑》(中国建筑工业出版社,2011)第33页描绘]

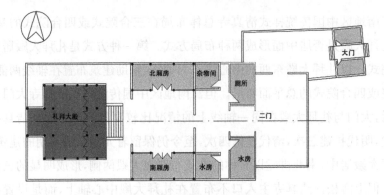

图8-7 宁波月湖清真寺总平面布局

(图片来源:根据宁波伊斯兰协会提供的资料描绘)

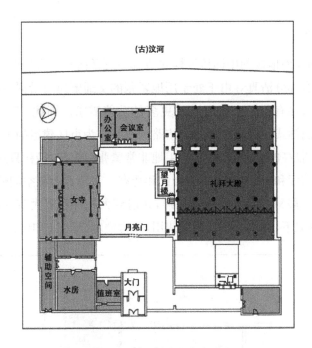

图 8-8 扬州仙鹤寺平面布局

[图片来源：根据刘致平《中国伊斯兰教建筑》(中国建筑工业出版社, 2011)第 38 页描绘]

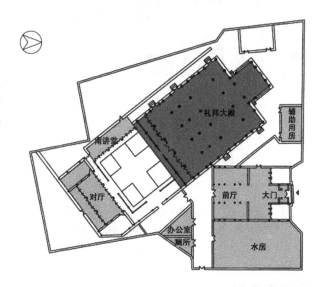

图 8-9 镇江清真寺总平面布局

[图片来源：根据潘如亚《江苏传统伊斯兰教建筑研究》(南京工业大学, 2012)第 60 页描绘]

8.1.2 满铺式

明清时期江南地区的中国传统样式清真寺总平面布局大多采用规整的合院式布置,但也有部分清真寺由于处于用地紧张的交通要道或沿河一带,只能充分利用基地条件,在有限的空间里满足更多的功能需求。因此,平面布置更加灵活,且多利用满铺式布置。上海的福佑路清真寺作为市区建造的第一个清真寺,位于建筑密度较高的商贸繁华区域,用地非常紧张。因此,最初只建造了礼拜大殿,后加建了前厅和过厅,前厅用于会议和待客。该清真寺在空间使用上具有极大的灵活性,一般只在礼拜大殿做礼拜,如遇到大礼拜和重大节日,则将三座建筑的格门全部取下,合成一座大殿来使用,非常便利(见图 8-10)。

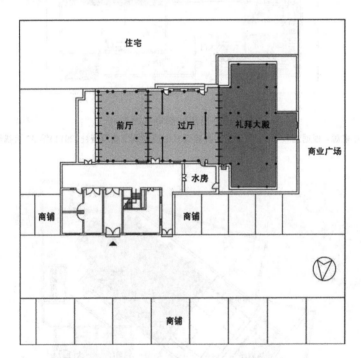

图 8-10 上海福佑路清真寺总平面布局
(图片来源:根据上海市伊斯兰协会提供的资料描绘)

8.2 礼拜大殿平面形制

清真寺一般需设置礼拜大殿、讲堂、阿訇室、待客室、水房等功能用房。礼拜大殿是穆斯林做礼拜和进行聚礼、会礼等宗教活动的主要场所,它是叩拜真主的核心空间,也是克尔白的象征,[7]因此礼拜大殿是整个清真寺的灵魂。

8.2.1 空间组成

礼拜大殿由礼拜空间、净身空间、圣龛空间构成。礼拜空间是清真寺核心之处,是礼拜大殿主体部分,占地面积最大,主要为穆斯林席地做礼拜之用。穆斯林在进入礼拜大殿做礼拜之前须脱鞋,这一行为所需空间一般为灰空间,是礼拜之前身体和心灵的净化场所。每个清真寺最西端墙中心部位有向外凸出的圣龛,称为圣龛空间,做礼拜时穆斯林朝向圣龛。为了突出圣龛的神圣地位,特意在正间上朝西多加了一进或两进,形成了后窑殿,后窑殿主要由清真寺的阿訇和长老领队做礼拜。在我国西北地区,部分中国传统样式清真寺在平面上不特意突出圣龛空间,即不做后窑殿,而把圣龛设置在西面墙中心位置。在江南地区,中国传统样式清真寺礼拜大殿都会在平面上突出圣龛空间,这与其他地域有着明显的区别(见图8-11)。

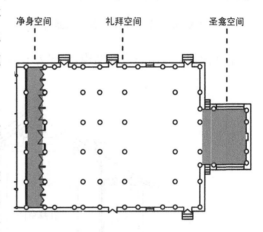

图8-11 江南地区礼拜大殿构成示意图

中国传统样式清真寺礼拜大殿的礼拜空间、净身空间及圣龛空间,可归结为三种主要关联方式:其一为礼拜空间、净身空间、圣龛空间相连,但圣龛空间体量变小,通常在礼拜空间的正间向西突出,使礼拜大殿平面呈"凸"字形,且圣龛空间的屋顶形式尤为丰富,这更加突出了圣龛空间的重要性。圣龛空间屋顶可以是悬山、硬山、歇山、单坡等,与礼拜空间垂直可形成抱厦。始建于明代的南京净觉寺为江苏省文物保护单位,保存良好,该寺总建筑面积为1 650 m²,礼拜大殿面积约为160 m²。主体为歇山顶(净身空间+礼拜空间),与圣龛空间的硬山顶垂直相交而形成抱厦(见图8-12)。甚至圣龛空间可以采用与礼拜空间同样的屋顶样式,两者平行形成勾连搭,如唐贞观二年(628)始建、清康熙年间(1662—1722)扩建的镇江山巷清真寺。其二为礼拜空间、净身空间、圣龛空间相连且总面阔相等,但圣龛空间的正间突出,且变换屋顶样式形成整体视觉中心,如扬州仙鹤寺礼拜大殿。扬州仙鹤寺礼拜大殿面积约为360 m²,礼拜空间与净

图 8-12　南京净觉寺礼拜大殿外观

身空间位于一悬山顶下,与圣龛空间的悬山顶形成勾连搭,但圣龛空间在正间向上突起,且转变为歇山顶,使建筑造型更加丰富,并突出了圣龛空间的重要性(见图 8-13)。其三为礼拜空间与净身空间相连,与圣龛空间之间加设过渡空间,如上海松江清真寺礼拜大殿。上海松江清真寺礼拜大殿面积约为 370 m²,圣龛空间内部采用砖石拱券结构,外部为中国传统十字脊屋顶样式(见图 8-14)。

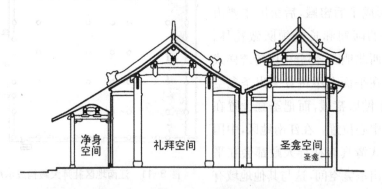

图 8-13　扬州仙鹤寺礼拜大殿剖面图

[图片来源:根据刘致平《中国伊斯兰建筑》(中国建筑工业出版社,2011)第 38 页改绘]

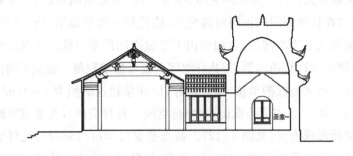

图 8-14　上海松江清真寺礼拜大殿剖面图(局部改造前)

[图片来源:根据刘致平《中国伊斯兰教建筑》(中国建筑工业出版社,2011)第 34 页改绘]

8.2.2　平面形状

　　由于受到时代、地域、文化、经济及工匠营造技艺等因素影响,中国传统样式清真寺礼拜大殿平面形状发生了很大的变迁。平面形状主要有凸字形、官帽形和矩形三种类型,其中以凸字形为最多。

　　礼拜空间为礼拜大殿的基础,以矩形空间为主,如加上圣龛空间,则形成凸字形。为了简洁明了,我们将其称为凸字Ⅰ形。个别清真寺为了满足场地需求,扩大礼拜空间,从凸字形变异成官帽形,如上海福佑路清真寺;在凸字Ⅰ形基础上加上净身空间,仍为凸字形,但由于增加了空间层次,我们将其称为凸字Ⅱ形,代表性实例为宁波月湖清真寺。其中,由于礼拜空间和净身空间面阔与进深比例的不同,这一形状又产生了微妙的变化。若面阔大于进深,则产生较"宽"的凸字形布局,如南京净觉寺;若进深大于面阔,则产生较"长"的凸字形布局,如镇江清真寺礼拜大殿。如果将圣龛空间开间与礼拜空间持平,则又形成矩形礼拜大殿平面,如扬州仙鹤寺礼拜大殿。由此可见,凸字形为泛太湖流域中国传统样式清真寺礼拜大殿的基础平面形状,数量多、应用广,并由此演变出官帽形和矩形(见图 8-15)。

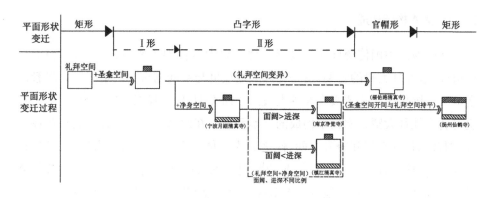

图 8-15　江南地区中国传统建筑样式清真寺礼拜大殿平面形状变迁示意图

　　中国传统样式清真寺礼拜空间,面阔开间数基本为 3 间和 5 间,没有偶数开间。正间最大,且向两侧逐渐递减,有利于突出礼拜空间的中心性,也使更多的穆斯林朝向窑殿中圣龛做礼拜。在 3 开间的礼拜大殿中,面阔以"正间＞边间"且"左边间＝右边间"形式为主,此种形式比较常见。在 5 开间的礼拜大殿中,面阔以"正间＞次间＞边间"或"正间＞次间＝边间",且"左边间＝右边间"和"左次间＝右次间"的形式为主。中国传统样式清真寺作为江南地区明清时期的主要清真寺类型,不仅承载着与穆斯林宗教生活密切相关的历史文化记忆,也体现了该地域外来建筑文化与当地建筑营造技艺千丝万缕的关系。在满足穆斯林宗教活动基本需求的条件下,结合江南地区地理、历史、人文等因素,传统样式清真寺的总平面布局、礼拜大殿平面形制与阿拉伯样式及我国其他地域的传统样式清真寺相比,均发生了一定的变迁。部分清真寺总体平面汲取中国特色的合院式分布,但又不完全对称。有些清真寺则基于便利性需求,使平面"铺开",强调实用性,形成满铺式平面;考虑功能需求和用地限制,礼拜大殿在基本形(凸字形)的基础上灵活演变成官帽形和矩形等形状,从而使礼拜大殿平面丰富多样。江南地区中国传统样式清真寺在总平面布局与礼拜大殿平面形制上所表现出来的特点,充分展现了中国传统建筑营造技艺对外来文化极具包容性和拥有极强的生命力。

8.3 礼拜大殿大木构架及其细部

本节主要分析江南地区中国传统样式清真寺礼拜大殿大木构架构成、样式演变及构件细部,以期探讨香山帮木作营造技艺与伊斯兰建筑文化的交融。

8.3.1 大木构架构成

江南地区中国传统样式清真寺礼拜大殿大木构架主要由柱、梁、桁、枋等构件组成,是礼拜大殿的骨架,也是礼拜大殿尺度与空间的重要决定因素。尽管江南地区中国传统样式清真寺礼拜大殿的平面类型、屋顶样式丰富多彩,但内四界仍可看作礼拜大殿大木构架构成的基本元素。在此基础上加设轩、廊、双步或三步,围合成礼拜空间和净身空间,使之成为一体。而圣龛空间较为独立,尤其在建筑体量、构架样式、屋顶形式,甚或材料上均与礼拜空间和净身空间有着较明显的区别,以强调其重要地位。本节仅讨论圣龛空间与礼拜空间、净身空间组合为一体时的情况,独立且自成体系的不在本节讨论范围之内。

礼拜大殿中内四界的进深最大,位置居中,空间高大宽敞,是穆斯林集中活动的场所。廊在礼拜大殿中的运用较灵活,既可作为礼拜大殿的室内外过渡空间(净身空间),又可作为内四界与净身空间或圣龛空间的联系空间。特别地,江南地区中国传统样式清真寺礼拜大殿常将廊子置于轩与内四界之间,这在香山帮建筑营造中亦是比较特殊的现象,可能是由于许多礼拜大殿经过不断地扩建而产生的结果。[8]轩是江南地区传统厅堂建筑大木构架的特色空间,既可加大建筑进深,又具有很强的装饰效果。轩在江南地区殿庭类建筑中偶有应用,但在中国传统样式清真寺礼拜大殿中随处可见。轩常用于礼拜大殿的前部,作为净身空间,其进深较廊要大,装饰效果亦比廊强。和廊相比,轩的特点更加符合净身空间中供礼拜者脱鞋、休闲及储物等的使用功能需求,也较易满足清真寺注重装饰的特点。中国传统样式清真寺礼拜大殿中,轩的种类以扁作船篷轩和圆料船篷轩为较常见,亦有扁作鹤胫轩和一枝香轩(见图8-16)。双步和三步多用于南京一带规模较大的清真寺礼拜大殿中,对增加礼拜大殿空间、提高殿庭类建筑特性起到很好的作用。双步和三步的装饰性较弱,位于内四界之后,主要位于礼拜空间和圣龛空间的交接部位。

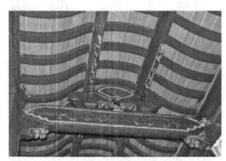

扁作鹤胫轩
(上海福佑路清真寺礼拜大殿)

扁作船篷轩
(嘉兴清真寺礼拜大殿)

圆作船篷轩
(扬州普哈丁墓清真寺礼拜大殿)

一枝香轩
(上海松江清真寺礼拜大殿)

图8-16　江南地区中国传统样式清真寺礼拜大殿中常见轩的样式

8.3.2　大木构架样式演变

江南地区中国传统样式清真寺礼拜大殿大木构架种类繁多,各样式之间存在明显的演变轨迹,这与其所处地域、建筑规模、营造年代,甚或匠帮参与程度等具有很强的关联(见图8-17)。

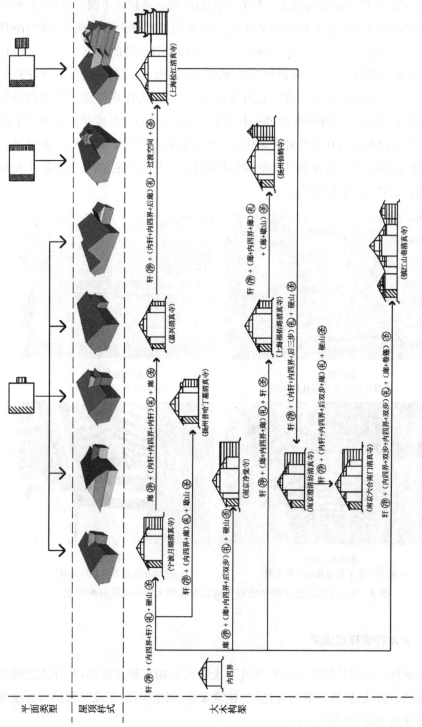

图 8-17 江南地区中国传统样式清真寺礼拜大殿大木构架模式演变示意图

若在内四界基础上前加轩、后加廊及硬山顶的圣龛空间,则形成［轩㊤＋(内四界＋轩)㊀＋硬山㊪］模式,此为比较简单的江南地区中国传统样式清真寺礼拜大殿大木构架组合模式。此种模式主要用于体量较小,礼拜人数不多的礼拜大殿,如宁波月湖清真寺。若在内四界前再加轩,轩外复加廊,前廊为净身空间,后廊为圣龛空间,则构成［廊㊤＋(内轩＋内四界＋内轩)㊀＋廊㊪］模式,形成前后完全对称的大木构架态势。此模式用于面积不大,却具有丰富空间层次的礼拜大殿,如嘉兴清真寺礼拜大殿。若将前廊去掉,后内轩变为廊,且将圣龛空间分为独立的建筑单体,通过过渡空间与礼拜大殿相连,则形成［轩㊤＋(内轩＋内四界＋后廊)㊀＋过渡空间＋㊪］模式。此类模式用于较为宽敞的礼拜大殿,如上海松江清真寺礼拜大殿,其在有限的空间里能容纳更多穆斯林进行礼拜。若将内四界后廊改为三步,圣龛空间仍然用硬山,则构成［轩㊤＋(内轩＋内四界＋后三步)㊀＋硬山㊪］模式,由此增大了礼拜空间,如南京澄清坊清真寺礼拜大殿,江南地区中国传统样式清真寺礼拜大殿较少使用三步,此为极少数实例之一。若将后三步改成后双步,再加廊,则形成［轩㊤＋(内轩＋内四界＋后双步＋廊)㊀＋硬山㊪］的模式,适用于规模大的清真寺礼拜大殿,如南京六合南门清真寺。扬州普哈丁墓清真寺礼拜大殿则仅将圣龛空间变化为歇山顶,其礼拜大殿构架模式为［轩㊤＋(内四界＋廊)㊀＋歇山㊪］。

若在内四界前复加廊、后加双步及硬山顶的圣龛空间,则形成［廊㊤＋(廊＋内四界＋后双步)㊀＋硬山㊪］模式,可营造大木构架简洁、布局合理,且空间规模相当大的礼拜大殿。始建于明初都城的南京澄清坊清真寺、六合南门清真寺、净觉寺均具有体量雄大的气势,其中的礼拜大殿自然也强调空间的宽敞,采用了三步或双步,以容纳更多的穆斯林进行礼拜。若在内四界基础上,加设轩、廊,形成［轩㊤＋(廊＋内四界＋廊)㊀＋轩㊪］模式,此模式礼拜大殿内部空间宽敞,一般位于穆斯林人口较多,或穆斯林流量较大的中心地带,如上海福佑路清真寺。若将圣龛空间面阔尺寸加大至与礼拜空间相同,且屋顶进一步变换,则形成［轩㊤＋(廊＋内四界＋廊)㊀＋(廊＋歇山)㊪］的模式,此模式用于建筑体量较大的扬州仙鹤寺礼拜大殿。该礼拜大殿特点在于净身空间、礼拜空间与圣龛空间的屋顶用勾连搭相连,且圣龛空间的硬山正间向上升起,并用歇山顶来强调圣龛空间的重要性。一些大的清真寺礼拜大殿为了容纳众多穆斯林进行朝拜,更是将四五个,甚至更多的单体建筑拼连在一起。[9]如镇江山巷清真寺礼拜大殿,其构架模式为［轩㊤＋(内四界＋双步＋内

图 8-18　镇江山巷清真寺礼拜
大殿深远的内部空间

四界＋双步）㉙＋（廊＋卷篷）㉛]。该大殿屋顶的最主要特征为使用勾连搭将两座硬山顶及一座歇山顶连接在一起，一气呵成，内部空间更加丰富，进深感极强（见图 8-18）。面阔虽仅为 5 开间，但由于采用了勾连搭屋顶式样，增强了进深长度，使总面积达到 440 m²，可容 500 人同时礼拜。江南地区中国传统样式清真寺礼拜大殿按照自身的规模、空间需求、体型变化的不同，在大木构架基本元素（内四界）的基础上加设轩、廊、双步或三步等附属空间，构架组合自由、灵活、多变，形成江南地区中国传统样式清真寺礼拜大殿大木构架样式的多样化、内部空间的层次化特点。

8.3.3　构件细部

　　江南地区中国传统样式清真寺礼拜大殿大木构件主要分为柱、梁、桁、枋、机、椽、牌科等。各类构件在大木构架中承担着不同的功能，如承重、连接、加固等。构件的种类、形状及搭接方式等既展示了江南地区地域特色，又巧妙地添加了伊斯兰特有的装饰艺术元素，充分展示了中国传统木构建筑的可塑性及与外来文化的可融合性（见图 8-19）。

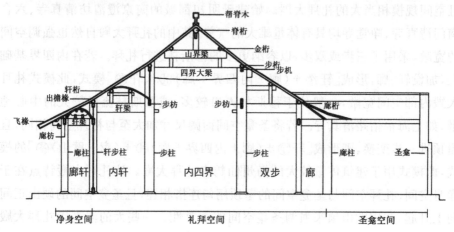

图 8-19　南京六合南门清真寺礼拜大殿（改造前）大木构架及构件组成图
（图片来源：根据南京伊斯兰协会提供的资料绘制）

　　江南地区中国传统样式清真寺礼拜大殿中,根据位置及功能的不同,各类柱分为廊柱、轩步柱、步柱、童柱、脊柱等。柱子较纤细笔直,截面多呈圆形,少见收分和梭柱。但扬州仙鹤寺礼拜大殿中的 8 根木柱并非绝对垂直,而是柱头略向中心偏斜,设计者当时的用意我们不得而知,但这样可使柱子受力更加合理,又与阿拉伯帐篷式"中心合一"原理相融合。梁的种类主要包括四界大梁、山界梁、轩梁、荷包梁、双步、三步和川等,是易于展现地域特色及外来建筑文化影响的重要构件。南京、扬州、镇江位于我国南北交界处,大木构架样式以北方官式建筑与江南民间建筑风格杂糅,各类梁显得清雅劲健。并且,明初南京作为都城,征集各地匠人大肆营建,香山帮、徽州帮、东阳帮、宁绍帮等建筑帮派均聚于此。因此,各匠帮的营造技艺势必互相影响,这在江南地区中国传统样式清真寺礼拜大殿梁的形状、细部处理、装饰艺术等方面均有所体现。扬州、镇江一带多采用圆堂样式,梁较简洁粗犷。但镇江山巷清真寺礼拜大殿由于规模较大,在简洁的构架上配以繁杂的彩绘,更在随梁枋与梁之间架以一斗三升牌科(见图 8-20)。而南京地区多将矩形截面梁简化,呈平直的中间粗两端细的梭形,无过多装饰,形似徽州帮或东阳帮传统建筑中的冬瓜梁。扬州仙鹤寺礼拜大殿在圆形截面大梁两端,用夸张的手法象征性地表示了扁作梁特有的梁垫、蜂头、蒲鞋头、椁木,追求神似而非形似(见图 8-21)。上海、嘉兴、宁波一带清真寺礼拜大殿的四界大梁、山界梁虽具有月梁的韵味,但许多装饰性构件被简化,如梁垫、蜂头、蒲鞋头、山雾

图 8-20　镇江山巷清真寺礼拜大殿带有繁杂彩绘的圆堂式样

云等,而增加了与伊斯兰教相关联的装饰,如部分梁上浅刻花草图案,或挂上《古兰经》经文匾额等。特别是童柱与梁交接处也用装饰来强调伊斯兰特有的建筑风格(见图 8-22)。

　　有些礼拜大殿的桁下均见设枋,如扬州仙鹤寺礼拜大殿脊桁下加设枋,并以牌科上承桁,这在其他地域或建筑类型中极为少见。江南地区中国传统样式清真寺礼拜大殿内,有廊枋、轩枋、步枋等几种类型。廊枋与轩枋的做法单一、简洁,但步枋上常刻有花纹和经文来做装饰,甚至在步枋下做阿拉伯式拱券,并与

图 8-21　扬州仙鹤寺礼拜大殿的圆梁扁作化　图 8-22　上海福佑路清真寺礼拜大殿童柱与四界梁交接处的装饰

图 8-23　镇江山巷清真寺礼拜大殿牌科

步枋连成一体,使步枋受力更合理,又带有伊斯兰浓郁的艺术特色。椽分为出檐椽、花架椽和头停椽等,出于脱鞋和储物需求,净身空间常做得足够宽敞,所以礼拜大殿一般不刻意追求出檐的深远。牌科有时也会在礼拜大殿使用,最常见的为一斗三升,可用于内檐或外檐;也可用较复杂的牌科,并涂上鲜艳的色彩,以增加其装饰性(见图 8-23)。

总之,江南地区中国传统样式清真寺礼拜大殿大木构架样式种类繁多,规律性较弱。在大木构架构成、样式演化及构件细部等方面,充分表现出江南地区中国传统样式清真寺礼拜大殿大木构架的殿庭厅堂化及其灵活多样性和文化交融性。

从大木构架构成上看,江南地区中国传统样式清真寺礼拜大殿在主体空间(内四界)的基础上,前后加设廊、轩、双步或三步等要素,这一构成与香山帮建筑大木构架构成基本一致,但它们又存在一定的差异,如:多数礼拜大殿在净身空间中均用轩,且位于廊之外,而少用草架;南京地区善用三步等。

从大木构架样式的演化来看,江南地区中国传统样式清真寺礼拜大殿从内四界加轩、廊、三步(双步)逐渐演化为四种类型:一是[轩⑳+(内轩+内四界+后双步+廊)㉝+硬山㉛](南京六合南门清真寺)及[轩⑳+(内四界+廊)㉝+

歇山后］(扬州普哈丁墓清真寺)；二是［廊前＋(廊＋内四界＋后双步)中＋硬山后］(南京净觉寺)；三是［轩前＋(廊＋内四界＋廊)中＋(廊＋歇山)后］(扬州仙鹤寺)；四是［轩前＋(内四界＋双步＋内四界＋双步)中＋(廊＋卷篷)后］(镇江山巷清真寺)。对于我国古典建筑来说，大木构架样式的演化最为缓慢，主要受时代、地域的影响，与匠帮关联不大。但江南地区中国传统样式清真寺中礼拜大殿大木构架样式呈现纷繁多样的态势。特别是圣龛空间的屋顶样式尤为丰富，可以悬山、硬山、歇山、单坡等样式与礼拜空间垂直形成抱厦，也可与礼拜空间平行成局部勾连搭样式。这既充分展现了江南地区中国传统建筑木作营造技艺，又巧妙结合了伊斯兰建筑的文化艺术特点。

从大木构件细部来看，江南地区中国传统样式清真寺礼拜大殿的构件细部较构架构成及样式更易受到地域及匠帮的影响，如梁的形状、细部装饰，以及梁垫、蜂头、蒲鞋头、棹木等，表现出江南地区中国传统样式清真寺礼拜大殿木作营造技艺在香山帮活动核心区(上海、嘉兴等)及活动辐射区(南京、杭州、扬州、镇江、宁波等)的差异，以及香山帮与徽州帮、东阳帮、宁绍帮等匠帮木作营造技艺的交织。为了渲染礼拜大殿的宗教功能，构件上还适当添加伊斯兰建筑的装饰特征，从而达到了功能和艺术的高度统一。

注　释

[1] 主体结构用砖石砌筑，平面布局、外观造型和细部处理多呈阿拉伯伊斯兰风格的清真寺。

[2] 明朝实施严厉的海禁。明永乐元年(1403)明成祖继位诏书布告天下二十五条施政纲领，其中有一条就是海禁。对于外国朝献，明政府也予以限制，如三年一贡、五年一贡，于是"朝贡逐稀"。秦慧彬.伊斯兰教与中国传统文化——论中国伊斯兰教的发展历程[J].宁夏社会科学，1992(4)：35-41.

[3] 刘致平.中国伊斯兰教建筑[M].北京：中国建筑工业出版社，2011：10.

[4] 为更好地探讨香山帮木作营造技艺与宁绍帮的关联，本章节特增加了宁波地区中国传统样式清真寺礼拜大殿案例。

[5] 目前关于中国传统样式清真寺的研究成果，主要体现在对清真寺历史文脉和建筑部分特色的介绍上。如刘致平.中国伊斯兰建筑[M].北京：中国建筑工业出版社，2011 等，均以大量的实地调研为基础，介绍了全国范围内伊斯兰建筑的概况，包括历史变迁、人文、建筑特色等。特别地，近年来还有学者对我国伊斯兰建筑的研究发展历程进行了系统梳理(宋辉，李思超.中国伊斯兰建筑研究发展历程及展望[J].建筑学报，2021，23(S1)：33-39)。另外，有学者从我国传统样式清真寺的细部，如平面组合、柱网排列、构件组合及外观造型等方面进一步挖掘(邱玉兰.清真寺木构架建筑技术[J].古建园林技术，1997(3)：

47-52)。对于江南地区清真寺的研究成果主要有：潘如亚.江苏传统伊斯兰建筑研究[D].南京：南京工业大学,2012;帕如克·阿力木,蔡军.泛太湖流域中国传统样式清真寺平面形制研究[J].华中建筑,2017,35(8)：109-113;蔡军.泛太湖流域中国传统样式清真寺礼拜大殿大木构架的研究[J].自然科学史研究,2019,38(3)：308-320等。本章节即为作者在前期研究基础上整理而成的。

[6] 唤礼也称宣礼,本意为宣告、告知,即呼唤穆斯林到清真寺叩拜真主。

[7] 克尔白为阿拉伯语,意为"方形房屋",或称卡巴天房、天房等,是世界穆斯林做礼拜时面朝叩拜的方向。

[8] 具有一定规模的清真寺大殿,一般来说都不是一蹴而就的,往往随着附近教民的不断增加,而不断扩大其规模,这种扩建也不像其他宗教建筑那样,另建新的建筑单体,而是在原来单体建筑的基础上或纵深或横向接建新的殿庭,并与原来的殿庭有机地结合在一起。邱玉兰.清真寺木构架建筑技术[J].古建园林技术,1997(3)：49.

[9] 邱玉兰.清真寺木构架建筑技术[J].古建园林技术,1997(3)：48.

第 9 章

香山帮木作营造技艺(轩)在
江南地区的渊源与变迁

本章以轩为例,探讨香山帮木作营造技艺在发源地(苏州片区)与江南地区其他片区(上海片区,无锡、常州片区,宁镇扬片区,杭嘉湖片区)的渊源及变迁。一般地,轩在我国传统建筑中具有两种含义:一为主要存在于古典园林中的特定建筑类型[1];二为建筑中的轩。建筑中的轩,为江南地区厅堂(或殿庭)中极具特点的空间构成元素,其对丰富厅堂(或殿庭)平面形制和大木构架样式具有极其重要的决定作用,并可增加建筑的空间层次、扩大建筑体量、提升装饰意味,具有极强的地域性特征。本章以江南地区代表性厅堂或殿庭(共 212 座)[2]为研究对象,将苏州片区(香山帮源区)建筑中轩的种类、位置、应用频率,以及轩椽、轩梁及其他细部构件等,与江南地区其他片区建筑中的轩进行比较,以期探究香山帮木作营造技艺在江南地区的渊源及变迁。

9.1 江南地区传统建筑中的轩

根据轩在建筑中的位置,《法原》中仅粗略地将其分类为廊轩与内轩。而根据江南地区各片区轩在厅堂(或殿庭)中的位置,可将其分为前轩、后轩、内轩及主体空间。前轩相当于《法原》中的廊轩,为位于建筑正立面(或主要入口立面)的轩;后轩在《法原》中并未记载,但在调研案例中大量存在,为位于建筑背立面(或次要入口立面)的轩;内轩的概念与《法原》相同,一般位于前轩与主体空间之间;如建筑为满轩时,主体空间亦可为轩。从江南地区各片区来看轩的位置、种类、数量及其比例,特别是其构件细部,均可发现与《法原》中记载的轩存在着一定的差异,且各片区与苏州片区(《法原》诞生地、香山帮原生木作营造技艺发源地)距离越远(更确切地说,为在古代与苏州片区交通不便之地域),这种差异显现得更加明显。[3]由此,通过分析苏州片区中的轩在江南地区的流布与变异,有助于深入探讨香山帮木作营造技艺在江南地区的渊源与变迁(见表 9-1、表 9-2)。

表 9-1　江南地区各片区建筑案例中轩的位置、种类、数量及其比例

名称	位置简图	种类	苏州片区建筑(69)		上海片区建筑(40)		无锡与常州片区建筑(25)		宁镇扬片区建筑(35)		杭嘉湖片区建筑(43)	
			轩数	占比	轩数	占比	轩数	占比	轩数	占比	轩数	占比
前轩		扁作船篷轩	10	●	5	●	4	●	10	●	14	●
		圆料船篷轩	1	○	1	○	1	○	4	●	1	○
		一枝香轩	9	●	8	●	5	●	1	○	2	◎
		茶壶档轩	1	○	1	○	1	○	0	—	0	—
		扁作菱角轩	0	—	2	◎	0	○	0	—	0	—
		弓形轩	1	○	2	◎	1	○	1	○	1	○
		扁作鹤胫轩	2	○	5	●	3	◎	0	—	0	—
		圆料鹤胫轩	0	—	0	—	1	○	0	—	0	—
		贡式船篷轩	0	—	1	○	0	—	1	○	0	—
		海棠轩	1	○	0	—	2	◎	1	○	0	—
		人字轩	0	—	0	—	0	—	0	—	1	○
后轩		扁作船篷轩	7	●	4	●	3	●	4	●	1	○
		圆料船篷轩	1	○	0	—	2	◎	1	○	0	—
		一枝香轩	1	○	4	●	4	●	0	—	0	—
		弓形轩	0	—	0	—	1	○	0	—	1	○
		贡式船篷轩	1	—	0	—	0	—	1	○	0	—
		扁作菱角轩	1	—	2	◎	0	—	0	—	0	—
		扁作鹤胫轩	0	—	1	○	0	—	0	—	0	—
		茶壶档轩	0	—	1	○	0	—	0	—	0	—
内轩		扁作船篷轩	16	●	1	○	1	○	1	○	1	○
		圆料船篷轩	1	○	0	—	1	○	0	—	0	—
		扁作鹤胫轩	1	○	4	●	0	—	0	—	0	—
		一枝香轩	0	—	6	●	1	○	2	◎	0	—
		扁作菱角轩	0	—	0	—	2	◎	0	—	0	—

（续表）

名称	位置简图	种类	苏州片区建筑(69)		上海片区建筑(40)		无锡与常州片区建筑(25)		宁镇扬片区建筑(35)		杭嘉湖片区建筑(43)	
			轩数	占比	轩数	占比	轩数	占比	轩数	占比	轩数	占比
主体空间		扁作船篷轩	1	○	0	—	0	—	0	—	0	—
		贡式船篷轩	1	○	0	—	0	—	0	—	0	—
		海棠轩	0	—	1	○	0	—	0	—	0	—

注：1. 建筑案例以"座"、轩以"个"为单位，表中省略。
    2. 各类轩所占比例＝轩数/建筑案例数，且采用四舍五入方式计入。
    3. 表中●为运用较多(≥10%)、◎为运用一般(≥5%、<10%)、○为运用较少(<5%)，"—"为没有。

表 9-2 江南地区各片区中的轩

轩	江南地区				
	苏州片区	上海片区	无锡与常州片区	宁镇扬片区	杭嘉湖片区
扁作船篷轩	 冯桂芬故居	 松江天妃宫	 无锡周王庙	 南京甘熙宅邸	 湖州张静江宅
圆料船篷轩	 沈宅	 秋霞圃抚疏厅	 无锡薛中丞祠	 扬州个园	 杭州慎友堂
一枝香轩	 钮家巷潘宅	 松江雕花厅	 无锡留耕草堂	 南京瞻园	 湖州府庙
茶壶档轩	 潘奕隽故居	 曲水园花神堂	 溧阳铁木厅	—	—

（续表）

轩	江南地区				
	苏州片区	上海片区	无锡与常州片区	宁镇扬片区	杭嘉湖片区
扁作菱角轩	柴园	豫园玉华堂	常州庄氏济美堂	—	—
弓形轩	怡园	浦东陶长青宅	无锡至德祠	南京瞻园	嘉兴绮园
扁作鹤胫轩	南石子街潘宅	醉白池雪海堂	溧阳陈氏宗祠	—	—
圆料鹤胫轩	—	—	宜兴城隍庙	—	—
贡式船篷轩	冯桂芬故居	檀园次醉厅	—	扬州大明寺	—
海棠轩	东山雕花楼	檀园次醉厅	常州邹浩祠	扬州吴道台宅	—
人字轩	—	—	—	—	富阳潘氏宗祠

9.2　苏州片区

9.2.1　种类及位置

　　苏州片区代表性建筑(69 座)中,除《法原》中所记述的扁作船篷轩、圆料船篷轩、一枝香轩、茶壶档轩、弓形轩、扁作鹤胫轩、扁作菱角轩、贡式船篷轩外,苏州片区中还增加了海棠轩[4],共 9 类。前轩中,有扁作船篷轩、圆料船篷轩、一枝香轩、茶壶档轩、弓形轩、扁作鹤胫轩及海棠轩共 7 类。其中,扁作船篷轩在苏州片区前轩中运用最多,占比约 15%。一枝香轩次之,占比 13%。后轩中,有扁作船篷轩、圆料船篷轩、一枝香轩、贡式船篷轩及扁作菱角轩,共 5 类。同样,后轩中扁作船篷轩亦运用最多,占比约 10%。内轩有扁作船篷轩、圆料船篷轩及扁作鹤胫轩,共 3 类。几乎所有内轩均采用扁作船篷轩,占比 24%。主体空间中的轩为扁作船篷轩及贡式船篷轩,共 2 类。主体空间用轩仅存在于满轩中,如冯桂芬故居花厅。由此可见,扁作船篷轩在苏州片区中使用频率最多,在前轩、后轩、内轩,甚至主体空间中都有广泛的应用。这与《法原》中的记载并不完全一致。[5]

9.2.2　构件及样式

　　苏州片区传统建筑中轩的轩椽、轩梁样式及其构件细部,与《法原》中记载基本一致。如应用最广的扁作船篷轩,通过轩梁上两坐斗承荷包梁,荷包梁上承两根轩桁,轩桁下附有短机,上有弯椽覆盖。轩梁端部下方则由梁垫及蒲鞋头等构成强有力的承托与收尾,与扁作厅主体空间的"内〇界"梁架遥相呼应,浑然一体(见图 9-1)。尽管有时扁作船篷轩亦会运用在主体空间为圆堂的厅堂中,但也不会显得过于突兀,而更加强调了轩的重要地位及其装饰特征,突显扁作船篷轩的优美、端庄与大气。圆料船篷轩则为截面为圆形的直梁上通过童柱支撑月梁及两根轩桁,苏州片区轩的童柱与直梁的典型咬接方式为鹦鹉嘴,而少用蛤蟆嘴。值得一提的是,在苏州片区轩的轩梁端部,经常会出现极具装饰性、形如纱帽的"棹木"。如苏州潘儒巷张宅彩绘大厅内轩处的棹木,其形状、纹饰等均充分展现了香山帮原生木作营造技艺的特点(见图 9-2)。

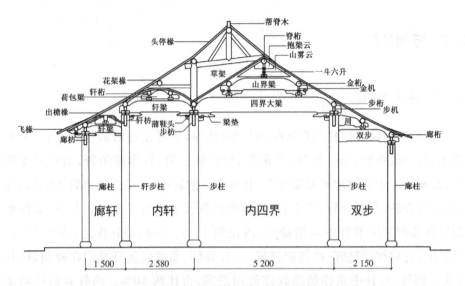

图 9-1 苏州片区建筑中运用扁作船篷轩作为内轩的案例

图 9-2 苏州潘儒巷张宅彩绘大厅内轩处棹木

9.3 江南地区其他片区

本小节阐述了轩在江南地区其他片区(上海片区、无锡与常州片区、宁镇扬片区、杭嘉湖片区)的种类与位置、构件与样式等方面,并与苏州片区中的轩进行比较。

9.3.1　种类及位置

上海片区中,轩的种类及其在建筑中所处位置均与苏州片区相同。前轩中,主要有扁作船篷轩、圆料船篷轩、一枝香轩、茶壶档轩、扁作菱角轩、弓形轩、扁作鹤胫轩及贡式船篷轩,共 8 种。与苏州片区相比,增加了扁作菱角轩和贡式船篷轩,而无海棠轩。但一枝香轩应用最多(20%),远远超过扁作船篷轩(12.5%),此为与苏州片区不同之处。后轩亦有运用扁作船篷轩、一枝香轩、扁作菱角轩、扁作鹤胫轩及茶壶档轩,共 5 类。轩的种类虽与苏州片区相同,且一枝香轩仍处于领先地位,占比与扁作船篷轩相同,均为 10%。内轩与后轩基本一致,偶有运用扁作船篷轩,但一枝香轩仍运用较多,占比 15%,扁作鹤颈胫次之(10%)。主体空间则仅有上海檀园次醉厅应用海棠轩一处(见图9-3)。可以看出,上海片区中轩的种类与苏州片区相同,但一枝香轩在前轩、后轩及内轩中均有广泛应用,而扁作船篷轩远没有像在苏州片区那样一直处于领先地位。

图 9-3　上海檀园次醉厅海棠轩

无锡与常州片区,轩的种类虽仍为 9 种,但少了《法原》中的贡式船篷轩,与苏州片区、上海片区相比,多了圆料鹤胫轩。且轩在建筑中的位置,可见于前轩、后轩及内轩中,而未见主体空间用轩。前轩中,主要有扁作船篷轩、圆料船篷轩、一枝香轩、茶壶档轩、扁作菱角轩、弓形轩、扁作鹤胫轩、圆料鹤胫轩及海棠轩。可见,前轩种类有 9 种之多,比苏州及上海片区增加了圆料鹤胫轩。此类轩在《法原》中未有记载,苏州片区中也不常见,推测其应不属于香山帮建筑中的常用轩,很可能是轩的一种变异。前轩中,一枝香轩运用最多,占比 20%;扁作船篷轩次之,占比 16%。后轩种类较上海片区略少,有扁作船篷轩、圆料船篷轩、一枝香轩和弓形轩,其中,一枝香轩与扁作船篷轩运用较多,占比分别为 16% 和12%。内轩有扁作船篷轩、圆料船篷轩、一枝香轩和扁作菱角轩,应用占比相对比较均衡,且均不多见。

宁镇扬片区建筑用轩数量较苏州片区、上海片区及无锡与常州片区均减少,仅有扁作船篷轩、圆料船篷轩、一枝香轩、弓形轩、贡式船篷轩及海棠轩,共 6 类。

且轩在建筑中的位置,与无锡及常州片区相同。前轩中,汇聚了该片区应用的所有轩的类型,如扁作船篷轩、圆料船篷轩、一枝香轩、弓形轩、贡式船篷轩及海棠轩。其中,扁作船篷轩应用最多,占比29%;圆料船篷轩次之,占比11%。后轩主要有扁作船篷轩、圆料船篷轩和贡式船篷轩。其中,扁作船篷轩应用最多(11%)。内轩中仅有扁作船篷轩和一枝香轩。相较而言,扁作船篷轩在宁镇扬片区较受欢迎,特别是在前轩中应用较多。

　　杭嘉湖片区轩的种类明显减少却相对集中,仅有扁作船篷轩、圆料船篷轩、一枝香轩、弓形轩及人字轩[6],共5类。且轩在建筑中的位置,与无锡及常州片

图9-4　杭州富阳窈口潘氏宗祠人字轩

区相同。前轩中有扁作船篷轩、圆料船篷轩、一枝香轩、弓形轩及人字轩。其中,扁作船篷轩运用最多,占比33%。圆料船篷轩、弓形轩及人字轩均极为少见,各为1例。特别是杭州富阳窈口潘氏宗祠的人字轩,仅见于杭嘉湖片区(见图9-4)。后轩中仅有扁作船篷轩和弓形轩各1例。内轩中则仅有扁作船篷轩1例。

　　从各片区轩的种类来看,苏州片区(9类)=上海片区(9类)=无锡与常州片区(9类)>宁镇扬片区(6类)>杭嘉湖片区(5类),说明越远离苏州片区(香山帮原生木作营造技艺发源地),建筑中轩的运用越少。从轩在建筑中不同位置应用的种类来看,各片区均表现为前轩>后轩>内轩>主体空间轩,说明轩作为建筑空间的重要元素,具有极强的装饰性、灵活性。尽管不论运用于何处(建筑前部、后部或内部),这一基本特性均未改变,但也可看出江南地区传统建筑更强调正立面(前部)的重要性。从各类轩应用频率来看,扁作船篷轩在各片区均较受青睐,应用较广。一枝香轩在上海片区及无锡与常州片区应用超过扁作船篷轩,扁作鹤胫轩在此两大片区中亦较受欢迎,与扁作船篷轩基本相当。在江南核心地区,贡式船篷轩极为少见,在本章所调研的江南地区212座建筑中,仅苏州片区有2座(分别位于后轩和主体空间)、上海片区有1座(位于前轩)及宁镇扬片区有2座(分别位于前轩和后轩)。并且还出现了《法原》中尚未记载的海棠轩及人字轩。

9.3.2　构件及样式

上海片区传统建筑中的轩,其轩橡与轩梁样式与苏州片区比较接近,但也发生了一定的变异,如松江天妃宫可见轩梁下加枋的现象。另外,上海豫园玉华堂中的扁作菱角轩亦略有变异,近似于一枝香轩与菱角轩的合体。而浦东川沙镇黄炎培故居的轩则为波纹轩的变形(见图9-5)。波纹轩虽在过汉泉的《江南古建筑木作工艺》有所提及,但《法原》中未有记载,江南各片区中亦不多见。

图9-5　上海黄炎培故居的变形波纹轩

无锡与常州片区除仍基本采用《法原》及苏州片区中轩的种类(偶有圆料鹤胫轩的应用),但在此基础上出现了较多的变异。如宜兴张渚镇城隍庙大殿的圆料鹤胫轩,虽然其童柱与直梁的交接仍为鹦鹉嘴,但直梁端部下方已有简化的梁垫,且月梁两端还削砍出粗略的线条,显示出圆料扁作化的发展倾向(见图9-6)。溧阳陈氏宗祠的一枝香轩,轩梁上的坐斗换为荷包梁,上置圆形截面的轩桁,其两旁另置矩形截面轩桁,有些类似"一枝香＋扁作"鹤胫轩(见图9-7)。该片区轩的种类虽多,但普遍具有朴素、低调的特点,不似《法原》及苏州片区,甚至上海片区中的轩那样奢华与张扬。

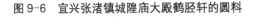

图9-6　宜兴张渚镇城隍庙大殿鹤胫轩的圆料

图9-7　溧阳陈氏宗祠变异的一枝香轩

宁镇扬片区轩的细部构件发生了更大的变化。如扬州个园楠木厅圆料船篷轩,相比宜兴张渚镇城隍庙大殿圆料鹤胫轩,更强烈地展现出圆料扁作化(或称扁作圆料化)的特征。南京甘熙官第友恭堂扁作船篷轩中的轩梁,尽管梁截面为矩形,梁表面也有精美的雕饰,但已没有了月梁的舒展曲线,并且梁垫明显简化。更有趣的是,扬州个园抱山楼的菱角轩,取消轩桁,且将椽子中部做出向下突出

图9-8 南京熙园环碧山房简化的贡式软锦船篷轩

的心形构件,使轩椽呈现跌宕起伏的曲线,更增加了轩的装饰性特征。南京熙园环碧山房中的轩,应是贡式软锦船篷轩的简洁版,直童柱与轩梁的交接生硬,没有了鹦鹉嘴咬接,且取消了上部的月梁(见图9-8)。总之,宁镇扬片区轩椽曲度较平缓,构件较少且样式更趋简化。

杭嘉湖片区轩的样式及细部构件较宁镇扬片区发生了更大变化。杭州慎友堂的圆料船篷轩直梁两端雕饰柔美线条,下部配置类似梁垫的构件,同样展示出圆料扁作化的倾向。虽童柱与直梁的交接仍为鹦鹉嘴,但具有非常明显的中棱线,似在强调童柱中轴对称的特征。[7]湖州张石铭故居懿德堂中的扁作船篷轩,显示出比苏州片区轩更精细、柔美的一面。轩梁的曲度、精美的雕饰、梁垫的张力,无不显示出湖州建筑的唯美特色。坐斗处有香山帮建筑特色的构件——枫栱,说明受香山帮木作营造技艺影响之深。更为有趣的是,此处的枫栱为双层叠加,此样式在湖州很多见。[8]扁作船篷轩椽下还设有整条的装饰板,与某些徽州建筑很相似。湖州府庙将贡式软锦船篷轩的两根轩桁变为一根,进行了简化。更有甚者,嘉兴绮园中的船篷轩将轩梁直接拿掉,由椽子与曲梁构成轩,类似弓形船篷轩(见图9-9)。可以看出,该片区受香山帮木作营造技艺的影响较弱,但湖州明显强于杭州和嘉兴。

图9-9 嘉兴绮园中的弓形船篷轩

注　释

[1] 轩为《园冶》中记载的园林建筑类型之一,被形容为"轩轩欲举,宜置高敞"。计成.园冶[M].第二版.北京:中国建筑工业出版社,1988:89.尽管《法原》中记载"园内建筑物如厅堂,多采用回顶、卷篷、鸳鸯诸式。小品建筑,则以亭阁、楼台、旱船、庑廊为主",并未见轩。但轩作为一种建筑类型在我国古典园林中大量存在,如上海豫园的九狮轩、扬州个园的宜雨轩等。

[2] 本章的研究案例有212座厅堂(或殿庭)。其中:苏州片区69座、上海片区40座、无锡与常州片区25座、宁镇扬片区35座、杭嘉湖片区43座。

[3] 香山帮木作营造技艺的流传与变迁,除受到各片区自然(气候、地理等)和社会因素(政治、经济、文化及人口迁徙等)的影响外,还归结于香山帮匠人赴外地做工的便利程度及与其他匠帮营造技术的交融状态。因此,距离近、交通方便、与其他匠帮营造技术交融少是其有效传播的主要决定因素。其中,两地之间水系的发达为香山帮匠人外出做工提供了更多的可能性。如本研究地域中宁镇扬片区中的扬州地区(运河)、杭嘉湖片区中的湖州地区(太湖)建筑中的轩,与苏州片区具有很多相似之处,由此也可看出,香山帮木作营造技艺在这两个地区的传播力度较大。

[4] 江南地区的轩种类繁多,常用的轩还有平轩、海棠轩、如意轩、波纹轩。过汉泉.江南古建筑木作工艺[M].北京:中国建筑工业出版社,2015:50,51.

[5] 虽然《法原》记载的主要是苏州片区香山帮营造技术,但关于轩的记载内容与苏州片区尚有所差异。分析其原因主要为《法原》中所记载的内容,是姚承祖当时所关注的或自己在营造生涯中所掌握的香山帮营造技术,具有一定的局限性。后虽经过张至刚的修订、增编,并在苏州片区进行了大量的调研与测绘,但仍不能完全涵盖苏州片区的所有建筑类型与属性,从轩的种类中可略见一斑。

[6]《园冶》中的"九架梁五柱式"与"九架梁六柱式"均存在三架人字架。蔡军.《园冶》中屋宇大木构架样式及其特点研究[J].建筑师,2019,197(1):61-65.《园冶》中的"三架人字架"与此处的人字轩极为相似。

[7] 此处做法与宁波地区比较接近,可能在一定程度上受到宁绍帮木作营造技艺的影响。

[8] 湖州与苏州隔湖相望,与杭州、嘉兴相比,较易受到香山帮木作营造技艺的影响。湖州传统建筑中的轩比苏州片区显得更繁琐、夸张。

主要参考文献

书籍：

［1］苏州市地方志编纂委员会.苏州市志[M].南京：江苏人民出版社,1995.

［2］姚承祖.营造法原[M].第2版.北京：中国建筑工业出版社,1986.

［3］崔晋余.苏州香山帮建筑[M].北京：中国建筑工业出版社,2004.

［4］吴县政协文史资料委员会.蒯祥与香山帮建筑[M].天津：天津科学技术出版社,1993.

［5］李嘉球.香山匠人[M].福州：福建人民出版社,1999.

［6］沈黎.香山帮匠作系统研究[M].上海：同济大学出版社,2011.

［7］刘托,马全宝,冯晓东.苏州香山帮建筑营造技艺[M].合肥：安徽科学技术出版社,2013.

［8］冯晓东.承香录 香山帮营造技艺实录[M].北京：中国建筑工业出版社,2012.

［9］王卫平.吴文化与江南社会研究[M].北京：群言出版社,2005.

［10］张十庆.中国江南禅宗寺院建筑[M].武汉：湖北教育出版社,2002.

［11］雍振华.苏式建筑营造技术[M].北京：中国林业出版社,2014.

［12］祝纪楠.《营造法原》诠释[M].北京：中国建筑工业出版社,2012.

［13］侯洪德,侯肖琪.图解《营造法原》做法[M].北京：中国建筑工业出版社,2014.

［14］苏州市房产管理局.苏州古民居[M].上海：同济大学出版社,2004.

［15］上海市城市建设档案馆.上海传统民居[M].上海：上海人民美术出版社,2005.

［16］夏泉生,罗根兄.无锡惠山祠堂群[M].长春：时代文艺出版社,2003.

［17］张理晖.广陵家筑：扬州传统建筑艺术[M].北京：中国轻工业出版社,2013.

［18］杭州市历史建筑保护管理中心.杭州市历史建筑构造实录(民居篇)[M].杭州：西泠印社出版社,2013.

［19］梁宝富.扬州民居营建技术[M].北京：中国建筑工业出版社,2015.

［20］丁俊清,杨新平.浙江民居[M].北京：中国建筑工业出版社,2009.

［21］马时雍.杭州的古建筑［M］.杭州：杭州出版社，2004.

［22］过汉泉.江南古建筑木作工艺［M］.北京：中国建筑工业出版社，2015.

期刊论文：

［1］朱光亚.中国古代建筑区划与谱系研究初探［C］//陆元鼎，潘安.中国传统民居营造与技术.广州：华南理工大学出版社，2001：5-9.

［2］常青.我国风土建筑的谱系构成及传承前景概观：基于体系化的标本保存与整体再生目标［J］.建筑学报，2016(8)：1-9.

［3］冯继仁.中国古代木构建筑的考古学断代［J］.文物，1995,6(10)：43-68.

［4］徐怡涛.试论作为建筑遗产保护学术根基的建筑考古学［J］.建筑遗产，2018(2)：1-6.

［5］张玉瑜.浙江省传统建筑木构架研究［J］.建筑学报，2009(3)：20-23.

［6］石宏超.江南传统民居建筑区划初探［J］.建筑与文化，2011(6)：48-49.

［7］蔡军.泛太湖流域中国传统样式清真寺礼拜大殿大木构架的研究［J］.自然科学史研究，2019,38(3)：308-320.

［8］Liu Y, Cai J, Zhang J. Research on the characteristic of timber framers of TingTang in residences of Ming and Qing Dynasties in Shanghai［J］. International Journal of Architectural Heritage, 2020(2)：196-207.

［9］蔡军.《园冶》中屋宇大木构架样式及其特点研究［J］.建筑师，2019,197(1)：61-65.

［10］蔡军,刘莹,殷婕."香山帮"杰出匠师程茂澄先生口述记录［C］//陈志宏,陈芬芳.建筑记忆与多元化历史.上海：同济大学出版社，2019：17-22.

［11］蔡军.《园冶》建筑类型考［J］.建筑师，2018,192(2)：51-56.

［12］倪利时,蔡军.香山帮与常州府的渊源及其建筑营造特点探析［J］.华中建筑，2018,36(12)：97-101.

［13］帕如克·阿力木,蔡军.泛太湖流域中国传统样式清真寺平面形制研究［J］.华中建筑，2017,35(8)：109-113.

［14］蔡军,全晴.姑苏明清民居中厅堂大木构架设计体系研究：以主体空间为内四界的扁作厅为例［J］.建筑学报，2017(S2)：73-78.

［15］蔡军.苏州香山帮建筑特征研究：基于《营造法原》中木作营造技术的分析［J］.同济大学学报(社会科学版)，2016,27(6)：72-78.

［16］蔡军,蒋帅.苏州明清园林中歇山顶亭大木构架特征研究［J］.南方建筑，2016

（6）：45-49.

[17] 全晴,蔡军.姑苏明清民居中厅堂平面形制研究[J].华中建筑,2016,34(5)：161-164.

[18] 姜雨欣,蔡军.香山帮工匠在上海：香山帮与上海的渊源及影响探析[J].华中建筑,2015,33(5)：149-152.

[19] 王佳虹,蔡军.常州明清民居中厅堂平面模式研究[J].华中建筑,2015,33(6)：166-170.

[20] 张柱庆,蔡军.苏州市佛寺中殿堂地盘定分特征探析[J].华中建筑,2013,31(5)：156-159.

[21] 蔡军,刘莹.上海市明清民居中扁作厅大木构架模式研究[J].建筑学报,2012,(S2)：71-75.

[22] 刘莹,蔡军.《营造法原》中厅堂大木构架分类体系研究[J].华中建筑,2012,30(5)：129-133.

网站：

[1] 中国非物质文化遗产网 http://www.ihchina.cn/5/5_1.html。

[2] 江苏省档案信息馆 http://dajs.gov.cn。

[3] 苏州蒯祥古建园林工程有限公司网站 http://www.kxgj.com/。

[4] 苏州非物质文化遗产信息网 https://szfy.wglj.suzhou.com.cn/home。

[5] 苏州香山古建园林工程有限公司网站 http://www.szxsgj.com/#/1。

后 记

本书的写作终于告一段落。

现在回想起来,自己专注于江南地区传统建筑木作营造技艺研究已有十多年了。特别是近年来借助于国家自然科学基金委的两个面上项目资助(51578331、51978394),更加有步骤有计划地进一步开展了江南地区主要片区地方志等历史资料的阅读、相关建筑史料(如《营造法原》《园冶》《营造法式》《工程做法则例》《鲁班经》等)的解读、典型建筑(特别是与香山帮有直接或间接关联)的调研与实测、各派匠师(香山帮、徽州帮、东阳帮、宁绍帮等)的访谈等,为该书的写作奠定了较为坚实的基础。特别是2020年获得了上海交通大学"人文社会科学成果文库资助计划"项目资助,有了进一步将多年零零散散的研究成果进行系统整理、归纳的念头,再次沉下心来,又产生了许多新的思路,提出了新的观点和看法,使得本研究走得更深、更远。

江南地区的整体气候特征大致相同,使得各片区木作营造技艺有着许多共同属性。但研究发现香山帮发源地、活动核心区及辐射区的木作营造技艺,受所处片区自然、社会、经济、文化等的影响极其明显,香山帮原生木作营造技艺在江南地区发生了明显的变迁。从苏州片区到上海片区、无锡与常州片区、宁镇扬片区、杭嘉湖片区,大致表现出香山帮木作营造技艺的影响逐渐弱化的态势。但杭嘉湖片区中的湖州地区由于其独特的地理位置及社会因素,表现出与香山帮木作营造技艺具有极其深厚的渊源。从江南地区总体来看,苏州片区为香山帮源区,香山帮木作营造技艺对上海、无锡、湖州地区影响最强,常州、南京、镇江与扬州地区则次之,杭州、嘉兴地区最弱,特别是杭州地区受徽州帮、东阳帮木作营造技艺的影响逐渐显现,而嘉兴地区受宁绍帮的影响较多,木作营造技艺则发生了很大的变异。香山帮木作营造技艺以苏州为源点向周边辐射,在江南地区逐渐渗透其他匠帮或地域,促使多种木作营造技艺相融,甚或产生新的木作营造技艺特征。

十多年来,参加本研究大量的田野勘查、数据整理、图表绘制等工作的人员,还有我的博士生刘莹、倪利时、樊轶伦,硕士生张柱庆、蒋帅、姜雨欣、王佳虹、全晴、帕如克·阿力木、米合来木·艾克热木等,以及近年来参加相关课题研究的本科生邱宇、袁东箭、宋紫阳、殷婕、范鹏、史秀娟等。他们不辞辛苦,冒着酷暑严寒,进行了详尽的建筑调研与实测、资料整理与匠师访谈,为本研究的顺利开展获取了大量的一手资料,并协助完成本书中大量的图表绘制等工作。还有在实际调研中给予我极大帮助的匠师,以及图书馆、档案馆及文物保护部门的工作人员等,由于涉及人数实在太多,就不一一点名道谢了! 可以这样说,如果没有以上各位的帮助,想要完成这一研究成果,是不可想象的。

上海交通大学　蔡军

2022 年 12 月 30 日于上海